国家出版基金项目
NATIONAL PUBLICATION FOUNDATION

U0825496

丛书主编　于康震

动物疫病防控出版工程

猪流感

SWINE INFLUENZA

童光志　李泽君｜主编

中国农业出版社

图书在版编目（CIP）数据

猪流感 / 童光志，李泽君主编. —北京：中国农业出版社，2015.8

（动物疫病防控出版工程 / 于康震主编）

ISBN 978-7-109-20641-0

Ⅰ.①猪… Ⅱ.①童…②李… Ⅲ.①猪病－流行性感冒－防治 Ⅳ.①S858.28

中国版本图书馆CIP数据核字（2015）第156807号

中国农业出版社出版

（北京市朝阳区麦子店街18号楼）

（邮政编码100125）

策划编辑 黄向阳 邱利伟

责任编辑 肖 邦

北京通州皇家印刷厂印刷 新华书店北京发行所发行

2015年12月第1版 2015年12月北京第1次印刷

开本：710mm × 1000mm 1/16 印张：22

字数：400千字

定价：78.00元

本书编写人员

主　编　童光志　李泽君

副主编　于　海　金梅林

编　者　（按姓氏笔画排序）

于　海　乔传玲　刘小坤

闫丽萍　李泽君　杨健美

吴运谱　张桂红　金梅林

周红波　涂加钢　童光志

滕巧泱

总　序

近年来，我国动物疫病防控工作取得重要成效，动物源性食品安全水平得到明显提升，公共卫生安全保障水平进一步提高。这得益于国家政策的大力支持，得益于广大动物防疫人员的辛勤工作，更得益于我国兽医科技不断进步所提供的强大支撑。

当前，我国正处于加快建设现代养殖业的历史新阶段，人民生活水平的提高，不仅要求我国保持世界最大规模的养殖总量，以满足动物产品供给；还要求我们不断提高养殖业的整体质量效益，不断提高动物产品的安全水平；更要求我们最大限度地减少养殖业给人类带来的疫病风险和环境压力。要解决这些问题，最根本的出路还是要依靠科技进步。

2012年5月，国务院审议通过了《国家中长期动物疫病防治规划（2012—2020年）》，这是新中国成立以来，国务院发布的第一个指导全国动物疫病防治工作的综合性规划，具有重要的标志性意义。为配合此规划的实施，及时总结、推广我国最新兽医科技创新成果，同时借鉴国外先进的研究成果和防控经验，我们通过顶层设计规划了《动物疫病防控出版工程》，以期通过系列专著出版，及时将研究成果转化和传播到疫病防控一线，全面提高从业人员素质，提高我国动物疫病防控能力和水平。

本出版工程站在我国动物疫病防控全局的高度，力求权威性、科学性、指导性和实用性相兼容，致力于将动物疫病防控成果整体规划实施，重点把国家优先防治和重点防范的动物疫病、人兽共患病和重大外来动物疫病纳入项目中。全套书共31分册，其中原创专著21部，是根据我国当前动物疫病防控工作的实际需要而规划，每本书的主编都是编委会反复酝酿选定的、有一定行业公认度的、长期在单个疫病研究领域有较高造诣的专家；同时引进世界兽医名著10本，以借鉴世界同行的先进技术，弥补我国在某些领域的不足。

本套出版工程得到国家出版基金的大力支持。相信这些专著的出版，将会有力地促进我国动物疫病防控水平的提升，推动我国兽医卫生事业的发展，并对兽医人才培养和兽医学科建设起到积极作用。

农业部副部长

前言

长期以来，猪流感很少直接引起猪死亡，相关研究一直没有得到足够的重视。事实上，猪流感是危害养猪业的一类重要呼吸道疾病，多与其他疾病，如猪繁殖与呼吸障碍综合征、传染性胸膜肺炎、猪链球菌等并发或继发感染，使病情复杂化、严重化，导致死亡率升高。

此外，猪的呼吸道上皮细胞同时具有人流感病毒和禽流感病毒的受体，是禽、猪、人流感病毒共同的易感宿主，不同流感病毒同时感染猪时极易发生基因重组而产生新的流行毒株。因此，猪被称为流感病毒的“混合器”，在流感病毒跨宿主传播中起到了重要的中间宿主作用。2009年暴发的甲型H1N1流感病毒的8个基因片段全部来源于猪流感病毒，第一次明确了猪流感病毒具备直接感染人并在人群中传播的能力。开展猪流感及其病原生态学研究不仅具有非常重要的兽医传染病学意义，更具有深远的公共卫生意义。

本书从猪流感病毒生态学、病原学、重组与变异、反向遗传操作技术、流行病学、临床诊断、实验室诊断、疫苗研究及防控等角度，详细地介绍了猪流感及其病原，有助于全面了解猪流感的发生、发展、变化规律，以便采取有效措施进行猪流感的预防和治疗，确保畜牧业健康发展。

本书具有资料新颖、内容丰富、理论联系实际及实用性强等特点，可供农业高等院校兽医专业师生、相关科研人员及从事畜牧业生产的兽医人员阅读和参考。

由于编写时间仓促、编著者的水平有限，本书疏漏之处在所难免，希望广大读者多提宝贵意见，以便再版时能够修改补充。

编　者

2015年6月

目 录

第一章

概　述

第一节 A型流感病毒

A型流感病毒属正黏病毒科（Orthomyxoviridae）的流感病毒属。正黏病毒科包括5个病毒属，分别为A型流感病毒属（*Influenzavirus A*）、B型流感病毒属（*Influenzavirus B*）、C型流感病毒属（*Influenzavirus C*）、托高土病毒属（*Thogotovirus*）和鲑传贫病毒属（*Isavirus*）。托高土病毒属和鲑传贫病毒属的病毒很少引起人类疾病，C型流感病毒仅引起人类轻度或无症状感染，A型流感病毒和B型流感病毒每年都会在人群中流行，A型流感病毒还会不定期造成人流感的大流行。20世纪以来，发生了五次流感大流行，分别是1918年的西班牙流感、1957年亚洲流感、1968年中国香港流感和1977年的苏联流感、2009年的Pandemic H1N1流感，每次流感的暴发都给人类的健康和社会经济造成了巨大的损失。

A型流感病毒宿主极其广泛，从包括人在内的各种哺乳动物如猪、马、海生哺乳动物以及各种禽类体内都可分离到A型流感病毒，是目前威胁人类及动物健康的主要病毒之一。

一、病毒分类

A型流感病毒根据血凝素（Hemagglutinin，HA）和神经氨酸酶（Neuraminidase，NA）抗原性的差异，可以分为不同的亚型，迄今已鉴定出HA亚型有18种，为H1～H18；NA亚型有11种，为N1～N11。目前，大多数学者认为水禽是人和其他动物A型流感病毒的最初来源，除H17N10和H18N11是从蝙蝠中发现的，几乎其他所有亚型的流感病毒都能从水禽中分离到。A型流感病毒可以感染人和多种动物，包括猪、马、海洋哺乳动物和鸟类，根据宿主的不同，A型流感病毒又分为人流感病毒、猪流感病毒、禽流感病毒、马流感病毒等。20世纪以来，在人群中出现的流感病毒亚型有H1N1、H3N2、H2N2和H1N2，而目前仅有H1N1和H3N2等A型流感病毒和B型流感病毒在人群中流行。部分亚型的A型流感病毒可引起动物传染病，如在猪群中流行的主要有H1N1、H1N2和H3N2三种亚型；在家禽中流行并造成经济损失的主要有H5N1、H7N7和H9N2三种亚型；在马群中流行的主要有H7N7和H3N8两种亚型；在犬中流行的主要有H3N2和H3N8两种亚型。

二、病毒基因组结构

A型流感病毒基因组含有8个节段的单股负链RNA。前三个长片段和第五个片段RNA分别编码病毒复制系统的四种蛋白（PB1、PB2、PA和NP蛋白），第四和第六片段RNA编码病毒膜蛋白HA和NA蛋白，第七片段RNA编码M1蛋白和离子通道蛋白M2，最小的RNA片段通过RNA剪辑来编码干扰素颉颃蛋白NS1和核输出蛋白NS2。每个片段RNA的5′和3′末端均含有保守序列，这些保守序列发挥着复制和转录启动子的功能。负链病毒RNA可被病毒聚合酶复合体转录为含有帽子和腺苷酸尾部的mRNA。复制时，在病毒聚合酶复合体作用下，首先合成正链的病毒RNA拷贝（即cRNA），以此为模板，进而合成子代病毒的RNA（vRNA）。与其他RNA病毒不同，流感病毒RNA的复制和转录均发生在感染细胞的细胞核中。

三、病毒的复制

流感病毒复制的第一步是HA蛋白结合到细胞表面含有唾液酸（Sialic acid，SA）的糖链上，然后进行受体介导的内吞。在吞噬小体的低pH条件下，HA结构发生变化，导致病毒囊膜与吞噬小体发生膜融合，将病毒核糖核蛋白体（vRNP）释放到细胞质中，vRNP上的核定位信号引导其进入细胞核进行复制和转录。vRNA作为模板既合成mRNA，又合成互补RNA（cRNA），然后以cRNA为模板合成vRNA。新翻译产生的NP及聚合酶蛋白进入细胞核与vRNA结合形成vRNP。感染后期新合成的vRNP在NS2和M1蛋白的引导下从细胞核进入细胞质，在细胞膜周围，vRNP被装配成病毒粒子并释放出去。

四、病毒的宿主特异性

尽管A型流感病毒可在禽及哺乳动物中流行，但野生鸟类包括野生水禽、岸鸟及海鸥等被认为是流感病毒的自然宿主和原始贮存库。自然宿主野鸭是研究最为广泛的，除H13亚型外全部HA亚型和全部NA亚型流感病毒都可从其体内分离到，这表明野鸭在保存病毒方面起了非常大的作用。其他野生鸟如海鸥、岸鸟及相关鸟类中常常可分离到H13及其他亚型流感病毒。野生水禽感染流感病毒后几乎不表现任何临床症状，只是通过粪便将病毒排放到水中，污染水源，通过采食、饮水感染其他野禽。而感染野禽在南北迁徙过程中又将流感病毒传播到世界各地。

自然情况下A型流感病毒感染的宿主范围有一定的特异性，人体分离株不能在鸡、鸭等禽类中复制，同样禽源分离株在灵长类动物体内的复制能力也极差，因此可以将A型流感病毒分为不同种群，如人流感病毒、禽流感病毒、猪流感病毒等。1997年中国香港流感使人认识到，禽流感病毒可跨越种间障碍直接感染人类。通过相关分子基础研究发现，有多个基因在决定宿主范围方面起作用，但是宿主细胞上的受体和HA受体结合位点的相互识别对病毒宿主范围起决定作用，所有流感病毒都可识别含有唾液酸末端的寡糖链，但HA对这类分子的识别具有特异性，禽流感病毒偏爱结合唾液酸α-2，3半乳糖，而人流感却偏爱结合唾液酸α-2，6半乳糖。进一步研究发现，HA蛋白第226位和228位氨基酸起着关键的作用，禽流感病毒的HA蛋白266位常为Gln，228位常为Gly，而人流感病毒226位为Leu，228位为Ser，如226位为Gln和228位为Gly，则易与唾液酸α-2，3半乳糖结合；如226位为Leu和228位为Ser，则易与唾液酸α-2，6半乳糖结合。原因是不同宿主体内，流感病毒复制位点的主要细胞受体上的唾液酸半乳糖是不同的，如人的呼吸道上细胞主要含有唾液酸α-2，6半乳糖，禽类消化道细胞上主要含唾液酸α-2，3半乳糖，而猪呼吸道含有以上两种类型的寡糖链，因此，猪对禽流感病毒和人流感病毒都敏感。Harvey等（2004）发现1997年中国香港流感患者分离到的禽流感病毒的第226位点突变为Met，HA对唾液酸α-2，3半乳糖及唾液酸α-2，6半乳糖均具有相同的结合能力，这也是禽流感可直接感染人类的原因之一。

对A型流感病毒而言，虽然*HA*在病毒感染宿主的第一步起关键作用，但宿主范围是由多基因决定的，其中*NA*基因在宿主决定方面也起重要作用，如一株鸭源禽流感病毒的*NA*基因用人源的替换后，重组病毒不能在鸭体内复制。同样*NP*及其他内部基因也在一定程度上决定着宿主范围，如将人源流感病毒的内部基因用禽流感内部基因替换后，对哺乳动物的毒力大大减弱；相反，用人流感病毒内部基因替换禽流感病毒内部基因后，重组病毒在鸡体和鸡胚成纤维细胞上均不能复制，而在哺乳动物源细胞上却复制良好。如果将聚合酶*PB1*和*PB2*单基因替换也可改变宿主范围，特别在PB2蛋白的第627位和第701位氨基酸位点，禽源流感病毒一般为Glu/Asp，而人源的一般为Lys/Asn，如将该位点单一氨基酸进行改变就可引起病毒在宿主细胞上生长特性的改变。

猪被认为是流感病毒生态学上的一个重要宿主，其上皮细胞具有唾液酸α-2，6半乳糖苷和唾液酸α-2，3半乳糖苷，人流感病毒可与前者结合，而禽流感病毒与后者结合，由此猪对人流感病毒和禽流感病毒均易感，加之猪经常近距离接触人类和禽类，因此猪被认为是A型流感病毒毒株间基因重组的“混合器”，参与了A型流感病毒的跨物种传播。

五、病毒表达主要蛋白及功能

PB1、PB2和PA蛋白是组成流感病毒RNA聚合酶的三个亚单位，人们通常将这3种蛋白称为3P蛋白，在病毒粒子内，三者的比率为1∶1∶1。聚合酶的3个亚单位之间通过非共价键紧密结合在一起。PB1的N端与PA的C端相连，PB1的C端与PB2的N端相连，3个亚单位均参与病毒基因组的复制和转录，都与病毒的致病性相关。

PB1亚单位是3P蛋白的核心，也是RNA聚合酶的催化中心。PB1是催化RNA链延伸的聚合酶，N端第78位氨基酸残基和256～659位的氨基酸残基序列与RNA聚合酶的功能有关。PB1可与cRNA和vRNA发生特异性结合，与vRNA的5′端和3′端发夹结构结合有两个区，两个区相距300多个氨基酸残基，与vRNA3′末端启动子的结合区位于249～256位氨基酸残基；与病毒启动子5′末端结合区以R571和R572为中心，此序列在所有A型流感病毒PB1中均高度保守。PB1对cRNA的结合同样也是特异的，对cRNA 5′端和3′端的发夹结构有相同的亲和力，结合区分别位于N端1～139位氨基酸和267～493位氨基酸残基区域。PB1蛋白主要定位于细胞的内质网膜上，而且在不同细胞中的表达量存在很大差异，体外研究证明该蛋白为流感病毒复制所必需的。PB1还存在帽子依赖的核酸内切酶活性位点，该活性位点存在3个必需的酸性氨基酸残基，参与帽子结构的剪切。

PB2蛋白不仅与病毒宿主特异性相关，而且还与病毒的致病性有关，第627和701位氨基酸起关键作用。如果流感病毒PB2蛋白第627位为Lys，则该毒株可以在哺乳动物呼吸道内有效复制，如果PB2蛋白第627位为Glu，则该毒株不能在哺乳动物呼吸道内有效复制。PB2蛋白D701N突变也可以通过促进PB2聚合酶蛋白上核定位信号的暴露来增加病毒PB2蛋白与入核转运蛋白α之间的结合，从而增强流感病毒的复制能力。研究发现H7N7禽流感病毒PB2蛋白D701N、S714R和PA蛋白K615N氨基酸改变后，该流感病毒在哺乳动物细胞上的复制效率显著提高，而在禽类细胞上的复制效率则显著下降，而且对小鼠的致病性也显著得到提高，PB2蛋白D701N突变也会影响病毒的传播性，PB2蛋白第701位氨基酸为Gln是该病毒能够在豚鼠间进行有效传播的前提条件。病毒基因组转录时，PB2蛋白具有与帽子结构结合的能力，但目前PB2的帽子结合位点存在争议，Honda等认为该位点与第242位和第252位氨基酸残基有关；Li等则认为与第533～564区间内的氨基酸有关；Fechter等认为第363和第404位氨基酸残基是帽子结构的关键位点，而且这两个芳香族氨基酸在A型和B型流感病毒中高度保守，这对研究不同亚型的流感病毒PB2蛋白的功能具有深远的意义。

PA是磷酸化蛋白，其N端是聚合酶的多功能区，可调控蛋白的稳定性、活化核酸内切酶活性、结合帽子和启动子结构，并且对聚合酶的结构起重要作用，此区的基因突变会导致宿主蛋白降解。PA蛋白H510A突变可破坏聚合酶核酸内切酶活性并选择性抑制转录，但可修复核酸内切酶活性。Ser和Thr是磷酸化位点，赋予PA蛋白水解酶活性，N端前247位氨基酸构成了该活性的功能区域，该区不仅能诱导病毒蛋白水解也可诱导宿主细胞蛋白酶水解。聚合酶的复制活性与PA的蛋白水解活性相关联。PA具有聚合酶活性，参与病毒的转录与复制全过程。转录起始阶段，运用其核酸内切酶功能对加帽的RNA引物切割，并在RNA合成时作为延长因子参与病毒复制过程。PA能特异性结合vRNA和cRNA启动子，尤其与cRNA启动子的亲和性较好，PA的L163～I178区直接或间接影响其与启动子结合的能力，这意味着该区域是PA一个新的调节启动子结合的功能区。PA的N端1/3区存在一个核定位信号（NLS），与PA－PB1的穿核运输有关，此NLS对PB1在细胞核内的积聚有着重要的影响。PA具有增强PB1与5′末端vRNA的结合活性和PB1－RNA相互间作用的功能，同时可稳定聚合酶和启动子之间的关系。研究发现，当病毒的PA第515位氨基酸由Thr突变为Ala时，病毒对鸭的致病性减弱，但仍保持对雪貂和小鼠的高致病性。而且，从野禽中分离到的低致病性H5N2亚型禽流感病毒在小鼠体内连续传代后，病毒对小鼠具有了高致病性。通过反向遗传技术发现，PA在病毒的致病性方面起重要作用，病毒PA蛋白第97位氨基酸由Thr突变为Ile后，对小鼠的致病性增强。

*HA*基因是决定A型流感病毒致病性的关键基因。HA与细胞受体结合后，病毒被内吞到细胞中，病毒囊膜与吞噬小体进行膜融合时需要HA蛋白裂解为HA1和HA2，在HA2上形成膜融合区来诱导融合的发生。因此，HA的裂解活性对病毒感染和在宿主体内的扩散是非常关键的。低致病性和中等致病性毒株的HA只能在有限的细胞中裂解，所以感染也只局限在呼吸道和消化道，而高致病性毒株的HA可在各种细胞中裂解，因此可引起全身性致死性感染。HA的切割活性是由两种结构决定的，即裂解位点的氨基酸序列和裂解位点附近的糖基化位点。低致病性毒株在裂解位点上游仅有一个碱性氨基酸R，而高致病性毒株在裂解位点上游有多个碱性氨基酸。即使裂解位点处有多个碱性氨基酸，如果在该位点附近糖基化位点上的寡糖链将裂解位点遮掩起来，那么该毒株仍然表现为低致病性，但这种毒株在复制过程中糖基化位点如发生缺失，则非常容易转变为高致病性毒株。例如，1983—1984年美国宾夕法尼亚州暴发H5N2禽流感就是由于低致病性禽流感病毒在HA裂解位点附近丢失了ASn－11糖基化位点后转变为高致病性毒株而引起的大流行。

NA蛋白是一种受体破坏酶，可催化除去连接病毒和细胞之间的唾液酸，因此*NA*的作用被认为主要是促进子代病毒离开宿主细胞，并阻止病毒粒子的聚集。研究发现*HA*基因和*NA*基因之间存在某种平衡对病毒致病性有很大关系，并非所有的HA亚型和NA亚型的组合在自然界都可以分离到；实验室条件下，由于HA和NA不匹配，也很难获得稳定而高滴度的重组毒株。Matrosovich等发现当禽流感病毒为适应新宿主而改变HA受体结合活性的同时伴随着NA序列的改变，证明了HA和NA功能方面的匹配对病毒感染至关重要，如N1亚型禽流感病毒常可通过NA蛋白颈部氨基酸的缺失来调节NA的活性，NA颈部氨基酸缺失后其酶活性也相应降低。

NP蛋白是流感病毒粒子中主要的结构蛋白，在病毒感染中发挥多种功能。NP是一种富含Arg的碱性蛋白，在体外NP可与RNA进行非特异结合；在病毒粒子中，NP只和cRNA及vRNA结合形成cRNP和vRNP，而不与mRNA结合。NP蛋白上有亲核信号，使得它能向细胞核定向移动，并与聚合酶蛋白共同作用将脱衣壳后的vRNA转移到细胞核中。Avalos等还发现NP与M1蛋白相互作用可能在病毒粒子出芽过程中发挥着重要作用。此外，NP是磷酸化蛋白，在体外仍具有磷酸化活性，不仅可催化其他底物而且能够催化自身磷酸化。NP在病毒从转录过程向合成vRNA的复制过程转换时起相当关键的作用，这一转换机制目前有三种假说：① NP蛋白是一种抗终止因子，它可解开vRNA模板上的茎环结构，从而使聚合酶跨过多聚U结构，合成cRNA。② NP蛋白与新合成cRNA和vRNA结合，这种结合在某种程度上起到抗终止作用，使聚合酶跨过多聚U结构产生cRNA。③ 游离的NP蛋白与聚合酶复合体直接相互作用来调节聚合酶从转录模式向复制模式转变。究竟上述哪种假说更加合理，还有待进一步研究。此外，NP蛋白还可能与vRNP向核外转移有关。

*M*基因编码M1和M2蛋白，M1蛋白是病毒粒子中最丰富的蛋白，在病毒粒子出芽和装配过程中起着关键性的作用。尽管HA和NA蛋白可能在选择病毒粒子在感染细胞中的装配位置中起一定作用，但当HA和NA不存在的情况下，病毒在感染细胞中依旧可形成成熟的病毒粒子。因此，在病毒粒子装配、出芽和释放过程中二者不是绝对不能缺少的。而在M1合成减少或M2发生突变的情况下，感染细胞中病毒粒子的合成量会大大减少，所以说M1蛋白在病毒粒子形成和出芽过程中起着最关键的作用。M1蛋白位于病毒囊膜和vRNP平行的位置，向外与跨膜蛋白的尾部相互作用，而向内与vRNP作用，这些相互作用激发了出芽过程，从而形成并释放病毒粒子。M2蛋白的质子选择离子通道活性是在认识流感病毒复制周期中发现的，在这一周期中有两个环节可被抗病毒药物金刚烷胺抑制。而M2的低pH活性和质子选择活性最直接的证据是从非洲蟾蜍卵母细胞和哺乳动物细胞中表达M2蛋白过程中获得的，表达M2蛋白的细胞表面存在电流，这种电流可被金刚烷胺特异地阻止。而

且，无论将M2蛋白跨膜区还是纯化的M2蛋白掺入到脂质双层表面后都会检测到对金刚烷胺敏感的电流。通过这些研究发现在病毒复制过程中，病毒粒子通过受体介导的内吞作用进入细胞后，M2离子通道被外周酸性环境激活发挥作用使质子进入病毒粒子。而低pH可以使M1蛋白与vRNA之间的相互作用减弱，从而有利于vRNP释放并进入细胞核。另一方面，M2蛋白在合成后向细胞质运送过程中致使细胞质与高尔基体内的pH达到某种平衡，高尔基体内的低pH易使HA蛋白高级结构进一步形成。虽然Watanabe等报道在失去M2离子通道的情况下，流感病毒仍可进行多次复制，但没有M2跨膜离子通道，流感病毒的复制效率可能会大幅下降。

*NS*基因编码合成NS1和NS2两种蛋白质，其中NS1为非结构蛋白，NS2为结构蛋白。NS1蛋白有多种功能，它可干扰mRNA前体的剪切，干扰mRNA poly A的形成以及干扰细胞mRNA从细胞核进入细胞质，还可以使依赖RNA的蛋白激酶失去活性。此外，NS1蛋白具有阻止干扰素介导的宿主细胞抗病毒反应的作用。Talon等进一步研究发现NS1是通过抑制干扰素调节因子的活性来对抗宿主的抗病毒系统的，而该因子可调节α-干扰素和β-干扰素基因表达。NS2蛋白的主要功能是介导组装好的vRNP从细胞核中输出到细胞质中，该功能通过M1蛋白与vRNPs发生联系。NS2蛋白包含一个核输出信号（NES）功能区，在酵母双杂交系统中，NS2蛋白可与核穿孔复合体（NPC）的某些成分结合，因此认为NS2充当一个连接M1-RNP复合体和NPC的一个分子接合器来介导M1-RNP穿过核膜。此外，在研究病毒Wa-182（该病毒*NS2*基因有突变）时发现cRNA复制过程中NS2蛋白具有一种错误调节功能。Wa-182病毒感染后*PA*基因复制和表达发生错误，从而多次传代后产生缺损颗粒，而且这种作用不仅限于*PA*基因，在多次传代后PB2和PB1也出现不正常的复制，这说明NS2在病毒RNA合成过程中具有调节作用。

PB1-F2、PB1-N40、PA-X、PA-N155、PA-N182和M42是近年来新发现的病毒蛋白，这些蛋白主要是在转录时核糖体起始移码造成的，这6种蛋白均被证明与流感病毒增殖能力关系密切，但是这些蛋白影响病毒增殖的机制还有待研究。

六、病毒抗原变异

流感病毒抗原变异包括抗原漂移和抗原转变。流感病毒亚型中存在着抗原漂移和抗原转变，抗原漂移是抗原位点一系列的点突变的积累导致中和抗原决定簇的改变而产生的抗原变异，抗原漂移是每年季节性流感流行的主要原因，导致每年必须重新评估人流感疫苗并且阶段性用当前最新的流感病毒株替换疫苗株的原因。历史上认为猪流感病毒抗原漂移的速度比人流感病毒慢得多，但是现在清楚了，在猪流感病毒中同样存在抗原漂移现象。抗原转变是巨大的抗原变化，两种不同病毒的基因重组后产生全新的病毒粒子，将会产生全新的*HA*和*NA*基因，抗原转变容易导致流感大流行的发生。

第二节 猪流感及其流行史

猪流感（Swine influenza）是由正黏病毒科A型流感病毒属的猪流感病毒（Swine influenza virus）引起的一种急性、高度接触传染性的群发性猪呼吸道疾病。当前在猪群中流行的猪流感病毒主要有H1N1、H1N2和H3N2几种亚型。当然从猪上也分离到H1N7、H3N1、H4N6和H9N2几种不常见的亚型。

猪流感病毒感染宿主后可引起呼吸道系统发病，主要特征有咳嗽、喷嚏、流鼻涕、直肠温度升高、嗜睡、呼吸困难和食欲下降。某些情况下还可引起繁殖障碍，如流产。猪流感有两种传播形式：一种是地方流行，病毒可以快速传播到猪场的各个角落，如果没有继发细菌感染，感染猪只会很快康复。另一种是全球大流行，感染猪只临床症状不明显，并不是所有猪群都表现典型的流感症状。猪流感病毒潜伏期是1～3d，在感染后24h之内猪会排毒和出现流感症状。发病率可达100%，但是死亡率通常很低，继发细菌感染可加重临床症状，造成最直接的经济影响是体重下降，导致上市日期延长。病毒可通过咳嗽、打喷嚏、流鼻涕等形式排出，感染其他易感动物。猪流感病程可以持续3～4周，每头猪体重下降2～5kg。在临床症状上，与猪流感相比，其他病原引起的猪呼吸道疾病（如猪繁殖和呼吸综合征、伪狂犬病、放线杆菌病、支原体肺炎）大多数不出现典型流感症状。只有严重的放线杆菌感染后才表现流感病毒类似症状，如呼吸困难、颤抖、腹式呼吸、咳嗽、高热、精神不振、厌食等。

单纯流感病毒感染可以观察到头、腹部和肺淋巴结的变化。研究表明流感病毒感染后，大多发生淋巴结出血和间质性肺炎，肺脏正常组织和感染部位之间有一条明显的分界线，感染区域大多发紫和变硬，支气管和纵隔淋巴结肿大。严重者可以有纤维素性胸膜肺炎和肺气肿。病理学检查可以发现气管内充满纤维素渗出物，气腔充满渗出物，大面积肺不张，也可以观察到支气管和血管周边细胞浸润。

大多数猪感染流感病毒后并不表现明显临床症状，个别表现亚临床症状，但是可产生免疫应答反应。仔猪首次感染时受到母源抗体的保护作用，所以很少出现临床症状，如果初次感染时没有母源抗体保护，则会出现明显症状。此外，感染的病毒和被感染个体的年龄也影响是否出现典型症状。猪群感染猪流感病毒，体液和细胞免疫起到重要的防御作用。感染后2～3周，血清特异蛋白抗体IgG、IgA滴度都达到高峰。病毒感染后血清中最主要的病毒特异抗体是IgG。猪在上呼吸道和下呼吸道都有IgG和IgA免疫应答，两个位置IgA最多。IgA可以对猪流感病毒的某些亚型产生交叉保护作用。最近研究表明：用H1N1或H3N2免疫后，机体可以产生对H1N2的交叉保护作用。H1N1免疫应答产生的抗体蛋白是相对保守的，H3N2免疫后，可以产生对H1N2的交叉保护作用，这在自然感染中具有更深远的意义。

猪流感的发生和流行已有近百年的历史，在过去的50年里对猪流感进行了深入研究，但是仍然是当前养猪业面临的一大问题。2009年的H1N1甲流病毒被认为起源于猪流感病毒，猪流感病毒再次成为养猪业、动物和人类健康关注的焦点。

美国于1918年首次报道猪流感，当时正值西班牙流感期间，美国中北部猪群中出现一种临床症状和病理变化与当时人群中流行的流感有许多相似之处的流行病，所以备受人们关注。Koen首次描述了5种猪病的鉴别诊断，其中一种描述为“流行性感冒”的症状与目前自然暴发的猪流感症状非常吻合，当时他还认为兽医面临1918年秋、冬暴发的猪病就如同当时的内科医生面临的人类传染病（在欧洲被称为1918年流感），大量的报道显示二者在流行病学上有很大关联性，往往一个家庭发病后，紧跟着猪群就会暴发这类疾病，反之亦然，表明这两种疾病有一定关联性，Koen将猪的这种疾病称为“流行性感冒”。猪的“流行性感冒”这一命名随即引起诸多争议，有人认为与人流感称谓相同，会误导养猪从业者认为猪的这种病会传给人，而当时认为这是从未发生的，于是在1922年美国兽医协会年会上建议将猪的这种疾病命名为“猪流行性感冒（Hog flu）”。90年后，我们再次遇到类似问题，2009年H1N1甲型流感暴发后，当时错误地称为“猪流感”，尽管名不副实，但是人们由于害怕感染流感而拒食猪肉，致使养猪业遭受不白之冤，造成了养殖业的巨大经济损失。

1918年之后，猪流感始终是影响养猪业的重要疾病。历史上报道猪流感常发生于秋、冬季节，但是随着养猪集约化发展和养猪场内环境的控制，现在猪流感的季节性已经不太明显，而是呈现全年均有发生态势。在以前猪流感暴发时，养殖人员往往会请兽医帮助控制，但是后来发现动物不经过治疗也会康复，而且没有大的经济损失，渐渐的猪流感在大多数情况下都不需要兽医直接参与。

在20世纪20年代，养殖人员和兽医都已经普遍认为他们可以通过接触感染的猪而感染流感。1928年，McBryde等发现感染然动物与未感染动物放置到一起时，猪流感就可被经过传染性物质从感染动物向未感染动物传播。他们认为这些传染性物质位于鼻腔、气管和支气管的液体中，而血液中却不存在这种传染性物质。直到1931年，Shope分离并鉴定了第一株猪流感病毒A/Swine/Iowa/15/30（H1N1），并在严格的试验条件下，将过滤或未过滤的病料经呼吸道接种健康猪，复制出了猪流感。随后，在1934年，Andrewes证实人流感也是由病毒造成的。20世纪30和40年代,Shope在猪流感研究方面的工作，为后来的研究奠定了坚实的基础。他发现，猪流感病毒可以感染小鼠和雪貂，还发现人类体内含有中和猪流感病毒的抗体，证实了人流感病毒与猪流感病毒具有相似的抗原性。

1957年，人流感大流行在亚洲暴发，世界卫生组织决定进行一次动物的血清学调查，来进一步了解动物在人流感暴发中的作用。全世界33个国家和地区的兽医参与了猪、马血清的收集，经过统一的HI试验，结果发现，引起这次亚洲流感的亚洲株病毒在猪和马中呈现自然、隐性感染，从此动物流感病毒成为不能再被忽视的病原。1964年以来，研究人员将监测范围扩展到了除猪和马以外的其他哺乳动物流感病毒和禽流感病毒，基于血清学监测的缺陷，开始强调病毒分离的重要性。此后，尽管猪流感的研究仍在进行，但是大量禽流感病毒被分离出来，进一步促进了世界范围的合作研究。

20世纪70年代以来，人感染猪流感病毒的病例逐年增加。1974年，猪流感病毒从一位死亡男孩肺中分离获得。该男孩死亡前5d曾与猪有过接触，这群猪经检测具有针对该病毒的抗体；次年，美国威斯康星州发现猪流感病毒引起了一名8岁小孩的急性呼吸道疾病。1976年，美国新泽西州的新兵发生的呼吸道疾病被证明与猪流感病毒有关。随着1976年从威斯康星州猪场的猪体和养猪从业者体内分离到了这种感染人的病毒，猪流感病毒感染人的推测最终被证实。

1918年猪发生流感以后很长一段时间，在美国猪流感病毒主要是源于1918年的H1N1亚型病毒，几乎每年冬季都要暴发，该类猪流感病毒称为经典型病毒。20世纪90年代，猪群中又出现新的流感病毒毒株，包括三源重组的H3N2、H1N2和H1N1病毒。近年来禽流感病毒H4N6、H5N1和H9N2等感染猪的事件时有发生，特别是2009年遗传进化上起源于猪流感病毒的H1N1甲流病毒的大流行，再次为动物流感和人流感防控敲响了警钟。

第三节 猪流感的公共卫生意义

猪上皮细胞具有唾液酸α−2，6半乳糖苷和唾液酸α−2，3半乳糖苷，人流感病毒可与前者结合，而禽流感病毒可与后者结合，由此决定了猪能够同时被人流感病毒和禽流感病毒感染，而成为毒株间基因重组的“混合器”。猪流感病毒也可返回到人体，成为新型的人流感病毒。猪流感病毒与养猪业、动物和人类健康密切相关。

一、猪流感病毒对动物健康的危害

猪流感是规模化养猪场普遍存在且难以根除的猪群发性疾病，不仅可直接引起患猪死亡，而且使患猪生产性能下降、恢复缓慢、推迟上市，直接影响猪群健康状态和猪产品质量，对养猪业危害极大。据统计，中国养殖业每年因动物疫病死亡造成的直接经济损失为260亿～300亿元人民币，而由于生产性能下降，饲料、人工浪费及药物消耗等所造成的间接经济损失高达800多亿元人民币。更值得重视的是，猪流感病毒（Swine influenza virus，SIV）是"猪呼吸道病综合征"的原发性致病原，由于SIV对呼吸道上皮具有高度特异亲嗜性而使呼吸道上皮管壁受损伤，导致胸膜肺炎放线杆菌、嗜血杆菌、巴氏杆菌、猪2型链球菌、猪呼吸道冠状病毒、猪繁殖与呼吸综合征病毒等其他呼吸道细菌和呼吸道病毒的继发或混合感染，使疫情更为复杂，病情加重，死亡率增高，由此引起的经济损失更是无法估量。

SIV不仅危害猪群，而且可引起禽类（如火鸡）流感的发生。北美火鸡和猪中都存在抗古典SIV的抗体，古典SIV由感染猪传入火鸡并引起火鸡临床流感症状的出现在北美已多次报道；流行于北美火鸡和猪中的古典SIV表现出很高的遗传改变和基因重组率，从火鸡分出的古典SIV在试验条件下可使猪感染并出现典型SI的临床症状。而流行于欧洲猪群中的禽源H1N1亚型SIV表现出极高的突变率和进化率，其HA的遗传性和抗原性与禽流感病毒的HA有很近的相关性，故又能由猪反向传给火鸡，引起火鸡以呼吸道疾病和产蛋量下降为特征的流感的暴发，造成相当大的经济损失，这种猪—火鸡的联系首次表明SIV可引起禽类的感染和流感的发生。

二、猪流感病毒对人类健康的危害

一般而言，流感病毒具有宿主特异性，从一种动物传到另一种动物相当困难。越来越多的资料表明，猪能够同时被人流感病毒和禽流感病毒感染，而成为毒株间基因重组的"混合器"（图1－1）。此外，SIV HA受体结合位点具有与两种流感病毒受体相同的结合特异性，决定了SIV不仅可感染猪，同时也具有感染禽和人类的能力。因此，SI除具有显而易见的兽医公共卫生意义外，还具有深远的人类公共卫生意义。猪不仅在流感病毒重组过程中扮演重要角色，而且普通的SIV也频频发生感染人并致人死亡事件。1976年发生在美国的Fort Dix事件，是人类历史上首次发现的SIV致人发病病例。此次事件中，1名新兵因感染猪源H1N1病毒

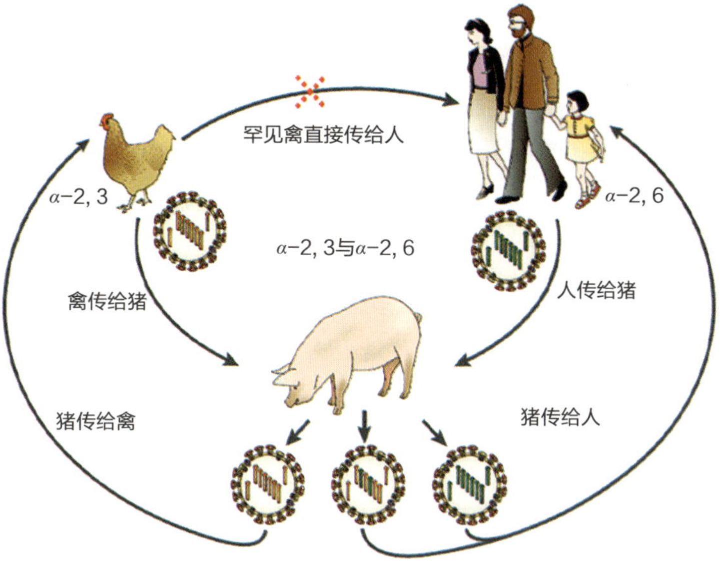

图 1-1　猪在流感病毒重组过程中扮演着“混合器”的作用
（Steven 等，2006）

而死于肺炎，继而从其他12名士兵的身上也分到同样的病毒。从血清学调查结果看，至少有500人已受到该病毒的感染。这次事件首次证实了SIV确实可从猪传播给人，赋予SI以全新的公共卫生意义，从而将SI提升到了人兽共患传染病的研究高度。

20世纪全世界有2 000万～4 000万人死于人流感，这可能是由于禽流感病毒和人流感病毒发生基因重组或禽源流感病毒感染人产生新的流感毒株造成的。例如，引起1957年和1968年流感暴发的病毒都是病毒重组后产生新的病毒株。然而，AIV在人体内复制率很低，因为人类不具有病毒吸附上皮细胞所需要的α－2，3唾液酸受体。因此，人们推测禽流感病毒要感染人必须存在中间宿主。因为猪含有α－2，3和α－2，6两种唾液酸受体，禽和人流感病毒都可以很容易地感染猪，猪被假定为产生新的流感病毒的“混合器”。

2007年Myers等通过PubMed检索，总结了1958—2005年SIV感染人的情况。在此基础上对1958—2006年的情况加以更新，数据显示除了Fort Dix事件中的13名士兵感染SIV外，还有39人感染，详细情况见表1-1。回顾人类历史，20世纪的每次人流感大流行前后都会伴随有SI的发生和流行。早期理论认为引起1918年西班牙流感大流行的H1N1亚型流感病毒由猪传播给人，但最近研究发现其8个节段均来源于禽流感病毒，但是否经过“禽-猪-人”的种间适应尚无有力证据；大量研究证实，引起1957年的亚洲流感和1968年的中国香港流感的毒株都可能在猪体内发生基因重组。下一次流感的大暴发是否由在猪体内的重组病毒株引起，人们期盼有所发现，也担心有新的发现。H5N1亚型高致病性禽流感病毒的出现，加剧了人们对流感大暴发的担忧。一旦H5N1亚型流感病毒在猪体内出现并且适应猪体，重组出适应人体的高致病性流感病毒，后果将不堪设想。近几年，禽源H5N1亚型SIV也被分离到，2001年中国国家禽流感参考实验室分离到1株禽源H5N1亚型SIV；2003年我国山东省分离到H5N1亚型SIV，经序列比较发现该病毒为禽源H5亚型和H9亚型流感病毒的重组体。虽然这些禽源H5N1亚型SIV尚未在猪群中传播，且无传播给人的报道，但鉴于猪在“人-猪-禽”的种间传播链中扮演中间宿主的重要角色，因而同时感染人流感和禽流感病毒的猪危险性更大，更容易传播给人并在人与人之间引起大流行。

表1-1 感染SIV的39人的实验室和临床数据

Patient	Age	Sex	Year	Residence	Vital status	Laboratory study	Subtype
1	40	Female	1958	Czechoslovakia	Recovered	Serology	H1N1
2	11	Male	1958	Czechoslovakia	Recovered	Serology	H1N1
3	3	Female	1958	Czechoslovakia	Recovered	Serology	H1N1
4	7	Female	1958	Czechoslovakia	Recovered	Serology	H1N1

（续）

Patient	Age	Sex	Year	Residence	Vital status	Laboratory study	Subtype
5	72	Female	1958	Czechoslovakia	Recovered	Serology	H1N1
6	44	Male	1958	Czechoslovakia	Recovered	Serology	H1N1
7	16	Male	1974	Minnesota	Died	Isolate	H1N1
8	8	Male	1975	Wisconsin	Recovered	Serology	H1N1
9	40	Female	1975	Virginia	Recovered	Serology	H1N1
10	55	Male	1975	Virginia	Recovered	Serology	H1N1
11	17	Male	1975	Tennessee	Recovered	Serology	H1N1
12	32	Male	1976	Missouri	Recovered	Serology	H1N1
13	22	Male	1976	Wisconsin	Recovered	Isolate	H1N1
14	13	Male	1976	Wisconsin	Recovered	NA	H1N1
15	NA	NA	1976	Minnesota	NA	Isolate	H1N1
16	20	Male	1979	Texas	Recovered	Isolate	H1N1
17	6	Male	1980	Texas	Recovered	Isolate	H1N1
18	4	Female	1982	Nevada	Died	Isolate	H1N1
19	65	Male	1983	Russia	Died	Isolate	H1N1
20	10	Female	1983	Russia	Recovered	Isolate	H1N1
21	27	Male	1983	Russia	Recovered	Isolate	H1N1
22	50	Male	1986	Switzerland	Recovered	Isolate	H1N1
23	3	NA	1986	Switzerland	Recovered	Isolate	H1N1
24	29	Male	1986	Netherlands	Recovered	Isolate	H1N1
25	32	Female	1988	Wisconsin	Died	Isolate	H1N1
26	27	Male	1991	Maryland	Died	Isolate	H1N1
27	1	Female	1992	Netherlands	Recovered	Isolate	H3N2

（续）

Patient	Age	Sex	Year	Residence	Vital status	Laboratory study	Subtype
28	2	Male	1993	Netherlands	Recovered	Isolate	H3N2
29	5	Female	1993	Netherlands	Recovered	Isolate	H1N1
30	39	Male	1994	Wisconsin	Recovered	Isolate	H1N1
31	31	Female	1994	Wisconsin	Recovered	Isolate	H1N1
32	37	Female	1995	Minnesota	Died	Isolate	H1N1
33	NA	Male	1998	United States	NA	Isolate	H1N1
34	< 1	Female	1999	Hong Kong	Recovered	Isolate	H3N2
35	50	Male	2002	Switzerland	Recovered	Isolate	H1N1
36	50	Male	2005	Iowa	Recovered	Isolate	H1N1
37	NA	Male	2005	Canada	Recovered	Isolate	H3N2
38	50	Male	2005	Canada	Recovered	Isolate	H1N1
39	< 1	Male	2006	Canada	Recovered	Isolate	H3N2

注：NA表示具体数据不清楚。引自于海博士论文。

Castrucci等在意大利猪体内检测到了人、禽流感病毒的重组病毒，在欧洲证明了猪是非猪源性流感病毒新毒株产生的“混合器”。人流感病毒H3N2遗传演化分析表明这个病毒在意大利猪群中流行，这说明自1983年以来，禽源流感病毒和类人流感病毒就已经发生了重组。在欧洲，流感病毒在猪体内的这种独特的共流行模式导致结果是，使猪成为禽源和哺乳动物来源的流感病毒之间重组产生新病毒株必不可缺少的因素。人流感病毒H1重组后好像能在猪体内持久生存。另外，这些病毒的一个或两个祖先病毒在它们的自然宿主消失后，这些病毒仍然能在猪体内存活很长时间。H1N2亚型重组流感病毒来自于人和禽流感病毒之间的重组，H1N7来自于人和马流感病毒之间的重组，这些重组病毒在英国和欧洲其他地区的猪体内都能分离到。自从1978年在日本猪体内分离到

H1N2流感病毒后，这个亚型病毒就可以从猪群中流行毒株的基因重组后得到。在法国也检测到类似的病毒，但是没有得到鉴定。1998年，在美国猪体内分离到H3N2亚型病毒，这个病毒含有猪、人和禽的流感病毒基因。它的*HA*基因是1995年在人群中流行的人流感病毒的基因。这些新出现的H3N2亚型猪流感病毒也在北美分离到，它们又可以和古典H1N1流感病毒重组产生独特的H1N2亚型其他病毒株。

1998年中国香港暴发的猪流感就是禽源流感病毒跨过种间屏障传播到猪的结果。1976年，美国一个士兵死于猪流感病毒，猪流感病毒能感染人这一事件具有重要的流行病学意义和极其重要的公共卫生意义。有关研究表明，引起1918年流感暴发的流感病毒和古典H1N1流感病毒具有很大的相关性。流感病毒感染人、猪和马可以引起严重的呼吸道感染，发病率高，死亡率低，流感病毒感染家禽和野禽，表现症状是从非典型症状到快速致死性病毒血症，以及中枢神经症状。类禽病毒感染的部位是肠道。在中国台湾从猪体内分离到中国香港H3N2病毒，接下来的血清学和病毒分离研究表明：中国香港流感病毒的每一个变异株都传播到世界大多数国家和地区。一旦流感病毒在猪群中确定，这个病毒就和人或猪流感病毒发生重组。1999年分离到三重组流感病毒基因型，这个病毒获得了流行于人群的2个H3亚型病毒分子。重组病毒和古典H1N1猪流感病毒进一步重组生成新的病毒。这些病毒含有H3N2的7个基因和古典猪流感病毒H1N1的*HA*基因。接下来的研究表明，这些H1N2病毒在各个大洲广泛流行。H3N2病毒可以从犬、猫、猴和牛体内分离到。

参考文献

Ali A, Avalos RT, Ponimaskin E, et al. 2000. Influenza virus assembly: effect of influenza virus glycoproteins on the membrane association of M1 protein [J]. Journal of virology, 74: 8709–8719.

Almond JW. 1977. A single gene determines the host range of influenza virus [J]. Nature, 270: 617–618.

Avalos RT, Yu Z, Nayak DP. 1997. Association of influenza virus NP and M1 proteins with cellular cytoskeletal elements in influenza virus-infected cells [J]. Journal of Virology, 71: 2947–2958.

Ayora-Talavera G, Cadavieco-Burgos JM, Canul-Armas AB. 2005. Serologic evidence of human and swine influenza in Mayan persons [J]. Emerging Infectious Diseases, 11: 158–161.

Beard CW, Schnitzlein WM, Tripathy DN. 1991. Protection of chickens against highly pathogenic avian influenza virus (H5N2) by recombinant fowlpox viruses [J]. Avian Diseases, 35: 356–359.

Beare AS, Webster RG. 1991. Replication of avian influenza viruses in humans [J]. Archives of Virology, 119: 37–42.

Beaton AR, Krug RM. 1986. Transcription antitermination during influenza viral template RNA synthesis requires the nucleocapsid protein and the absence of a 5' capped end [J]. Proceedings of the National Academy of Sciences of the United States of America, 83: 6282–6286.

Biswas SK, Boutz PL, Nayak DP. 1998. Influenza virus nucleoprotein interacts with influenza virus polymerase proteins [J]. Journal of Virology, 72: 5493–5501.

Brown EG. 2000. Influenza virus genetics [J]. Biomedicine & Pharmacotherapy, 54: 196–209.

Bui M, Whittaker G, Helenius A. 1996. Effect of M1 protein and low pH on nuclear transport of influenza virus ribonucleoproteins [J]. Journal of Virology, 70: 8391–8401.

Bukrinskaya AG, Vorkunova NK, Kornilayeva GV, et al. 1982. Influenza virus uncoating in infected cells and effect of rimantadine [J]. Journal of General Virology, 60: 49–59.

Bullido R, Gomez-Puertas P, Saiz MJ, et al. 2001. Influenza A virus NEP (NS2 protein) downregulates RNA synthesis of model template RNAs [J]. Journal of Virology, 75: 4912–4917.

Carr SM, Carnero E, Garcia-Sastre A, et al. 2006. Characterization of a mitochondrial-targeting signal in the PB2 protein of influenza viruses [J]. Virology, 344: 492–508.

Castrucci MR, Campitelli L, Ruggieri A, et al. 1994. Antigenic and sequence analysis of H3 influenza virus haemagglutinins from pigs in Italy [J]. Journal of General Virology, 75(2): 371–379.

Castrucci MR, Donatelli I, Sidoli L, et al. 1993. Genetic reassortment between avian and human influenza A viruses in Italian pigs [J]. Virology, 193: 503–506.

Chen Z, Li Y, Krug RM. 1999. Influenza A virus NS1 protein targets poly(A)-binding protein II of the cellular 3'-end processing machinery [J]. EMBO Journal, 18: 2273–2283.

Chizhmakov IV, Geraghty FM, Ogden DC, et al. 1996. Selective proton permeability and pH regulation of the influenza virus M2 channel expressed in mouse erythroleukaemia cells [J]. Journal of Physiology, 494(2): 329–336.

Choi YK, Goyal SM, Joo HS. 2004. Evaluation of transmission of swine influenza type A subtype H1N2 virus in seropositive pigs [J]. American Journal of Veterinary Research, 65: 303–306.

Ciampor F, Bayley PM, Nermut MV, et al. 1992. Evidence that the amantadine-induced, M2-

mediated conversion of influenza A virus hemagglutinin to the low pH conformation occurs in an acidic trans Golgi compartment [J]. Virology, 188: 14–24.

Ciampor F, Thompson CA, Grambas S, et al. 1992. Regulation of pH by the M2 protein of influenza A viruses [J]. Virus Research, 22: 247–258.

Compans RW, Pinter A. 1975. Incorporation of sulfate into influenza virus glycoproteins [J]. Virology, 66: 151–160.

Connor RJ, Kawaoka Y, Webster RG, et al. 1994. Receptor specificity in human, avian, and equine H2 and H3 influenza virus isolates [J]. Virology, 205: 17–23.

Couceiro JN, Paulson JC, Baum LG. 1993. Influenza virus strains selectively recognize sialyloligosaccharides on human respiratory epithelium;the role of the host cell in selection of hemagglutinin receptor specificity [J]. Virus Research, 29: 155–165.

de la Luna S, Fortes P, Beloso A, et al. 1995. Influenza virus NS1 protein enhances the rate of translation initiation of viral mRNAs [J]. Journal of Virology, 69: 2427–2433.

Dea S, Bilodeau R, Sauvageau R, et al. 1992. Antigenic variant of swine influenza virus causing proliferative and necrotizing pneumonia in pigs [J]. Journal of Veterinary Diagnostic Investigation, 4: 380–392.

Deng T, Vreede FT, Brownlee GG. 2006. Different de novo initiation strategies are used by influenza virus RNA polymerase on its cRNA and viral RNA promoters during viral RNA replication [J]. Journal of Virology, 80: 2337–2348.

Elton D, Simpson-Holley M, Archer K, et al. 2001. Interaction of the influenza virus nucleoprotein with the cellular CRM1-mediated nuclear export pathway [J]. Journal of Virology, 75: 408–419.

Enami K, Sato TA, Nakada S, et al. 1994. Influenza virus NS1 protein stimulates translation of the M1 protein [J]. Journal of Virology, 68: 1432–1437.

Fodor E, Crow M, Mingay LJ, et al. 2002. A single amino acid mutation in the PA subunit of the influenza virus RNA polymerase inhibits endonucleolytic cleavage of capped RNAs [J]. Journal of Virology, 76: 8989–9001.

Fodor E, Smith M. 2004. The PA subunit is required for efficient nuclear accumulation of the PB1 subunit of the influenza A virus RNA polymerase complex [J]. Journal of Virology, 78: 9144–9153.

Fortes P, Beloso A, Ortin J. 1994. Influenza virus NS1 protein inhibits pre-mRNA splicing and blocks mRNA nucleocytoplasmic transport [J]. EMBO Journal, 13: 704–712.

Fouchier RA, Munster V, Wallensten A, et al. 2005. Characterization of a novel influenza A virus hemagglutinin subtype (H16) obtained from black-headed gulls [J]. Journal of Virology, 79: 2814–2822.

Fouchier RA, Osterhaus AD, Brown IH. 2003. Animal influenza virus surveillance [J]. Vaccine, 21: 1754–1757.

Gabriel G, Dauber B, Wolff T, et al. 2005. The viral polymerase mediates adaptation of an avian influenza virus to a mammalian host [J]. Proceedings of the National Academy of Sciences of the United States of America, 102: 18590–18595.

Galarza JM, Sowa A, Hill VM, et al. 1992. Influenza A virus NP protein expressed in insect cells by a recombinant baculovirus is associated with a protein kinase activity and possesses single-stranded RNA binding activity [J]. Virus Research, 24: 91–106.

Gao Y, Zhang Y, Shinya K, et al. 2009. Identification of amino acids in HA and PB2 critical for the transmission of H5N1 avian influenza viruses in a mammalian host [J]. PLoS Pathogen, 5: e1000709.

Garcia-Sastre A, Egorov A, Matassov D, et al. 1998. Influenza A virus lacking the NS1 gene replicates in interferon-deficient systems [J]. Virology, 252: 324–330.

Gaydos JC, Top FH, Jr. , Hodder RA, et al. 2006. Swine influenza a outbreak, Fort Dix, New Jersey, 1976 [J]. Emerging Infectious Diseases, 12: 23–28.

Gonzalez S, Ortin J. 1999. Distinct regions of influenza virus PB1 polymerase subunit recognize vRNA and cRNA templates [J]. EMBO Journal, 18: 3767–3775.

Grambas S, Bennett MS, Hay AJ. 1992. Influence of amantadine resistance mutations on the pH regulatory function of the M2 protein of influenza A viruses [J]. Virology, 191: 541–549.

Grambas S, Hay AJ. 1992. Maturation of influenza A virus hemagglutinin--estimates of the pH encountered during transport and its regulation by the M2 protein [J]. Virology, 190: 11–18.

Gray GC, McCarthy T, Capuano AW, et al. 2007. Swine workers and swine influenza virus infections [J]. Emerging Infectious Diseases, 13: 1871–1878.

Hara K, Schmidt FI, Crow M, et al. 2006. Amino acid residues in the N-terminal region of the PA subunit of influenza A virus RNA polymerase play a critical role in protein stability, endonuclease activity, cap binding, and virion RNA promoter binding [J]. Journal of Virology, 80: 7789–7798.

Harvey R, Martin AC, Zambon M, et al. 2004. Restrictions to the adaptation of influenza a virus h5 hemagglutinin to the human host [J]. Journal of Virology, 78: 502–507.

Hatta M, Hatta Y, Kim JH, et al. 2007. Growth of H5N1 influenza A viruses in the upper respiratory tracts of mice [J]. PLoS Pathogen, 3: 1374–1379.

Hinshaw VS, Air GM, Gibbs AJ, et al. 1982. Antigenic and genetic characterization of a novel hemagglutinin subtype of influenza A viruses from gulls [J]. Journal of Virology, 42: 865–872.

Hinshaw VS, Bean WJ, Webster RG, et al. 1978. The prevalence of influenza viruses in swine and the antigenic and genetic relatedness of influenza viruses from man and swine [J]. Virology, 84:

51–62.

Hinshaw VS, Webster RG, Naeve CW, et al. 1983. Altered tissue tropism of human-avian reassortant influenza viruses [J]. Virology, 128: 260–263.

Hodder RA, Gaydos JC, Allen RG, et al. 1977. Swine influenza A at Fort Dix, New Jersey (January-February 1976). III. Extent of spread and duration of the outbreak [J]. Journal of Infectious Diseases, 136(Suppl): 369–375.

Holsinger LJ, Nichani D, Pinto LH, et al. 1994. Influenza A virus M2 ion channel protein: a structure-function analysis [J]. Journal of Virology, 68: 1551–1563.

Holsinger LJ, Shaughnessy MA, Micko A, et al. 1995. Analysis of the posttranslational modifications of the influenza virus M2 protein [J]. Journal of Virology, 69: 1219–1225.

Honda A, Mizumoto K, Ishihama A. 1999. Two separate sequences of PB2 subunit constitute the RNA cap-binding site of influenza virus RNA polymerase [J]. Genes to Cells, 4: 475–485.

Honda A, Okamoto T, Ishihama A. 2007. Host factor Ebp1: selective inhibitor of influenza virus transcriptase [J]. Genes to Cells, 12: 133–142.

Hulse-Post D, Franks J, Boyd K, et al. 2007. Molecular changes in the polymerase genes (PA and PB1) associated with high pathogenicity of H5N1 influenza virus in mallard ducks [J]. Journal of Virology, 81: 8515–8524.

Ito T, Kawaoka Y, Vines A, et al. 1998. Continued circulation of reassortant H1N2 influenza viruses in pigs in Japan [J]. Archives of Virology, 143: 1773–1782.

Karasin AI, Landgraf J, Swenson S, et al. 2002. Genetic characterization of H1N2 influenza A viruses isolated from pigs throughout the United States [J]. Journal of Clinical Microbiology, 40: 1073–1079.

Kawaoka Y, Chambers TM, Sladen WL, et al. 1988. Is the gene pool of influenza viruses in shorebirds and gulls different from that in wild ducks? [J]. Virology, 163: 247–250.

Kawaoka Y, Krauss S, Webster RG. 1989. Avian-to-human transmission of the PB1 gene of influenza A viruses in the 1957 and 1968 pandemics [J]. Journal of Virology, 63: 4603–4608.

Kawaoka Y, Naeve CW, Webster RG. 1984. Is virulence of H5N2 influenza viruses in chickens associated with loss of carbohydrate from the hemagglutinin? [J]. Virology, 139: 303–316.

Kawaoka Y, Yamnikova S, Chambers TM, et al. 1990. Molecular characterization of a new hemagglutinin, subtype H14, of influenza A virus [J]. Virology, 179: 759–767.

Kida H, Ito T, Yasuda J, et al. 1994. Potential for transmission of avian influenza viruses to pigs [J]. Journal of General Virology, 75(9): 2183–2188.

Kida H, Yanagawa R, Matsuoka Y. 1980. Duck influenza lacking evidence of disease signs and immune response [J]. Infection and Immunity, 30: 547–553.

Kundin WD. 1970. Hong Kong A-2 influenza virus infection among swine during a human epidemic in Taiwan [J]. Nature, 228: 857.

Li ML, Rao P, Krug RM. 2001. The active sites of the influenza cap-dependent endonuclease are on different polymerase subunits [J]. EMBO Journal, 20: 2078–2086.

Li S, Xu M, Coelingh K. 1995. Electroporation of influenza virus ribonucleoprotein complexes for rescue of the nucleoprotein and matrix genes [J]. Virus Research, 37: 153–161.

Li ZN, Mueller SN, Ye L, et al. 2005. Chimeric influenza virus hemagglutinin proteins containing large domains of the Bacillus anthracis protective antigen: protein characterization, incorporation into infectious influenza viruses, and antigenicity [J]. Journal of Virology, 79: 10003–10012.

Lohmeyer J, Talens LT, Klenk HD. 1979. Biosynthesis of the influenza virus envelope in abortive infection [J]. Journal of General Virology, 42: 73–88.

Lu Y, Qian XY, Krug RM. 1994. The influenza virus NS1 protein: a novel inhibitor of pre-mRNA splicing [J]. Genes & Development, 8: 1817–1828.

Ludwig S, Haustein A, Kaleta EF, et al. 1994. Recent influenza A (H1N1) infections of pigs and turkeys in northern Europe [J]. Virology, 202: 281–286.

Maier HJ, Kashiwagi T, Hara K, et al. 2008. Differential role of the influenza A virus polymerase PA subunit for vRNA and cRNA promoter binding [J]. Virology, 370: 194–204.

Martin K, Helenius A. 1991. Nuclear transport of influenza virus ribonucleoproteins: the viral matrix protein (M1) promotes export and inhibits import [J]. Cell, 67: 117–130.

Matrosovich M, Tuzikov A, Bovin N, et al. 2000. Early alterations of the receptor-binding properties of H1, H2, and H3 avian influenza virus hemagglutinins after their introduction into mammals [J]. Journal of Virology, 74: 8502–8512.

Mensik J, Pospisil Z, Franz J, et al. 1971. Local effect of passively acquired colostral antibody on the development of experimental swine influenza infection in suckling pigs [J]. Zentralbl Veterinarmed B, 18: 804–818.

Mohan R, Saif YM, Erickson GA, et al. 1981. Serologic and epidemiologic evidence of infection in turkeys with an agent related to the swine influenza virus [J]. Avian Diseases, 25: 11–16.

Mould JA, Drury JE, Frings SM, et al. 2000. Permeation and activation of the M2 ion channel of influenza A virus [J]. The Journal of Biological Chemistry, 275: 31038–31050.

Mould JA, Li HC, Dudlak CS, et al. 2000. Mechanism for proton conduction of the M(2) ion channel of influenza A virus [J]. The Journal of Biological Chemistry, 275: 8592–8599.

Murphy BR, Sly DL, Tierney EL, et al. 1982. Reassortant virus derived from avian and human influenza A viruses is attenuated and immunogenic in monkeys [J]. Science, 218: 1330–1332.

Murphy P, Roberts ZM, Waner JL. 1996. Differential diagnoses of influenza A virus, influenza B virus, and respiratory syncytial virus infections by direct immunofluorescence using mixtures of monoclonal antibodies of different isotypes [J]. Journal of Clinical Microbiology, 34: 1798–1800.

Myers KP, Olsen CW, Gray GC. 2007. Cases of swine influenza in humans: a review of the literature [J]. Clinical Infectious Diseases, 44: 1084–1088.

Neumann G, Castrucci MR, Kawaoka Y. 1997. Nuclear import and export of influenza virus nucleoprotein [J]. Journal of Virology, 71: 9690–9700.

Neumann G, Hughes MT, Kawaoka Y. 2000. Influenza A virus NS2 protein mediates vRNP nuclear export through NES-independent interaction with hCRM1 [J]. EMBO Journal, 19: 6751–6758.

Neumann G, Kawaoka Y. 1999. Genetic engineering of influenza and other negative-strand RNA viruses containing segmented genomes [J]. Advances in Virus Research, 53: 265–300.

Noble S, McGregor MS, Wentworth DE, et al. 1993. Antigenic and genetic conservation of the haemagglutinin in H1N1 swine influenza viruses [J]. Journal of General Virology, 74(6): 1197–1200.

Odagiri T, Tobita K. 1990. Mutation in NS2, a nonstructural protein of influenza A virus, extragenically causes aberrant replication and expression of the PA gene and leads to generation of defective interfering particles [J]. Proceedings of the National Academy of Sciences of the United States of America, 87: 5988–5992.

Ohuchi M, Cramer A, Vey M, et al. 1994. Rescue of vector-expressed fowl plague virus hemagglutinin in biologically active form by acidotropic agents and coexpressed M2 protein [J]. Journal of Virology, 68: 920–926.

Olsen CW, Brammer L, Easterday BC, et al. 2002. Serologic evidence of H1 swine Influenza virus infection in swine farm residents and employees [J]. Emerging Infectious Diseases, 8: 814–819.

Olsen CW. 2000. DNA vaccination against influenza viruses: a review with emphasis on equine and swine influenza [J]. Veterinary Microbiology, 74: 149–164.

O'Neill RE, Talon J, Palese P. 1998. The influenza virus NEP (NS2 protein) mediates the nuclear export of viral ribonucleoproteins [J]. EMBO Journal, 17: 288–296.

Paragas J, Talon J, O'Neill RE, et al. 2001. Influenza B and C virus NEP (NS2) proteins possess nuclear export activities [J]. Journal of Virology, 75: 7375–7383.

Park YW, Katze MG. 1995. Translational control by influenza virus. Identification of cis-acting sequences and trans-acting factors which may regulate selective viral mRNA translation [J]. The Journal of Biological Chemistry, 270: 28433–28439.

Pinto LH, Holsinger LJ, Lamb RA. 1992. Influenza virus M2 protein has ion channel activity [J]. Cell, 69: 517–528.

Qian XY, Alonso-Caplen F, Krug RM. 1994. Two functional domains of the influenza virus NS1 protein are required for regulation of nuclear export of mRNA [J]. Journal of Virology, 68: 2433–2441.

Qiu Y, Krug RM. 1994. The influenza virus NS1 protein is a poly(A)-binding protein that inhibits nuclear export of mRNAs containing poly(A) [J]. Journal of Virology, 68: 2425–2432.

Qiu Y, Nemeroff M, Krug RM. 1995. The influenza virus NS1 protein binds to a specific region in human U6 snRNA and inhibits U6-U2 and U6-U4 snRNA interactions during splicing [J]. RNA, 1: 304–316.

Raymond FL, Caton AJ, Cox NJ, et al. 1986. The antigenicity and evolution of influenza H1 haemagglutinin, from 1950–1957 and 1977–1983: two pathways from one gene [J]. Virology, 148: 275–287.

Reid AH, Taubenberger JK. 2003. The origin of the 1918 pandemic influenza virus: a continuing enigma [J]. Journal of General Virology, 84: 2285–2292.

Renshaw HW. 1975. Influence of antibody-mediated immune suppression on clinical, viral, and immune responses to swine influenza infection [J]. American Journal of Veterinary Research, 36: 5–13.

Rey O, Nayak DP. 1992. Nuclear retention of M1 protein in a temperature-sensitive mutant of influenza (A/WSN/33) virus does not affect nuclear export of viral ribonucleoproteins [J]. Journal of Virology, 66: 5815–5824.

Rimmelzwaan GF, de Jong JC, Bestebroer TM, et al. 2001. Antigenic and genetic characterization of swine influenza A (H1N1) viruses isolated from pneumonia patients in The Netherlands [J]. Virology, 282: 301–306.

Robinson JL, Lee BE, Patel J, et al. 2007. Swine influenza (H3N2) infection in a child and possible community transmission, Canada [J]. Emerging Infectious Diseases, 13: 1865–1870.

Rogers GN, D'Souza BL. 1989. Receptor binding properties of human and animal H1 influenza virus isolates [J]. Virology, 173: 317–322.

Rogers GN, Pritchett TJ, Lane JL, et al. 1983. Differential sensitivity of human, avian, and equine influenza A viruses to a glycoprotein inhibitor of infection: selection of receptor specific variants [J]. Virology, 131: 394–408.

Rohm C, Zhou N, Suss J, et al. 1996. Characterization of a novel influenza hemagglutinin, H15: criteria for determination of influenza A subtypes [J]. Virology, 217: 508–516.

Sakaguchi T, Leser GP, Lamb RA. 1996. The ion channel activity of the influenza virus M2 protein affects transport through the Golgi apparatus [J]. Journal of Cell Biology, 133: 733–747.

Scholtissek C, Burger H, Bachmann PA, et al. 1983. Genetic relatedness of hemagglutinins of the H1 subtype of influenza A viruses isolated from swine and birds [J]. Virology, 129: 521–523.

Scholtissek C, Koennecke I, Rott R. 1978. Host range recombinants of fowl plague (influenza A)virus [J]. Virology, 91: 79–85.

Scholtissek C, von Hoyningen V, Rott R. 1978. Genetic relatedness between the new 1977 epidemic strains (H1N1) of influenza and human influenza strains isolated between 1947 and 1957(H1N1) [J]. Virology, 89: 613–617.

Schultz U, Fitch WM, Ludwig S, et al. 1991. Evolution of pig influenza viruses [J]. Virology, 183: 61–73.

Sheerar MG, Easterday BC, Hinshaw VS. 1989. Antigenic conservation of H1N1 swine influenza viruses [J]. Journal of General Virology, 70(12): 3297–3303.

Shimbo K, Brassard DL, Lamb RA, et al. 1996. Ion selectivity and activation of the M2 ion channel of influenza virus [J]. Biophysic Journal, 70: 1335–1346.

Shope RE. 1931. The Etiology Of Swine Influenza [J]. Science, 73: 214–215.

Slemons RD, Johnson DC, Osborn JS, et al. 1974. Type-A influenza viruses isolated from wild free-flying ducks in California [J]. Avian Diseases, 18: 119–124.

Snyder MH. Buckler-White AJ. London WT. et al. 1987. The avian influenza virus nucleoprotein gene and a specific constellation of avian and human virus polymerase genes each specify attenuation of avian-human influenza A/Pintail/79 reassortant viruses for monkeys [J]. Journal of Virology, 61: 2857–2863.

Song MS, Pascua PN, Lee JH, et al. 2009. The polymerase acidic protein gene of influenza a virus contributes to pathogenicity in a mouse model [J]. Journal of Virology, 83: 12325–12335.

Subbarao EK, London W, Murphy BR. 1993. A single amino acid in the PB2 gene of influenza A virus is a determinant of host range [J]. Journal of Virology, 67: 1761–1764.

Sugrue RJ, Belshe RB, Hay AJ. 1990. Palmitoylation of the influenza A virus M2 protein [J]. Virology, 179: 51–56.

Takeda M, Pekosz A, Shuck K, et al. 2002. Influenza a virus M2 ion channel activity is essential for efficient replication in tissue culture [J]. Journal of Virology, 76: 1391–1399.

Takeuchi K. Lamb RA. 1994. Influenza virus M2 protein ion channel activity stabilizes the native form of fowl plague virus hemagglutinin during intracellular transport [J]. Journal of Virology, 68: 911–919.

Talon J, Horvath CM, Polley R, et al. 2000. Activation of interferon regulatory factor 3 is inhibited by the influenza A virus NS1 protein [J]. Journal of Virology, 74: 7989–7996.

Tarendeau F, Boudet J, Guilligay D, et al. 2007. Structure and nuclear import function of the C-terminal domain of influenza virus polymerase PB2 subunit [J]. Nature Structural & Molecular Biology, 14: 229–233.

Treanor JJ, Snyder MH, London WT, et al. 1989. The B allele of the NS gene of avian influenza viruses, but not the A allele, attenuates a human influenza A virus for squirrel monkeys [J]. Virology, 171: 1–9.

Tu Q, Pinto LH, Luo G, et al. 1996. Characterization of inhibition of M2 ion channel activity by BL-1743, an inhibitor of influenza A virus [J]. Journal of Virology, 70: 4246–4252.

Van Reeth K, Van Gucht S, Pensaert M. 2003. Investigations of the efficacy of European H1N1-and H3N2-based swine influenza vaccines against the novel H1N2 subtype [J]. Veterinary Record, 153: 9–13.

Vincent AL, Ma W, Lager KM, et al. 2008. Swine influenza viruses a North American perspective [J]. Advances in Virus Research, 72: 127–154.

Wang C, Lamb RA, Pinto LH. 1995. Activation of the M2 ion channel of influenza virus: a role for the transmembrane domain histidine residue [J]. Biophysic Journal, 69: 1363–1371.

Wang C, Lamb RA, Pinto LH. 1994. Direct measurement of the influenza A virus M2 protein ion channel activity in mammalian cells [J]. Virology, 205: 133–140.

Wang C, Takeuchi K, Pinto LH, et al. 1993. Ion channel activity of influenza A virus M2 protein: characterization of the amantadine block [J]. Journal of Virology, 67: 5585–5594.

Wang P, Palese P, O’Neill RE. 1997. The NPI-1/NPI-3 (karyopherin alpha) binding site on the influenza a virus nucleoprotein NP is a nonconventional nuclear localization signal [J]. Journal of Virology, 71: 1850–1856.

Wang W, Krug RM. 1998. U6atac snRNA，the highly divergent counterpart of U6 snRNA，is the specific target that mediates inhibition of AT-AC splicing by the influenza virus NS1 protein [J]. RNA, 4: 55–64.

Wang X, Li M, Zheng H, et al. 2000. Influenza A virus NS1 protein prevents activation of NF-kappaB and induction of alpha/beta interferon [J]. Journal of Virology, 74: 11566–11573.

Watanabe T, Watanabe S, Ito H， et al. 2001. Influenza A virus can undergo multiple cycles of replication without M2 ion channel activity [J]. Journal of Virology, 75: 5656–5662.

Webby RJ, Swenson SL, Krauss SL, et al. 2000. Evolution of swine H3N2 influenza viruses in the United States [J]. Journal of Virology, 74: 8243–8251.

Webster RG, Bean WJ, Gorman OT, et al. 1992. Evolution and ecology of influenza A viruses [J]. Microbiol Review, 56: 152–179.

Webster RG, Bean WJ, Jr. 1978. Genetics of influenza virus [J]. Annual Review of Genetics, 12: 415–431.

Webster RG, Laver WG. 1972. Studies on the origin of pandemic influenza. I. Antigenic analysis of A 2 influenza viruses isolated before and after the appearance of Hong Kong influenza using antisera to the isolated hemagglutinin subunits [J]. Virology, 48: 433–444.

Webster RG, Yakhno M, Hinshaw VS, et al. 1978. Intestinal influenza: replication and characterization of influenza viruses in ducks [J]. Virology, 84: 268–278.

Whittaker G, Kemler I, Helenius A. 1995. Hyperphosphorylation of mutant influenza virus matrix protein, M1, causes its retention in the nucleus [J]. Journal of Virology, 69: 439–445.

Wright PF, Deatly AM, Karron RA, et al. 2007. Comparison of results of detection of rhinovirus by PCR and viral culture in human nasal wash specimens from subjects with and without clinical symptoms of respiratory illness [J]. Journal of Clinical Microbiology, 45: 2126–2129.

Xu C, Fan W, Wei R, et al. 2004. Isolation and identification of swine influenza recombinant A/Swine/Shandong/1/2003(H9N2) virus [J]. Microbes and Infection, 6: 919–925.

Yasuda J, Bucher DJ, Ishihama A. 1994. Growth control of influenza A virus by M1 protein: analysis of transfectant viruses carrying the chimeric M gene [J]. Journal of Virology, 68: 8141–8146.

Yasuda J, Nakada S, Kato A, et al. 1993. Molecular assembly of influenza virus: association of the NS2 protein with virion matrix [J]. Virology, 196: 249–255.

Zhang J, Lamb RA. 1996. Characterization of the membrane association of the influenza virus matrix protein in living cells [J]. Virology, 225: 255–266.

Zhirnov OP. 1992. Isolation of matrix protein M1 from influenza viruses by acid-dependent extraction with nonionic detergent [J]. Virology, 186: 324–330.

Zhou NN, Senne DA, Landgraf JS, et al. 1999. Genetic reassortment of avian, swine, and human influenza A viruses in American pigs [J]. Journal of Virology, 73: 8851–8856.

第二章

流感病毒生态学

流感病毒属于正黏病毒科流感病毒属，根据其核蛋白（NP）和基质蛋白（M1）抗原性的不同可将其分为A、B、C三个型。A型流感病毒根据其表面蛋白血凝素（HA或者H）和神经氨酸酶（NA或者N）抗原性的不同又进一步分为若干亚型。目前已经发现18个HA亚型和11个NA亚型。A型流感病毒的宿主范围特别广泛，其主要储存宿主是雁形目（鹅和鸭子）和鸻形目（涉禽和鸥）的水生鸟类，尤其是浅水鸭，其中大部分来源于绿头鸭，其他大多数鸟类也能够感染流感病毒。

第一节 自然宿主

在自然情况下，A型流感病毒的感染有一定的宿主特异性。根据对病毒*NP*基因的系统进化分析将其划分为七个宿主特异性谱系：欧亚禽、北美禽、经典猪流感病毒、人流感病毒、经典H7N7马病毒、近期马病毒和H13鸥病毒。通常人源病毒分离株不能在鸡、鸭等禽类体内复制；同样，禽源分离株在灵长类动物体内的复制能力也极差。因此，可以将A型流感病毒依据其感染宿主的不同分为不同的种群。下面将对其进行逐一介绍。

一、家禽

禽流感（AI）首次被描述是在1878年的意大利。当时并不清楚是何种病原，由于该病造成鸡群的高死亡率而被称之为鸡瘟。1902年，鸡瘟的病原首次被分离到，直到1955年，首次确诊该病病原是一种流感病毒。

禽流感病毒（AIV）1961年首次分离于南非燕鸥体内。虽然鸡和土鸡分离株数目众多，但是它们并不被认为是禽流感病毒的储存宿主。由高致病性禽流感病毒（HPAIV）引起鸡和火鸡的疾病历史上称之为“鸡瘟”。现今，除了在过去一些毒株的命名中［例如，A/fowl plague virus/Dutch/27(H7N7）]，“鸡瘟”这一术语已不再被使用。家禽中鸡和火鸡尤其对HPAIV易感，使得家禽的死亡率达到90%～100%。HPAIV能够导致性没有任何症状的突然死亡。低致病性禽流感病毒（LPAIV）的感染通常导致禽类出现厌食、精神沉郁、产蛋下降、呼吸疾病和鼻窦炎等临床症状。由于禽流感病毒常和其他病毒、细菌和支原体等发生混合感染，弱毒疫苗使用不当或者通风不畅、过度拥挤造成的环境压力等多种因素都能够导致鸡和火鸡在发病时临床症状加剧。因此，LPAIV也同样能对养禽业，尤其是火鸡造成很大程度的经济损失。

二、野禽

禽流感病毒能够感染鸟类，但低致病性禽流感病毒毒株仅能造成轻微的病症。然而，H5和H7亚型的低致病性病毒株可能会演变成高致病性病毒株。可能由于密集饲养，家禽的群体密度大，从而使病毒在家禽体内的突变频率更快。对饲养的鸟类而言，A型流感病毒可导致其广泛的症状，从轻微的病症到高度传染性、致死性的疾病甚至导致严重的流行。

高滴度的禽流感病毒可以通过野鸟粪便排出，并且在冷水中长时间地存活。病毒主要通过种间传播周期性地感染易感宿主——也就是从野鸟，尤其是野鸭的感染传播到鸡和火鸡。因此，野鸟栖息地将有助于病毒这一类型的传播。人们假设禽流感病毒在大群的野生鸟类中维持以较低水平的流行状态，甚至是在它们迁移和过冬期间。但目前还仍然没搞清楚的是亚型如此众多的A型流感病毒年是如何年复一年地存在于这些野生鸟类的体内。在加拿大开展的一项对野鸭的研究结果发现：在它们大批往南迁徙之前，就有多达20%的幼禽轻微感染上禽流感病毒。尽管雀形目和鹦形目鸟类不是LPAIV病毒的自然宿主，并且它们可能只是在暴露于感染家禽，尤其是家养和笼养的鸭子之后才可能被传染上的，但是在许多国家和地区也经常能从进口的笼养鸟中分离到禽流感病毒。

普遍认为感染哺乳动物的流感病毒株最初均来源于野鸟，因为从禽类中能检测到所有亚型的流感病毒。因此，人们普遍认同野鸟作为储存宿主这一观点。从26个种属的105个鸟类体内分离到低致病性禽流感病毒，并且几乎所有分离株都来源于雁形目和少量的鸻形目和鸥科鸟类。这些种属包括鸟类，如鸭、鹅、天鹅、涉禽、海鸥。虽然这些不同物种的进化特点不同，但是它们的共同特点是都能适应水生环境的生活。与此相反，从单纯在陆地上生活的鸟体内分离低致病性病毒株是罕见的。通过对流感病毒的遗传演化研究发现，野鸟是流感病毒的储存宿主，并且流感病毒随着不同时间段的野鸭而进化。因此，有学者认为A型流感病毒在储存动物宿主体内存在一个进化停滞期。

三、人

大约2400年前，希波克拉底就对人流感进行了描述。人类的流感大流行贯穿于整个历史，其中以1918年的“西班牙流感”大流行尤为严重。

与大流行流感不同，零星发生的人感染禽流感病毒很普遍。最近，人感染H9N2、H7N3、H5N1和H7N7亚型禽流感病毒被报道，多数感染源自禽类。同时，近年来相继出现H7N9、H5N6、H10N8等病毒感染人并造成死亡的事件。目前流行的H5N1亚型禽流感病毒是10多年来高致病性禽流感在亚洲多次暴发的主要原因。1997年，中国香港首次发生人感染禽流感事件。从2003年开始，新的毒株在中国香港重新出现，在亚洲多个地区相继暴发了涉及多种禽类的高致病性禽流感，给养禽业带来了巨大打击。从2003年到2014年1月，世界卫生组织的报告显示H5N1禽流感感染野鸟的死亡率达到60%以上，造成全球十多个国家和地区650人感染，386人死亡，死亡率高达59.4%。病毒从禽到人的传播需要与染病禽类或者它们的环境直接接触，通过直接吸入含病毒的颗粒或者间接接触病毒，病毒进入上呼吸道和呼吸道黏膜而发生感染。

历史上几次人的大流感的发生分别是由H1N1、H1N2、H3N2亚型的流感病毒引起的，尽管H2N2亚型流感也曾在1957—1968年持续流行很长一段时间，但只有H1N1亚型和H3N2亚型的A型流感病毒在人群中遵循一定的流行病学模式。因此，由这两种亚型的病毒导致的疾病被认为是地方性流行。A型流感病毒每个月都能从世界的任何地方分离到，并且流感病毒造成的感染在人群中持续存在。人流感病毒能够造成人的呼吸道疾病，并感染呼吸道上皮细胞。如果人类以前从未接触过某一个亚型的流感病毒，则对该病毒也就没有免疫力，那么该病毒的感染和迅速传播就可能在全球范围内造成大流行。一次流感大流行的严重程度可能取决于大流行病流感病毒株及其与季节性流感病毒毒株的差异。造成人感染的流感病毒亚型，目前发现的主要有H3N2、H2N2、H1N1、H1N2、H5N1、H5N6、H7N9和H10N8。

四、猪

在1918年灾难性的人流感大流行时，猪流感在美国的中北部首次被发现，很长一段时间只在这个地区报道有猪流感，而且每年都是在冬季暴发。Richard Shope于1930年分离获得第一株猪流感病毒A/swine/Iowa/15/30（H1N1）。尽管1918年的流感大流行影响到整个欧洲，但到20世纪40～50年代才在捷克斯洛伐克、英国等这些欧洲国家发现猪流感。之后该病毒明显消失，直到1976年在意大利北部再次出现，1979年传播到比利时和法国南部，随后猪流感在欧洲一直频繁暴发。然而，在欧洲导致猪流感发生的病毒，其遗传关系上与鸭的病毒相近，属于禽源流感病毒。

目前，在全世界流行的H1N1猪流感病毒分为两个不同的抗原群体：一个是1979年以来在欧洲发现的禽源H1N1流感病毒株；另一个是在美国发现的与原始病毒株相似的经典H1N1猪流感病毒。猪也可感染A型流感病毒的其他亚型毒株：包括流行于中国、欧洲和北美洲的人源H3N2流感病毒、猪－人流感病毒的双重组H1N2病毒以及猪－人－禽流感病毒三重重组病毒。例如，在北美引起猪的重大呼吸系统疾病流行的流感病毒其基因组成为：来自于人流感病毒的*HA*、*NA*和*PB1*基因、来自于禽流感病毒株*PB2*和*PA*基因及来自于古典猪流感病毒的*NP*、*M*、*NS*基因。在中国，类人型H3N2病毒、双重组H3N2病毒和三重组H3N2病毒也曾在猪群中流行。其他一些基因组成的流感病毒在猪群中也是存在的，而且新型的重组病毒又在频繁出现，正如2009年出现的新型流感大流行H1N1病毒一样。除此之外，猪流感病毒流行株还在HA蛋白上始终发生着氨基酸的变化。

猪具有禽的（SAα－2，3Gal）和人的（SAα－2，6Gal）两种类型的受体，猪同时能够感染禽源和人源的流感病毒，因此，其被认为是流感病毒的“混合器”。尽管不是所有人流感大流行毒株来源都与猪流感病毒有关系，但是，在全球猪群中流行的重组流感病毒为猪作为中间宿主的角色提供了理论支持。令人感兴趣的是，尽管猪能感染各种亚型的禽流感病毒，而地方性流行的猪流感病毒却只发现有H1或H3两种HA的血凝素亚型。

猪流感流行病学研究发现，该病经过24～72h的潜伏期后突然发病，通常在一个猪群中出现多头猪同时发病。临床表现为体温超过42℃的高热，并伴随精神萎靡、食欲减退、嗜卧、不愿走动，出现一些呼吸困难的症状：阵发性咳嗽、打喷嚏、鼻炎并有鼻涕流出、呼吸困难、听诊有支气管啰音。猪发病3～6d后通常能够很快自行恢复，7d后可以正常饮食。如果对发病猪做好保暖措施，并减少应激，猪群发病通常呈现温和型，并发症少、致死率低于1%，而一旦有些猪发展成严重的支气管肺炎，就有可能导致猪只死亡。有报道妊娠母猪在感染H3N2流感病毒后曾出现繁殖能力障碍。尽管大多数发生猪流感的猪群能够完全康复，但由于发病导致猪体重减轻或增重缓慢所造成的经济损失仍然是相当大的。

猪流感的暴发大多发生在秋末和冬季，或者是在有新的猪只引入到易感猪群后发生。在封闭化设施条件下饲养的猪群，该病常年都有发生。通常会一个区域的几个猪场中同时暴发，猪群中所有的猪几乎在都同一时间发病。多年来，有关在暴发猪流感流行病期间如何保护动物得以生存一直是人们研究的重点，但至今仍是一个悬而未决的难题。在不断有新的易感猪只引入的大型猪群中，猪流感病毒无疑会发展成为地方性流行疾病，但是目前还没有任何可信的证据能够证明在感染猪流感病毒的宿主中谁是真正的流感病毒携带者。

新型的2009 H1N1流感大流行毒株可以感染猪，但临床引起的发病表现温和。然而，由于该病威胁到人类的公共卫生，感染猪群必须进行隔离、检疫，其一度对养猪业也造成了巨大的经济损失。作为时常发生的人畜共患病，尽管没有可靠的证据表明猪肉对消费者存在安全危害，但在2009年所谓“猪流感”出现之后，猪肉的消费量的确出现了大幅度的下降。

猪流感病毒的感染遵循呼吸道病毒感染的典型模式：也就是病毒以气溶胶的形式侵入，并在几小时内快速地感染鼻腔和呼吸道上皮细胞。接着发展为以肺尖和心叶区肺部损伤为特征的支气管间质性肺炎，并伴有肺充血、粘连，在呼吸道出现炎性渗出液。组织病理学检查表现为上皮细胞表面裸露，在感染的气道内有管腔内碎片的沉积，而且还会出现邻近管腔的塌陷、间质性肺炎和肺气肿。

五、马

马流感病毒在易感马群中传播非常快，在感染后的24～48h引起很高的发病率。临床症状表现为呼吸道感染：出现鼻黏膜潮红、结膜炎和浆液性鼻液；随后有黏脓性的鼻涕排出。浆液性鼻涕同时发展成严厉的、阵发性的干咳，这可能要持续三周。感染马匹出现高热（39.9～41℃）可持续4～5d、并表现为食欲下降和精神沉郁。虽然死亡率很低，但是持续的高热可能导致妊娠母马流产。急性期疾病的临床诊断比较容易，由于必须将马流感和其他一些由马疱疹病毒、马腺病毒、马鼻炎病毒和许多细菌等引起的呼吸道感染区分开，这也使得对具有部分免疫力马匹的诊断更为困难。在机体免疫力减弱或是使用了与流行毒株抗原性匹配不好的疫苗免疫过的马群中，常可见到有临床排毒的亚临床感染。以化脓性的鼻分泌液和支气管肺炎为特征的继发性细菌感染也可能发生，如果不出现这些并发症，这一疾病则表现为是自限性的，往往在感染发生的2～3周内即能够彻底恢复。

马流感病毒具有高度传染性，在马厩中通过有感染性的分泌物传播，传播速度非常快，这种分泌物通过频繁咳嗽雾化形成。马流感病毒在潜伏期被排出，并且在临床症状出现至少5d后仍保持有传染性。马匹间的近距离接触促使病毒快速传播；被污染的饲养人员的衣物、设备和运输工具也可能有助于病毒的散播。频繁移动的马群，如比赛用马、种马、跨越障碍用马和待售马对于马流感病毒的传播都存在一定的风险。在欧洲、北美洲，日本、中国香港、南非、大洋洲及每年举行有关比赛和以育种为目的的活动的地方，马群间的流动将导致马流感病毒在不同国家和地区的快速传播。马流感的发生从寒冷季节开始，而流行一般发生在主要赛季期间，也就是北半球的4和10月份期间。

1872年，在北美马群中发生了重大流行病，在马群中暴发的呼吸道疾病可能就是历史上所描述的马流感。直到1956年，首次从中欧发生的动物流行病中分离出马流感病毒A/equine/Prague/1/56（H7N7，马流感病毒1）时，才最终将马流感与马的其他呼吸道疾病准确地区分开来。马流感病毒感染被认为是引起马的病毒性呼吸道疾病最主要原因。近年来发生的所有马流感暴发中都分离鉴定出了H3N8亚型病毒；最后一次由H7N7亚型病毒引起的马流感暴发在1979年，并且现在普遍认为H7N7马流感病毒不再在马群中流行。感染马的流感病毒株也有禽源的毒株，同时有些马流感毒株来源于野鸟体内的流感病毒，并已发现感染马的流感病毒存在不同亚型，并且其抗原漂移导致产生了不同亚型的不同谱系。马流感病毒至少存在两个稳定的谱系：H7N7和H3N8。

在美国，于1963年分离到第二株病毒A/equine/Miami/1/63（H3N8，马流感病毒2）。H3N8病毒自首次分离到之后经历了一定程度的基因漂移，并且在遗传进化树中表现出了不同的分支：欧亚分支和美洲分支。美洲分支进一步又细分为阿根廷、佛罗里达、肯塔基3个亚支系，在欧洲和亚洲的马群中美洲亚系的马流感病毒都曾有过流行，但是欧亚系的马流感病毒只在北美马群中检测到一次。随着时间的推移，H3N8马流感病毒仅出现适度的抗原性变化，几乎世界上所有的地方，都有马、驴和骡子感染马流感的报道。但是在冰岛和新西兰等一些岛屿国家却从未出现该病毒感染的事件。

马科动物是马流感病毒已知的唯一来源。1989年，在中国东北地区的马群中暴发了一次A型H3N8马流感疫情，发病率为80%，死亡率为20%。随后的第二年又发生了第二次马流感大流行，此次发病率大约为50%，可能是由于当时的马群已获得了一定的免疫力，而当时的死亡数很少，甚至是没有发生死亡。让人们尤为感兴趣的是尽管引起这次大流行的病毒与世界上其他地区马群中流行的病毒具有相同的抗原成分，但它的基因却是来源于当时的禽流感病毒。血清学研究结果表明在1989年以前，中国的马群中不存在该病毒的感染；因此，此次暴发标志禽流感病毒不经过基因重组就能够直接感染哺乳动物。

2007年，美洲分支的H3N8病毒在澳大利亚的马群中传播开来，澳大利亚先前从来没有马感染此类病毒的报道，这是马流感病毒具有高度传染性特征的一个例子。起初病毒的入侵是从新南威尔士州的一个检疫站开始的，在短短3个月内病毒迅速传播到新南威尔士州和昆士兰的约一万个马棚。后来通过限制流动和疫苗接种措施控制住了这种动物流行病，但是这次重大的事件强有力地证实了马流感病毒对未免疫马群的影响。

六、犬

犬感染流感病毒的症状与犬呼吸系统综合征（“犬舍咳”）的症状很相似甚至难以区分。主要的差别是犬舍中如果多达50%～70%的犬发病就是流感病毒的感染，而犬舍咳通常只会引起不到10%的动物发病。所有年龄和品种的犬对流感病毒均易感。除非出现继发感染，犬流感通常很容易恢复；流感病毒感染会破坏呼吸道有纤毛的上皮细胞，这则大大增加了继发细菌感染的机会，最新的研究也证实在犬呼吸道内层细胞上存在α-2，3唾液酸受体。格雷伊猎犬对流感病毒极其易感，然而有关部分患有犬流感的犬只出现严重出血性肺炎的发病机理到目前还未被研究清楚。但是有研究表明犬流感病毒一直在发生着基因的进化，与当前流行的马流感H3N8病毒相比，最早的犬流感病毒分离株在HA蛋白上至少有五个氨基酸发生了变化。

从流感的流行史上看，犬科动物并不是流感病毒的重要宿主。然而，在2004年，美国佛罗里达州的一群格雷伊猎犬暴发呼吸道疾病并导致了一些犬的死亡，部分发病犬呈现严重的出血性肺炎症状。通过对分离自犬的流感病毒进行全基因序列测定与分析发现，病毒是来自于H3N8马流感病毒谱系。对整个美国格雷伊猎犬群体的血清学抗体监测结果显示，针对H3N8病毒的血清抗体阳性率非常高，这与比赛用格雷伊猎犬呼吸道疾病持续很长时间这一情况相一致。2005年，从纽约州的一条犬体内分离到H3N8病毒。截至目前，尽管病毒的传播非常慢，随后还是由纽约这次暴发传播到其他几个州。犬流感病毒的感染发生于圈舍饲养的、动物收容所或日间护理中心的犬，但犬流感病毒很容易在密集的家养犬之间传播。

一项来源于美国的6个流浪者避难所的5 160份流浪犬的样品的H3N8犬流感病毒流行病学和生态学研究表明，美国纽约州的流浪犬的鼻腔棉拭子样品的病原阳性率为4.4%，科罗拉多州的最高为4.7%。血清学阳性率科罗拉多州的为最高，达到10%；纽约州的为8.5%。研究认为社区犬只很可能是犬流感病毒感染人类流浪者的一个重要来源，并且一旦犬流感病毒存在，犬与犬间的传播就能使得犬流感病毒在流浪者居住的避难所中存在。

在澳大利亚暴发H3N8亚型马流感的情况下，在英国出现了猎犬感染马H3N8流感病毒的病例。然而感染只是在一定范围内出现，并且尚没有证据证明这些发病都是由犬流感病毒导致的，似乎只是犬感染了马流感病毒的例子。犬科动物对欧亚－非H5N1病毒也显示了易感性。在H5N1禽流感流行的地区对犬的血清学抗体监测结果发现H5抗体血清学呈阳性，同时将犬暴露于H5N1病毒存在的试验条件下，犬将被感染，尽管没有表现出明显的临床症状，却能够从呼吸道排毒。在韩国，从具有典型犬流感发病临床症状的犬中分离到了一株禽源H3N2亚型的病毒，并且在试验条件下感染的犬可以排出高滴度的病毒，在上呼吸道和下呼吸道都能发展为严重的坏死性炎症。

H5N2犬流感病毒能够在犬与犬之间传播，并且其能够跨种间传播感染猫和鸡。其中一只猫表现出明显的H5N2感染的临床症状，其余猫出现血清学阳转。试验中8只鸡中有2只感染H5N2犬流感病毒死亡，其余均有明显临床症状。在对东南亚暴发的一次流感的监测调查中，从泰国的犬体内分离到了H5N1亚型流感病毒，并发现H5N1亚型流感病毒的抗体非常普遍，这也证实H5N1亚型流感病毒对泰国犬的感染曾非常普遍。

2006年以来，在中国南方，宠物犬感染H3N2犬流感病毒的报道越来越多。对我国广东省犬流感血清学抗体的监测表明，采用HI试验检测广东省犬血清针对2009年大流行H1N1流感病毒抗体的阳性率为24.7%；采用微量中和试验检测结果为血清学阳性率为10.8%。犬只间存在较高的2009年大流行流感血清学阳性率，并且犬只不表现出临床症状，以此推测犬科动物在流感病毒的生态学中发挥了很重要的作用。对我国广东省犬养殖场的禽源H3N2犬流感病毒的流行情况研究表明，在中国南方的犬群中H3N2犬流感病毒可能是一个很常见的病原，分离毒株的序列分析结果表明该病毒是禽源犬流感病毒，该类病毒在犬类养殖场中的感染率为

12.22%，在宠物犬中的感染率为5.3%。

综上所述，我们需要持续开展对犬科动物的流感病毒感染的监测和分离病毒株特性的研究，以此防止将来在犬科动物中出现任何高致病性流感病毒的可能性。

七、其他哺乳动物

流感病毒重要的哺乳动物宿主包括：人类、猪、马、犬、家猫和野生猫科动物（老虎、豹）以及一些鼬科食肉动物（雪貂、石貂、貂）和海洋哺乳动物（鲸鱼、海豹）、骆驼、麝鼠、麝猫、鼠兔。大食蚁兽曾被认为是流感病毒的偶见宿主但其未能建立稳定的感染链。A型流感病毒能够感染一些哺乳动物，在一些情况下能够造成流感的地方性传播，这一结论在试验条件和自然状态下都得到了证实。例如，当前在东南亚流行的H5N1亚型高致病性禽流感病毒已被证实其病毒感染宿主范围的扩大，并且能够感染许多以前曾被认为对流感病毒不易感的物种。因此，流感病毒的感染物种范围取决于病毒的亚型。猪通常感染A型流感病毒和对猪体适应性好的一些毒株。因为猪的呼吸道上皮细胞同时表达禽的（SA α -2，3Gal）和人的（SA α -2，6Gal）两种类型的受体，所以猪对人源和禽源流感病毒都易感。在很多已有的报道中已经从猪体内发现多种不同亚型的禽流感病毒株。

自1933年以来，人们发现水貂、雪貂对A型流感病毒非常易感，并将其用于人工感染试验。当水貂、雪貂感染人流感病毒时，它们所表现的症状与人的流感症状非常相似，主要为呼吸道症状如打喷嚏和咳嗽，食欲下降并伴随体重下降、嗜睡和发热。作为一种疾病模型，人们认为雪貂能很好地模拟出人类的流感病毒感染，但由于使用雪貂作为实验动物时，试验操作较为困难，而小鼠操作起来则更为简便，因此，在流感病毒的感染试验研究中小鼠被普遍采用。

A型流感病毒感染海豹的病例已经有多个报道，因此有理由相信海豹感染流感病毒并非偶然事件。1979—1980年，在美国东部的鳕角有海豹死于出血性肺炎，后经研究表明造成此次发病的病原是A型H7N7流感病毒，该病毒包含了禽源流感病毒基因来源，但是感染动物后呈现出感染哺乳动物流感病毒的特征。与此同时，在对海豹的尸体解剖和实验室处理时，操作者因感染流感病毒而患上了结膜炎。1982—1983年，随后在海豹群中暴发了一次流感疫情，从患有肺炎的海豹体内分离到一株与禽流感病毒基因同源性较高的H4N5亚型流感病毒。对该区域的海豹进行的进一步流行病学调查，结果表明H3N3亚型的流感病毒也在该群体中存在。有研究结果证实海豹也能感染人源的B型流感病毒；鲸在一些情况下也能够感染流感病毒，尽管其发生似乎并不常见，但是对鲸的监测的难度和高昂的成本使得很难确定鲸感染流感的频率，通过分析发现流感病毒感染鲸的最可能路线是直接从鸟类到水生哺乳动物。

在2003年H5N1亚型禽流感病毒在东南亚暴发之前，人们通常认为猫科动物对流感病毒是不易感的。然而，在饲喂了感染禽流感病毒的鸡之后，有50只圈养的老虎和豹感染发病，随后开展的调查发现流感病毒不仅可以存在于污染的食物之中，而且病毒还可能在感染的老虎之间构成传播。对家猫的感染试验发现感染H5N1亚型高致病性流感病毒的家猫发生致死性的全身感染，并且通过呼吸道和消化道分泌物中排出病毒。在试验条件下，猫也能感染其他类型的流感病毒。在欧洲，有研究表明在曾经暴发过野鸟H5N1亚型流感疫情的地方，当地的猫通过直接接触病毒或者食用感染病毒的禽类而进一步感染了禽流感病毒。

2013年，有学者在我国华南地区开展了猫感染2009年大流行H1N1流感病毒的情况调查，研究结果表明猫中存在2009年大流行H1N1流感病毒的感染，1 080份猫血清样品中有18份抗体阳性。最近，又一份关于中国东北部的猫在2012年2月至2013年3月间感染2009年大流行流感病毒的血清学抗体监测报告证实，猫的2009年大流行H1N1流感病毒抗体阳性率为21%（240/1 140），并且宠物猫的2009年大流行H1N1流感病毒的感染率（30.6%）要高于流浪猫的感染率（11%）。

第二节 生态分布

A型流感病毒不仅感染宿主范围广，而且很多不同宿主源的病毒均呈现世界性分布、地方性流行，在各大洲流行的病毒起源和致病性表现各不相同。本节主要从当前猪流感病毒的地域分布情况做一阐述。

一、北美猪流感

1930年，Richard Shope分离鉴定了第一株猪流感病毒A/Swine/Iowa/15/30（H1N1），即经典H1N1亚型猪流感病毒的代表株。通常人们认为此类病毒是在1918年西班牙大流感时进入到猪群当中。在1998年之前，在北美地区猪群中流行的一直是经典H1N1亚型猪流感病毒，该类病毒的基因与抗原性一直相对高度保守。在经典H1N1猪流感流行的同时，偶尔能够从猪群中检测到人源H3N2亚型流感病毒。在1998年8月底，美国艾奥瓦州、得克萨斯州、北卡罗来纳州和明尼苏达州等出现两种不同基因型的H3N2流感病毒，随后在猪群中暴发和蔓延。第一种新型病毒为最初出现在北卡罗来纳州的基因双重组H3N2病毒，即病毒的*HA*、*NA*和*PB1*基因来自人源H3N2病毒，其*PB2*、*PA*、*NP*、*M*和*NS*基因来自经典猪H1N1病毒。另一种病毒是出现在明尼苏达州、爱荷华州和德克萨斯州的三重组病毒，病毒的8个基因片段分别来自于人源H3N2、经典猪H1N1及禽流感。此后的研究发现，仅有这种含有禽源病毒*PA*和*PB2*基因的三重组病毒在猪群中继续流行并成为稳定传播的病毒谱系。1999年，这种三重组的H3N2猪流感病毒与以前占主导地位流行的经典猪H1N1病毒发生了再次重组，从而导致了H1N2亚型病毒的出现，新型病毒保留了整个三重组病毒的内部基因（Triple reassortant internal gene，TRIG）骨架，并获取了经典型猪H1N1亚型病毒的*HA*基因。随后该重组的H1N2病毒在北美猪群广泛传播，经常引起感染猪群发生相关呼吸系统的疾病及其他临床症状，如母猪的流产。

北美地区还出现了重组毒株的*HA*基因为人源的H1N2病毒。2006年，在加拿大猪群中出现了人源H1N1，其抗原性和基因型方面均与经典H1N1亚型猪流感病毒存在较大差异。之后，在加拿大又分离到人流感病毒和猪流感病毒基因重组而产生的H1N2病毒。

1999年，首次从北美中东部安大略湖地区自然感染的猪群中分离曾普遍流行于水鸟中的H4N6禽流感病毒。之后一年，这种完全禽源的H4N6病毒导致加拿大猪群流感的暴发。2001年和2002年，在加拿大的猪群中又分离到完全禽源的H1N1和H3N3病毒。2004年，从美国中西部的一个发生呼吸道疾病的猪场中分离到一株基因重组的H3N1病毒，遗传进化分析结果表明其*NA*基因来源于经典猪H1N1病毒，而其余7个基因片段均来自于三重组的H3N2流感病毒。在2006年，又有两株H3N1猪流感病毒的分离报道，研究发现该类病毒可能是由火鸡的H3N2、人H1N1和当时流行的猪流感病毒重组而来。2007年，Ma等在美国猪群中又分离到基因重组的H2N3亚型流感病毒，但这些病毒都没有造成猪流感的流行。

2009年4月，在墨西哥和美国暴发人的H1N1亚型流感疫情，并继而形成2009年全球流感大流行。虽然这次流行的病原也是H1N1亚型流感病毒，却是以一种新的机制形成并感染人类。2009/H1N1病毒的基因片段分别来自于人、猪和禽流感病毒，这种新型重组的病毒在短时间内造成全球人的感染，继而又从人传播到包括猪在内的其他哺乳动物。很快，研究人员于2009年5月从加拿大猪群中检测到了这种新型病毒的存在。2010年，有美国猪群感染2009/H1N1病毒的报道，之后先后出现了多种基因型组成的重组H1N2、H3N2病毒，其中占流行优势的毒株是一直以来北美流行的三重组H3N2病毒再次获取了2009/H1N1病毒的*M*基因。另外还有一些新型重组H3N2毒株除其*M*基因来自于2009/H1N1病毒外，其*NS*、*NP*、*PB2*和*PA*基因也是来源于2009/H1N1病毒。

二、欧洲猪流感

1976年之前，虽然在欧洲一些国家（如英国、捷克斯洛伐克和德国）有关在猪群中检测到H1N1亚型的猪流感病毒抗体的零星报道。但直到1976年，首次从意大利猪群中分离到经典H1N1 SIV，之后该类病毒又相继在比利时和法国出现之后才在欧洲大陆形成稳定谱系并呈现地方流行。20世纪70年代，人源H3N2亚型流感在欧洲猪群中出现并流行10年左右，造成了零星的病例。1979年，在比利时分离到由野鸭传入猪群的类禽H1N1亚型SIV，随后在德国、法国和英国均检测到该类病毒的存在，目前，该类病毒已完全取代古典H1N1 SIV成为欧洲猪群中主要的H1N1亚型流行毒株。

1984年，欧洲大陆首次报道了类人H3N2亚型毒株引起的猪流感暴发，并且整个欧洲大陆的猪群都表现高水平的抗体。1985—1989年，Castrucci等从意大利猪群中分离到一株H3N2亚型双重组病毒，病毒表面糖蛋白编码基因*HA*和*NA*来自于类人H3N2病毒，内部蛋白编码基因来自于类禽型H1N1病毒，这种重组病毒在猪群中的广泛流行，与类人H3N2病毒不同的是，该类病毒的感染可以引起发病猪表现出典型的流感症状。2008年Zell等从德国有流感症状的猪体内，分离到一株三重组H3N2 SIV，其*HA*基因来源于类人H3N2病毒、*NA*基因来源于H1N2病毒，它内部蛋白编码基因来源于类禽H1N1病毒，进一步表明了欧洲H3N2亚型SIV的遗传多样性。

20世纪90年代中期，基因重组型H1N2病毒开始在欧洲出现。1987年法国首次分离到H1N2亚型SIV，该病毒为类人H3N2（*NA*基因）、类禽H1N1病毒（其他7个基因）的基因重组病毒，该毒株并没有在猪群中形成稳定的谱系和流行。1994年，在英国猪群中出现了另外一种重组型H1N2亚型SIV，其*HA*基因来源于人的H1N1，*NA*基因来源于猪的H3N2及6个内部基因来源于类禽H1N1猪流感病毒。之后这类重组型病毒在法国、意大利、比利时和葡萄牙迅速传播开来。

此外，在欧洲也相继分离到H1N7和H3N1亚型的SIV。1994年，Brown等在英国从猪体内分离到一株通过基因重组产生的H1N7亚型流感病毒，遗传分析表明该病毒是马H7N7病毒和20世纪70年代末人群中流行的H1N1病毒基因重组产生的，该病毒未发生进一步的传播。2006年在意大利分离到了H3N1亚型SIV，遗传进化分析显示病毒是由意大利当时流行的H3N2和H1N1病毒之间发生基因重组产生的。

2009年9月，在北爱尔兰一患有呼吸道疾病的猪群中分离到2009/H1N1病毒。之后2009/H1N1病毒造成猪群感染的报道出现在德国、英国、挪威等国家。继而又先后监测到由2009/H1N1病毒和地方流行的毒株之间发生基因重组而产生多种基因组成的新型重组H1N1、H1N2和H3N1病毒。

三、亚洲猪流感

猪流感在亚洲许多国家均有发生，其病原主要为H1N1、H1N2和H3N2亚型SIV。在中国、伊朗、日本、印度和泰国等都分离到了古典H1N1亚型SIV。另外，在中国及东南亚地区也分离到了类禽H1N1亚型SIV。

1969年，在日本猪群中首先分离到H3N2亚型，此类病毒完全来自于人。随后日本、韩国、中国和泰国也先后分离到了H3N2亚型SIV。对亚洲流行的H3N2亚型SIV分离毒株的遗传分析表明，类人、双重组和三重组的H3N2亚型SIV在猪群中同时存在。

1978年从日本猪体内首次分离到了H1N2亚型病毒，为猪群中流行的经典H1N1和H3N2病毒产生的重组病毒。之后该类H1N2病毒又多次分离到。通过对1976—1982年以及1993—1994年间我国华南地区的SI流行病学调查发现，H3N2和经典H1N1 SIV为猪群中流行的优势毒株，其中还分离到了3株基因重组的H3N2病毒，其*HA*和*NA*基因来自人源H3N2病毒，而内部基因来自经典型H1N1猪流感病毒，但此类重组病毒没有造成流行。同一时期，从泰国猪群中也分离到了抗原性与经典型H1N1猪流感病毒相似的病毒。在中国香港猪群中同时分离到经典型H1N1和类禽型H1N1病毒。从1998年开始，在家禽中广泛存在的H9N2禽流感偶尔会在亚洲猪群中分离到。另外一种高致病性H5N1亚型流感病毒分别在2001—2007年间在中国、越南、泰国和印度尼西亚等地的猪群中分离别，这些病毒只是偶尔被检测到并呈现一过性的感染，没有在猪群中形成稳定的遗传谱系。此后，经典型H1N1和类禽型H1N1病毒在中国不同地区成为一种地方性流行疾病，并且呈现共流行的状态。至2004年之后，包括北美洲三重组类型的H1N2病毒和由该类病毒与类禽型H1N1病毒产生的重组病毒等多种基因型组成的H1N2病毒在猪群中被陆续分离到。在泰国，分离到*HA*和*NS*基因来自经典H1N1病毒，其他基因来自于类禽型H1N1病毒的重组型H1N1病毒。近年来，在韩国、印度等国家也先后有H1N2重组病毒的分离报道。

2009年以后，随着2009年大流行H1N1的暴发，在亚洲多个国家和地区的猪群中陆续分离到猪的2009/H1N1流感病毒。与前面所述的情况相似，这类2009/H1N1病毒目前尽管没有引起猪流感的发生与流行，但该病毒的持续存在，导致猪群中原来流行的H1N1、H1N2和H3N2亚型的流感病毒与2009/H1N1病毒之间发生新的重组，从而导致多种基因型组成的新型重组H1N1、H1N2、H3N2和H3N1病毒的出现。这种情况在中国、日本、韩国、泰国等多个国家普遍存在。

四、非洲猪流感

非洲发生猪流感的报道很少，对埃及1970—1980年收集的480份猪血清样品和200份人血清样品进行检测，发现有52.5%的猪血清和10%的人血清呈H1N1亚型SIV抗体阳性反应；此外，从肯尼亚和尼日利亚的猪群中采集的血清也部分呈H1N1和H3N2亚型流感病毒的抗体阳性反应。2009年H1N1大流行发生之后，2011年有报道称通过PCR和病毒分离在喀麦隆散养的猪群中检测到2009/H1N1流感病毒。

第三节 跨宿主传播

在一些比较罕见的情况下，流感病毒也能够从其自然宿主传播到包括禽类和多种哺乳动物的非自然宿主，并在新宿主体内进一步适应，从而建立新的宿主群（如H1N1亚型猪流感病毒、H3N8亚型马流感病毒）。本节主要阐述自然和实验条件下A型流感病毒在不同宿主之间发生传播的实例。

一、流感病毒在猪与禽之间的传播

20世纪70年代末，A型流感病毒从禽传播到猪的感染在欧洲发生，从而导致了类禽型H1N1猪流感谱系病毒的产生。其他一些亚型的禽流感病毒也常常造成对猪的零星感染。

有研究报道，1998年中国香港和一些省份的猪群中分离到一些H9N2亚型的禽流感病毒，对其基因遗传进化关系分析结果发现猪源病毒与Dk/Hong Kong/Y280/97禽流感病毒十分相似，表明H9N2亚型流感是由禽到猪的直接传播产生的。在2001—2003年期间开展的常规猪流感监测中，就从猪体内分离到H5N1高致病性禽流感病毒的存在，在1990—2009年期间开展的猪流感血清学的监测结果也进一步证实了H5和H9亚型禽流感病毒对猪群的零星感染情况，在印度尼西亚和越南也有从无任何临床症状的猪群中分离到H5N1亚型禽流感病毒的报道。2009年，在韩国出现了来自野鸟的禽源H5N2病毒对猪的感染，回溯性研究发现H5亚型禽流感病毒自从2006年就已经在韩国猪群中造成了感染。

火鸡对禽源流感病毒和哺乳动物源流感病毒高度易感。有研究证实在1980年美国的俄亥俄州出现了经典H1N1亚型猪流感病毒感染火鸡的事件，临床导致火鸡场的产蛋量下降、畸形蛋比率上升。同样地，广泛流行于欧洲的类禽型H1N1猪流感病毒也曾出现感染火鸡的情况，病鸡表现为产蛋量下降。2002年，Suarez等报道了从美国密苏里州的火鸡群中分离到了一株新型重组的H1N2猪流感病毒，该病毒与猪体内分离到的H1N2病毒基因组成相似。后来又有人报道从火鸡体内分离到三重组H3N2亚型的病毒，该病毒与1998年以来在北美猪群中流行的H3N2猪流感病毒极其相似。发病的火鸡群出现产蛋量急剧下降或者停产，并伴随有精神抑郁、咳嗽、打喷嚏和食欲减退等临床症状。

2009年4月流感大流行（我国称之为“甲型流感”）毒株感染人事件发生之后，在北美洲和欧洲的一些国家都相继从猪群和火鸡群中分离到2009/H1N1病毒。在试验感染的情况下，尽管临床上没有表现出任何发病的症状，也检测不到病毒的排出，2009/H1N1病毒的感染可以引起火鸡幼雏和成年火鸡的血清抗体阳转。综上所述，火鸡对猪流感病毒高度易感，但是感染的结果似乎具有毒株特异性。火鸡的日龄、生理状态、免疫状况以及病毒—宿主相互作用的许多其他因素似乎都影响着猪流感对火鸡的易感性。

与火鸡相比，鸡则不容易感染猪流感病毒。在北美曾经导致火鸡感染的经典H1N1、重组H1N2和重组H3N2亚型流感病毒从来没有从鸡体内分离到。有研究将猪源重组H3N2亚型流感病毒株A/Turkey/Ohio/313053/04接种于鸡，感染后1d在同一个笼子中放入未感染的对照鸡用以评估病毒对鸡群的接触传播能力，结果表明该病毒不能在鸡群中通过接触传播。

二、流感病毒在猪与人之间的传播

在20世纪50年代，人们首次在捷克斯洛伐克监测到经典的H1N1亚型猪流感病毒发生了从猪到人的传播。此后，在美国、欧洲和苏联的部分亚洲地区，通过病毒分离证实了从猪到人零星感染的发生。在德国进行的一项研究表明，大约15%的从业人员（猪场、屠宰场工作人员及兽医）的血清中有抗欧洲谱系猪流感病毒的抗体。

人源的H1N1亚型流感病毒对猪造成感染的能力非常有限。然而，自从1930年，有一些具有人源流感病毒基因的猪流感病毒从临床发病猪体内被分离到。Glover通过研究表明这些猪流感病毒的血清型特征与当时的人流感病毒的血清学特征相似。Shope提出了人的H1N1亚型流感病毒造成了猪的人兽共患性感染的证据。此后，在欧洲再也没有出现从人到猪的H1N1亚型流感病毒感染的记录，尤其是在1977年H1N1亚型流感病毒再次出现后，更没有相应的记录。但是，这种感染可能发生的间接证据还是存在的：① 在欧洲猪群中出现了重组H1N2亚型流感病毒，② 在猪血清中检测到了针对人源H1N1流感病毒的抗体。在日本和中国，多项通过病毒分离和血清流行病的研究结果表明人的季节性H1N1亚型流感病毒已经传染给猪。尽管有一项研究报道在捷克斯洛伐克的猪群中检测到针对H2N2亚型流感病毒抗体，并且在试验条件下，病毒A/Singapore/1/1957（H2N2）对猪也能够成功感染，但在自然条件下，这一类病毒尚未从感染的猪体内分离到。在欧洲和其他一些地方，季节性H3N2亚型流感病毒经常在猪群中监测到。德国、英国、法国、罗马尼亚和捷克等国家所开展的猪流感血清学研究也证明了这一结论。偶尔，人源的H3N2亚型流感病毒也能够从猪体内分离到（A/swine/England/163266/1987、A/swine/United Kingdom/119404/1991）。在意大利，在1977—1983年间，A/England/42/1972样的H3N2亚型流感病毒持续流行于猪群中。此外，季节性H3N2亚型流感病毒造成的人兽共患感染进而形成了众多的重组病毒：其中在欧洲猪群中出现的人源H3N2病毒谱系和美国的三重组H3N2亚型流感病毒是最具有代表性的。2009年大流行H1N1亚型流感病毒由人再次传染给猪，最初发生在加拿大，然后在挪威、意大利及其他欧洲国家。众多研究报告表明这种新的重组病毒能够导致猪的温和性发病症状。此外，2009年大流行病毒表现出显著的抗类禽型

H1N1猪流感病毒抗体的交叉反应，这也妨碍了临床诊断过程中采用血清学方法对2009/HN1N1所以进行有效的鉴别。另外，可能由于这种交叉反应才会阻碍2009年大流行流感病毒在类禽型H1N1亚型猪流感病毒流行率很高的区域建立稳定谱系。

三、流感病毒在其他动物之间的传播

由于野猪与野鸟存在亲密接触，人们往往认为野猪较容感染猪源和禽源的流感病毒，并可能作为这些病毒的储存宿主。但是，来自欧洲的一份调查结果却发现野鸟将禽流感病毒传染给野猪的可能性是很低的。有研究报道称在西班牙、波兰、克罗地亚、俄罗斯和乌克兰的野猪体内检测到了类禽型H1N1猪流感病毒的抗体。另一项研究表明在德国野猪体内检测到类禽H1N1亚型和类人H3N2亚型猪流感病毒的抗体，同时分离到两株基因高度同源的H3N2病毒：A/wildboar/WS169/2006（H3N2）和A/wild boar/WS188/2006（H3N2）。其中这两个分离株的5个不同基因片段（*HA*、*NP*、*NA*、*M*和*NS*）的序列与参考毒株A/swine/Bakum/909/1993（H3N2）相应基因的同源性均接近100%，表明感染野猪的H3N2病毒是由猪直接传播而来。

有报道证实了H5N2犬流感病毒能够在犬与犬之间传播，猫和鸡能够通过与感染H5N2犬流感的病犬接触而感染。

四、A型流感毒宿主特异性的分子基础

流感病毒能够感染一个新宿主的前提是在宿主细胞上必须存在合适的受体。1997年中国香港流感使人认识到，禽流感可跨越种间障碍直接感染人类，通过相关分子基础研究发现，有多个基因在决定宿主范围方面起作用。细胞受体和*HA*基因上受体结合位点的相互识别对病毒宿主范围共同起着决定的作用。

1. 受体结合特性决定流感病毒的跨宿主传播

受体结合特性是决定A型流感病毒种间屏障的关键因素之一，也是决定病毒致病性和传播能力的因素之一。流感病毒表面糖蛋白血凝素（hemagglutinin，HA）特异识别宿主细胞表面的糖链受体，其为流感病毒感染宿主，进而复制并继续传播的生物学基础。影响流感病毒宿主特异性的主要因素有两个：从病毒方面讲，HA的变化如基因突变、重组、糖基化位点数量等；从宿主方面讲，宿主细胞表面糖链受体的变化如糖链受体的类型、分布和分子构象的改变等。

宿主同一组织中流感病毒受体的分布和表达并不均匀，其分布与表达数量随组织的不同而存在差异。研究表明，人流感病毒结合在唾液酸α-2，6半乳糖链的受体上，而禽类流感病毒主要结合在SAα-2，3半乳糖链的受体上，所以如果发生一个种属到另一个种属的传播只会优先出现在这个种属的宿主兼有这两种受体的情况下。猪上呼吸道上皮细胞同时具有两种受体。因此既可以支持人流感病毒的复制，也可以支持禽流感病毒的复制，这就是猪作为人、禽流感病毒的“混合器”而成为中间宿主的生物学基础，猪可以同时感染两种病毒，为发生重组提供了更多的机会，从而改变病毒本身的特性，进而感染人类，这是禽流感病毒传播的最可能途径。近几年出现的高致病性H5N1、H7N3、H7N7和H9N2以及在2013年在我国出现的H7N9等禽流感病毒可不经过猪体的混合重组便能直接感染人类，这种事件的不断出现引起了人们对流感病毒不断突破种间屏障现象的高度重视。

2. 血凝素（HA）与流感病毒跨宿主传播的关系

HA与宿主细胞表面SA受体结合，是流感病毒开始侵染宿主的第一步。因此，流感病毒的受体结合能力很大程度上决定了病毒能否在该宿主间有效传播。不同流感病毒的受体结合特性不同，禽流感病毒HA蛋白特异的与SAα-2，3Gal受体结合，而人流感病毒（H1～H3亚型）的HA蛋白特异性与SAα-2，6Gal受体结合。HA的受体结合能力不同构成了人流感病毒与禽流感病毒的种间传播屏障。20世纪的3次大流行病毒，1918

年的H1N1流感病毒、1957年的H2N2流感病毒、1968年的H3N2流感病毒都来源于禽流感病毒，而三者HA却能特异性地与SAα-2, 6Gal受体结合。2009/H1N1病毒作为猪源病毒，其HA也主要与SAα-2，6Gal受体结合。而H5N1亚型禽流感病毒的HA仍保持着禽源病毒特性，主要结合SAα-2，3Gal受体，这也是H5N1亚型HPAIV没有造成在人—人之间有效传播的原因之一。因此，可以说异源流感病毒跨越种间屏障，造成在人—人之间持续有效传播的前提是HA获得与SAα-2，6Gal受体结合能力。

流感病毒可通过HA受体结合区中的一个或几个氨基酸的改变而完全或部分改变病毒的受体结合特性。比较不同宿主来源流感病毒的HA序列，发现HA受体结合区的6个氨基酸位点138、190、194、225、226、228（按H3亚型HA氨基酸序列计数）的氨基酸在禽流感病毒中十分保守，而在人流感病毒中却存在不同的氨基酸变异，说明这些位点的氨基酸变异与禽流感病毒适应人类宿主有关。

3. PB2蛋白与流感病毒跨宿主传播的关系

流感病毒水平传播能力是多基因共同作用的结果。HA蛋白与SAα-2，6Gal受体结合的能力是禽流感病毒跨宿主传播的关键，但并不能够完全决定病毒的跨宿主传播能力。流感病毒聚合酶复合体（RNP）蛋白与病毒的致病性和宿主适应性密切相关，因此，被认为是另一个决定流感病毒跨宿主传播能力的关键因素。流感病毒的RNP是由三种聚合酶蛋白（PB2、PB1、PA蛋白）以非共价键连接形成三聚体。在禽流感病毒适应人类宿主过程中，RNP蛋白，特别是PB2蛋白发挥了巨大的作用。1993年，人们首次发现PB2蛋白627位的氨基酸与流感病毒的宿主特异性相关。在绝大多数人流感病毒中PB2蛋白627位为K，而多数AIV的627位是E。PB2/627K的H5N1毒株比PB2/627E的病毒有着更为广泛的组织嗜性。

PB2蛋白627位氨基酸除了决定病毒的宿主范围和组织嗜性，还是决定H5N1和H7N7亚型禽流感病毒对哺乳动物致病性的关键位点。PB2蛋白上的E627K突变增强病毒对小鼠的致病性。值得注意的是，PB2/627E

的禽流感病毒在感染人或小鼠后很容易获得从E到K的突变。PB2/627E病毒在小鼠体内传代1次后，绝大多数病毒627位氨基酸会突变为K。许多感染人的H5N1分离株具有PB2/627K的突变。

2004—2005年分离自人感染H5N1病例的12株病毒中，8株具有PB2/627K的突变，3株具有PB2/701N的突变，推测PB2/701N与PB2/627K对于禽流感病毒在哺乳动物细胞中的复制能力起到互补的作用。实际上，PB2/627K与PB2/701N确实存在着互补作用。与PB2/E627K突变类似，PB2/D701N突变扩大了H5N1和H7N7亚型禽流感病毒的宿主范围，使病毒能够引起小鼠和人类的感染。Li Z等人利用小鼠模型发现PB2/701位D到N的突变能够增强病毒对小鼠的致病性。PB2/627K与PB2/701N也是决定AIV在哺乳动物间水平传播能力的关键因素。然而值得注意的是，2009/H1N1病毒的PB2蛋白在627与701位仍保持着禽源病毒的特征（627E，701D）。2009/H1N1病毒对人类和实验动物表现出相对温和的致病性，将627或701位点突变为人源病毒特征（627K，701N）后，病毒的致病性也并没有增强。后续有研究发现，PB2蛋白271位氨基酸由苏氨酸（T）突变为丙氨酸（A）后，能够增强禽流感病毒RNP在哺乳动物细胞内的活性。Andrew Mehle等人发现：将禽类流感病毒PB2蛋白第590位氨基酸由G突变为S，第591位氨基酸由Q突变为R后，使得AIV在哺乳动物细胞内的聚合酶活性和病毒滴度都明显提高。Shinya Yamada等人的研究发现，PB2/591位的碱性氨基酸能够增强H5N1亚型禽流感病毒A/chicken/Indonesia/UT3091/05 virus（CkUT3091）对小鼠的致病性。PB2/590S+591R的组合在2009/H1N1病毒PB2蛋白中很保守，而SR序列在人H1N1亚型季节性流感PB2蛋白上却并不多见。H1N1亚型猪流感病毒中有20%的毒株具有这一序列，而这些毒株大都是1998—1999年出现的“三元重组猪流感”病毒。在这些“三元重组猪流感病毒”中，PB2/627为E，PB2/701位为D。似乎PB2/590S+591R弥补了PB2/627和701位点为禽类病毒氨基酸特征时病毒在哺乳动物细胞及体内的适应性。

参考文献

Alexander DJ. 2000. A review of avian influenza in different bird species [J]. Veterinary Microbiology, 74: 3–13.

Ali A, Khatri M, Wang L, et al. 2012. Identification of swine H1N2/pandemic H1N1 reassortant influenza virus in pigs, United States [J]. Veterinary Microbiology, 158(1–2): 60–68.

Anderson TK, Nelson MI, Kitikoon P, et al. 2013. Population dynamics of co-circulating swine influenza A viruses in the United States from 2009 to 2012 [J]. Influenza and Other Respiratory Viruses, Suppl. 14: 42–51.

Andral B, Toquin D, Madec F, et al. 1985. Disease in turkeys associated with H1N1 influenza virus following an outbreak of the disease in pigs [J]. Veterinary Record, 116: 617–618.

Anhlan D, Grundmann N, Makalowski W, et al. 2011. Origin of the 1918 pandemic H1N1 influenza A virus as studied by codon usage patterns and phylogenetic analysis [J]. RNA, 17: 64–73.

Aymard M, Brigaud M, Chastel C, et al. 1980. Comparison of influenza antibody serologic immunity in man and in pig [J]. Comparative immunology, microbiology and infectious diseases, 3: 111–119.

Balint A, Metreveli G, Widen F, et al. 2009. The first Swedish H1N2 swine influenza virus isolate represents an uncommon reassortant [J]. Virology Journal, 6: 180.

Beare AS, Webster RG. 1991. Replication of avian influenza viruses in humans [J]. Archives of Virology, 119: 37–42.

Berhane Y, Kehler H, Handel K, et al. 2012. Molecular and antigenic characterization of reassortant H3N2 viruses from turkeys with a unique constellation of pandemic H1N1 internal genes [J]. PLoS One, 7: e32858.

Brookes SM, Nunez A, Choudhury B, et al. 2010. Replication, pathogenesis and transmission of pandemic (H1N1) 2009 virus in non-immune pigs [J]. PLOS One, 5: e9068.

Brown IH, Alexander DJ, Chakraverty P, et al. 1994. Isolation of an influenza A virus of unusual subtype (H1N7) from pigs in England, and the subsequent experimental transmission from pig to pig [J]. Veterinary Microbiology, 39: 125–134.

Brown IH, Chakraverty P, Harris PA, et al. 1995. Disease outbreaks in pigs in Great Britain due to an influenza A virus of H1N2 subtype [J]. Veterinary Record, 136(13): 328–329.

Brown IH, Harris PA, McCauley JW, et al. 1998. Multiple genetic reassortment of avian and human influenza A viruses in European pigs, resulting in the emergence of an H1N2 virus of novel genotype [J]. Journal of General Virology, 79: 2947–2955.

Brown IH, Ludwig S, Olsen CW, et al. 1997. Antigenic and genetic analyses of H1N1 influenza A viruses from European pigs [J]. Journal of General Virology, 78: 553–562.

Bush RM, Bender CA, Subbarao K, et al. 1999. Predicting the evolution of human influenza A [J]. Science, 286: 1921–1925.

Bush RM, Fitch WM, Bender CA, et al. 1999. Positive selection on the H3 hemagglutinin of human influenza virus A [J]. Molecular Biology and Evolution, 16(11): 1457–1465.

Bussey KA, Bousse TL, Desmet EA, et al. 2010. PB2 residue 271 plays a key role in enhanced polymerase activity of influenza A viruses in mammalian host cells [J]. Journal of Virology, 84(9): 4395–4406.

Campitelli L, Donatelli I, Foni E, et al. 1997. Continued evolution of H1N1 and H3N2 influenza viruses in pigs in Italy [J]. Virology, 232: 310–318.

Castro JM, del Pozo M, Simarro I. 1988. Identification of H3N2 influenza virus isolated from pigs with respiratory problems in Spain [J]. Veterinary Record, 122: 418–419.

Castrucci MR, Donatelli I, Sidoli L, et al. 1993. Genetic reassortment between avian and human influenza A viruses in Italian pigs [J]. Virology, 193: 503–506.

Chen Y, Zhang J, Qiao C, et al. 2013. Co-circulation of pandemic 2009 H1N1, classical swine H1N1 and avian-like swine H1N1 influenza viruses in pigs in China [J]. Infection, Genetics and Evolution, 13: 331–338.

Chou YY, Albrecht RA, Pica N, et al. 2011. The M segment of the 2009 new pandemic H1N1 influenza virus is critical for its high transmission efficiency in the guinea pig model [J]. Journal Virology, 85(21): 11235–11241.

Claas ECJ, Kawaoka Y, De Jong JC, et al. 1994. Infection of children with avian-human reassortant influenza virus from pigs in Europe [J]. Virology, 204: 453–457.

Compans RW, Content J, Duesberg PH. 1972. Structure of the ribonucleoprotein of influenza virus [J]. Journal of Virology, 10(4): 795–800.

Crawford PC, Dubovi EJ, Castleman WL, et al. 2005. Transmission of equine influenza virus to dogs [J]. Science, 310(5747): 482–485.

Dacso CC, Couch RB, Six HR, et al. 1984. Sporadic occurrence of zoonotic swine influenza virus infections [J]. Journal of Clinical Microbiology, 20: 833–835.

De Jong MD, Simmons CP, Thanh TT, et al. 2006. Fatal outcome of human influenza A (H5N1) is associated with high viral load and hypercytokinemia [J]. Nature Medicine, 12(10): 12037.

Deng YM, Iannello P, Smith I, et al. 2012. Transmission of influenza A(H1N1) 2009 pandemic viruses in Australian swine [J]. Influenza and Other Respiratory Viruses, 6(3): 42–47.

Dohna H, Li J, Cardona CJ, et al. 2009. Invasions by Eurasian avian influenza virus H6 genes and replacement of the virus' North American clade [J]. Emerging Infectious Diseases, 15: 1040–1045.

Ducatez MF, Hause B, Stigger-Rosser E, et al. 2011. Multiple reassortment between pandemic (H1N1) 2009 and endemic influenza viruses in pigs, United States [J]. Emerging Infectious Diseases, 17(9): 1624–1629.

Dürrwald R, Krumbholz A, Baumgarte S, et al. 2010. Swine influenza A vaccines, pandemic (H1N1) 2009 virus, and cross-reactivity [J]. Emerging Infectious Diseases, 16: 1029–1030.

El-Sayed A, Awad W, Fayed A, et al. 2010. Avian influenza prevalence in pigs, Egypt [J]. Emerging Infectious Diseases, 16: 726–727.

El-Sayed A, Prince A, Fawzy A, et al. 2013. Sero-prevalence of avian influenza in animals and human in Egypt [J]. Pakistan Journal of Biological Sciences, 16(11): 524–529.

Fang Q, Gao Y, Chen M, et al. 2014. Molecular epidemiology and evolution of A(H1N1)pdm09 and H3N2 virus during winter 2012–2013 in Beijing, China [J]. Infection, Genetics and Evolution, 26: 228–240.

Fouchier RA, Schneeberger PM, Rozendaal FW, et al. 2004. Avian influenza A virus (H7N7) associated with human conjunctivitis and a fatal case of acute respiratory distress syndrome [J]. Proceedings of National Academy of Sciences, United States of America, 101(5): 1356–1361.

Gao Y, Zhang Y, Shinya K, et al. 2009. Identification of amino acids in HA and PB2 critical for the transmission of H5N1 avian influenza viruses in a mammalian host [J]. PLoS Pathogen, 5: e1000709.

Garten RJ, Davis CT, Russell CA, et al. 2009. Antigenic and genetic characteristics of swine-origin 2009 A(H1N1) influenza viruses circulating in humans [J]. Science, 325(5937): 197–201.

Glover RE. 1941. Discussion on swine influenza in the British Isles [J]. Proceedings of the Royal Society of Medicine, 34: 615–617.

Gorman OT, Bean WJ, Kawaoka Y, et al. 1991. Evolution of influenza A virus nucleoprotein genes: implications for the origins of H1N1 human and classical swine viruses [J]. Journal of Virology, 65(7): 3704–3714.

Goto H, Ogawa Y, Hirano T, et al. 1988. Antibody responses of swine to type A influenza viruses during the past ten years in Japan [J]. Epidemiology and Infection, 100: 523–526.

Gregory V, Bennett M, Thomas Y, et al. 2003. Human infection by a swine influenza A (H1N1) virus in Switzerland [J]. Archives of Virology, 148: 793–802.

Gregory V, Lim W, Cameron K, et al. 2001. Infection of a child in Hong Kong by an influenza A H3N2 virus closely related to viruses circulation in European pigs [J]. Journal of General Virology, 82: 1397–1406.

Guan Y, Shortridge KF, Krauss S, et al. 1996. Emergence of avian H1N1 influenza viruses in pigs in

China [J]. Journal of Virology, 70(11): 8041–8046.

Guo Y, Wang M, Kawaoka Y, et al. 1992. Characterization of a new avian-like influenza A virus from horses in China [J]. Virology, 188(1): 245–255.

Haesebrouck F, Biront P, Pensaert MB, et al. 1985. Epizootics of respiratory tract disease in swine in Belgium due to H3N2 influenza virus and experimental reproduction of disease [J]. American Journal of Veterinary Research, 46: 1926–1928.

Haesebrouck F, Pensaert M. 1988. Influenza in swine in Belgium (1969–1986): epizootiologic aspects [J]. Comparative Immunology, Microbiology and Infectious Diseases, 11: 215–222.

Hai-xia F, Yuan-yuan L, Qian-qian S, et al. 2014. Interspecies transmission of canine influenza virus H5N2 to cats and chickens by close contact with experimentally infected dogs [J]. Veterinary Microbiology, 170(3–4): 414–417.

Han JY, Park SJ, Kim HK, et al. 2012. Identification of reassortant pandemic H1N1 influenza virus in Korean pigs [J]. Journal of Microbiology and Biotechnology, 22(5): 699–707.

Hanson BA, Stallknecht DE, Swayne DE, et al. 2003. Avian influenza viruses in Minnesota ducks during 1998–2000 [J]. Avian Diseases, 47: 867–871.

Harder TC, Siebert U, Wohlsein P, et al. 2013. Influenza A virus infections in marine mammals and terrestrial carnivores [J]. Berl Munch Tierarztl Wochenschr, 126(11–12): 500–508.

Harkness JW, Schild GC, Lamont PH, et al. 1972. Studies on relationships between human and porcine influenza1. Serological evidence of infection in swine in Great Britain with an influenza A virus antigenically like human Hong Kong-68 virus [J]. Bulletin of World Health Organization, 46: 709–719.

Harnach R, Hubik R, Chivatal O. 1950. Isolation of influenza virus in Czechoslovakia [J]. Casopis Ceskoslavenskych Veterinaru, 5: 289.

Hatta M, Gao P, Halfmann P, et al. 2001. Molecular basis for high virulence of Hong Kong H5N1 influenza A viruses [J]. Science, 293(5536): 1840–1842.

Hatta M, Hatta Y, Kim JH, et al. 2007. Growth of H5N1 influenza A viruses in the upper respiratory tracts of mice [J]. PLoS Pathogen, 3(10): 1374–1379.

Hensley SE, Das SR, Bailey AL, et al. 2009. Hemagglutinin receptor binding avidity drives influenza A virus antigenic drift [J]. Science, 326: 734–736.

Hinshaw VS, Bean Jr WJ, Webster RG, et al. 1978. The prevalence of influenza viruses in swine and the antigenic and genetic relatedness of influenza viruses from man and swine [J]. Virology, 84: 51–62.

Hiromoto Y, Parchariyanon S, Ketusing N, et al. 2012. Isolation of the pandemic (H1N1) 2009 virus and its reassortant with an H3N2 swine influenza virus from healthy weaning pigs in Thailand in

2011 [J]. Virus Research, 169(1): 175–181.

Hofshagen M, Gjerset B, Er C, et al. 2009. Pandemic influenza A(H1N1)v: human to pig transmission in Norway [J]. Eurosurveillance, 14(45): 19406.

Holland J, Spindler K, Horodyski F, et al. 1982. Rapid evolution of RNA genomes [J]. Science, 215: 1577–1585.

Howard WA, Essen SC, Strugnell BW, et al. 2011. Reassortant Pandemic (H1N1) 2009 virus in pigs, United Kingdom [J]. Emerging Infectious Diseases, 17(6): 1049–1052.

Howden KJ, Brockhoff EJ, Caya FD, et al. 2009. An investigation into human pandemic influenza virus (H1N1) 2009 on an Alberta swine farm [J]. Canadin Veterinary Journal, 50(11): 1153–1161.

Ito T, Couceiro JN, Kelm S, et al. 1998. Molecular Basis for the generation in pigs of influenza A viruses with pandemic potential [J]. Journal of Virology, 72(9): 7367–7373.

Ito T, Kawaoka Y. 2000. Host-range barrier of influenza A viruses [J]. Veterinary Microbiology, 74: 71–75.

Itoh Y, Shinya K, Kiso M, et al. 2009. In vitro and in vivo characterization of new swine-origin H1N1 influenza viruses [J]. Nature, 460: 1021–1025.

Jong JC, Ronde-Verloop JM, Bangma PJ, et al. 1986. Isolation of swine-influenza-like A(H1N1) viruses from man in Europe [J]. Lancet, 328(8519): 1329–1330.

Kaden V, Lange E, Starick E, et al. 2008. Epidemiological survey of swine influenza A virus in selected wild boar populations in Germany [J]. Veterinary Microbiology, 131: 123–132.

Kanehira K, Takemae N, Uchida Y, et al. 2014. Reassortant swine influenza viruses isolated in Japan contain genes from pandemic A(H1N1) 2009 [J]. Microbiology and Immunology, 58(6): 327–341.

Kaplan MM, Payne AM. 1959. Serological survey in animals for type A influenza in relation to the 1957 pandemic [J]. Bulletin of World Health Organization, 20: 465–488.

Karasin AI, Brown IH, Carman S, et al. 2000. Isolation and characterization of H4N6 avian influenza viruses from pigs with pneumonia in Canada [J]. Journal of Virology, 74: 9322–9327.

Karasin AI, Olsen CW, Anderson GA. 2000. Genetic characterization of an H1N2 influenza virus isolated from a pig in Indiana [J]. Journal of Clinical Microbiology, 38(6): 2453–2456.

Karasin AI, Schutten MM, Cooper LA, et al. 2000. Genetic characterization of H3N2 influenza viruses isolated from pigs in North America, 1977–1999: evidence for wholly human and reassortant virus genotypes [J]. Virus Research, 68(1): 71–85.

Karasin AI, West K, Carman S, et al. 2004. Characterization of avian H3N3 and H1N1 influenza A viruses isolated from pigs in Canada [J]. Journal of Clinical Microbiology, 42: 4349–4354.

Karlas A, Nachuy N, Shin Y, et al. 2010. Genome-wide RNAi screen identifies human host factors crucial for influenza virus replication [J]. Nature, 463: 818–822.

Katsuda K, Sato S, Shirahata T, et al. 1995. Antigenic and genetic characteristics of H1N1 human influenza virus isolated from pigs in Japan [J]. Journal of General Virology, 76: 1247–1249.

Keawcharoen J, Oraveerakul K, Kuiken T, et al. 2004. Avian Influenza H5N1 in Tigers and Leopards [J]. Emerging Infectious Diseases, 10(12): 2189–2191.

Keenliside J. 2013. Pandemic influenza A H1N1 in Swine and other animals [J]. Current topics in microbiology and immunology, 370: 259–271.

Kilbourne ED. 1968. Recombination of influenza A viruses of human and animal origin [J]. Science, 160: 74–76.

Kitikoon P, Nelson MI, Killian ML, et al. 2013. Genotype patterns of contemporary reassorted H3N2 virus in US swine [J]. Journal of General Virology, 94: 1236–1241.

Klimov A, Bresee JS, Finelli L. 2009. Triple reassortant swine influenza A (H1) in humans in the United States, 2005–2009 [J]. New England Journal of Medicine, 360: 2616–2625.

Kluska V, Macku M, Mensik J. 1961. Demonstration of antibodies against swine influenza viruses in man (in Czech) [J]. Cesk Pediatr, 16: 408–414.

Koen JS. 1919. A practical method for field diagnosis of swine diseases [J]. American Journal of Veterinary Medicine, 14: 468–470.

Komadina N, Roque V, Thawatsupha P, et al. 2007. Genetic analysis of two influenza A(H1) swine viruses isolated from humans in Thailand and the Philippines [J]. Virus Genes, 35: 161–165.

König R, Stertz S, Zhou Y, et al. 2010. Human host factors required for influenza virus replication [J]. Nature, 463: 813–817.

Krauss S, Obert CA, Franks J, et al. 2007. Influenza in migratory birds and evidence of limited intercontinental virus exchange [J]. PLoS Pathogen, 3: 167.

Krumbholz A, Lange J, Dürrwald R, et al. 2010. Prevalence of antibodies to swine influenza viruses in humans with occupational exposure to pigs, Thuringia, Germany, 2008–2009 [J]. Journal of Medical Virology, 82: 1617–1625.

Kuiken T, Holmes EC, McCauley J, et al. 2006. Host species barriers to influenza virus infections [J]. Science, 312: 394–397.

Kuntz-Simon G, Madec F. 2009. Genetic and antigenetic evolution of swine influenza viruses in Europe and evaluation of their zoonotic potential [J]. Zoonoses and Public Health, 56: 310–325.

Kyriakis CS, Olsen CW, Carman S, et al. 2010. Serologic cross-reactivity with pandemich (H1N1) 2009 virus in pigs, Europe [J]. Emerging Infectious Diseases, 16: 96–99.

Lakdawala SS, Lamirande EW, Suguitan AL Jr, et al. 2011. Eurasian-origin gene segments contribute to the transmissibility, aerosol release, and morphology of the 2009 pandemic H1N1 influenza virus [J]. PLoS Pathogen, 7(12): e1002443.

Lam TT, Zhu H, Wang J, et al. 2011. Reassortment events among swine influenza A viruses in China: implications for the origin of the 2009 influenza pandemic [J]. Journal of Virology, 85(19): 10279–10285.

Lange E, Kalthoff D, Blohm U, et al. 2009. Pathogenesis and transmission of the novel swine-origin influenza virus A/H1N1 after experimental infection of pigs [J]. Journal of General Virology, 90: 2119–2123.

Lange J, Groth M, Schlegel M, et al. 2013. Reassortants of the pandemic (H1N1) 2009 virus and establishment of a novel porcine H1N2 influenza virus. lineage in Germany [J]. Veterinary Microbiology, 167: 345–356.

Lee JH, Pascua PN, Song MS, et al. 2009. Isolation and genetic characterization of H5N2 influenza viruses from pigs in Korea [J]. Journal of Virology, 83(9): 4205–4215.

Li J, Ishaq M, Prudence M, et al. 2009. Single mutation at the amino acid position 627 of PB2 that leads to increased virulence of an H5N1 avian influenza virus during adaptation in mice can be compensated by multiple mutations at other sites of PB2 [J]. Virus Research, 144(1–2): 123–129.

Li Z, Chen H, Jiao P, et al. 2005. Molecular basis of replication of duck H5N1 influenza viruses in a mammalian mouse model [J]. Journal of Virology, 79(18): 12058–12064.

Liu J, Bi Y, Qin K, et al. 2009. Emergence of European avian influenza virus-like H1N1 swine influenza A viruses in China [J]. Journal of Clinical Microbiology, 47: 2643–2646.

Liu Q, Ma J, Liu H, et al. 2012. Emergence of novel reassortant H3N2 swine influenza viruses with the 2009 pandemic H1N1 genes in the United States [J]. Archives of Virology, 157(3): 555–562.

Liu Q, Qiao C, Marjuki H, et al. 2012. Combination of PB2 271A and SR polymorphism at positions 590/591 is critical for viral replication and virulence of swine influenza virus in cultured cells and in vivo [J]. Journal of Virology, 86(2): 1233–1237.

Loeffen WL, Kamp EM, Stockhofe-Zurwieden N, et al. 1999. Survey of infectious agents involved in acute respiratory disease in finishing pigs [J]. Veterinary Record, 145: 123–129.

Lorusso A, Vincent AL, Gramer ME, et al. 2013. Contemporary epidemiology of North American lineage triple reassortant influenza A viruses in pigs [J]. Current Topics on Microbiology and Immunology, 370: 113–132.

Ludwig S, Haustein A, Kaleta EF, et al. 1994. Recent influenza A (H1N1) infections of pigs and turkeys in Northern Europe [J]. Virology, 202: 281–286.

Ma W, Liu Q, Bawa B, et al. 2012. The neuraminidase and matrix genes of the 2009 pandemic influenza H1N1 virus cooperate functionally to facilitate efficient replication and transmissibility in pigs [J]. Journal of General Virology, 93(Pt6): 1261–1268.

Makarova NV, Kaverin NV, Krauss S, et al. 1999. Transmission of Eurasian avian H2 influenza virus to shorebirds in North America [J]. Journal of General Virology, 80: 3167–3171.

Marozin , Gregory V, Cameron K, et al. 2002. Antigenic and genetic diversity among swine influenzaAH1N1 and H1N2 viruses in Europe [J]. Journal of General Virology, 83: 735–745.

Mase M, Tanimura N, Imada T, et al. 2006. Recent H5N1 avian influenza A virus increases rapidly in virulence to mice after a single passage in mice [J]. Journal of General Virology, 87(Pt 12): 3655–3659.

Matrosovich M N, Gambaryan A S, Teneberg S, et al. 1997. Avian influenza A viruses differ from human viruses by recognition of sialyloligosaccharides and gangliosides and by a higher conservation of the HA receptor-binding site [J]. Virology, 233(1): 224–234.

Matrosovich M, Tuzikov A, Bovin N, et al. 2000. Early alterations of the receptor-binding properties of H1, H2, and H3 avian influenza virus hemagglutinins after their introduction into mammals [J]. Journal of Virology, 74(18): 8502–8512.

Mehle A, Doudna JA. 2008. An inhibitory activity in human cells restricts the function of an avian-like influenza virus polymerase [J]. Cell Host & Microbe, 4(2): 111–122.

Moreno A, Di Trani L, Alborali L, et al. 2010. First pandemic H1N1 outbreak from a pig farm in Italy [J]. Open Virology Journal, 4: 52–56.

Moreno A, Di Trani L, Faccini S, et al. 2011. Novel H1N2 swine influenza reassortant strain in pigs derived from the pandemic H1N1/2009 virus [J]. Veterinary Microbiology, 149: 472–477.

Morens DM, Taubenberger JK. 2010. An avian outbreak associated with panzootic equine influenza in 1872: an early example of highly pathogenic avian influenza? [J]. Influenza and Other Respiratory Viruses, 4(6): 373–377.

Morens DM, Taubenberger JK. 2010. Historical thoughts on influenza viral ecosystems, or behold a pale horse, dead dogs, failing fowl, and sick swine [J]. Influenza and Other Respiratory Viruses, 4(6): 327–337.

Munster VJ, Baas C, Lexmond P, et al. 2007. Spatial, temporal, and species variation in prevalence of influenza A viruses in wild migratory birds [J]. PLoS Pathogen, 3(5): e61.

Myers KP, Olsen CW, Gray GC. 2007. Cases of swine influenza in humans: a review of the literature [J]. Clinical Infectious Diseases, 44: 1084–1088.

Nagarajan K, Saikumar G, Arya RS, et al. 2010. Influenza A H1N1 virus in Indian pigs & its genetic relatedness with pandemic human influenza A 2009 H1N1 [J]. Indian Journal of Medical Research, 132: 160–167.

Nardelli L, Pascucci S, Gualandi GL, et al. 1978. Outbreaks of classical swine influenza in Italy in 1976 [J]. Zentralbl Veterinarmed B, 25: 853–857.

Nelson MI, Detmer SE, Wentworth DE, et al. 2012. Genomic reassortment of influenza A virus in

North American swine, 1998–2011 [J]. Journal of General Virology, 93: 2584–2589.

Nelson MI, Gramer MR, Vincent AL, et al. 2012. Global transmission of influenza viruses from humans to swine [J]. Journal of General Virology, 93: 2195–2203.

Nelson MI, Vincent AL, Kitikoon P, et al. 2012. Evolution of novel reassortant A/H3N2 influenza viruses in North American swine and humans, 2009–2011 [J]. Journal of Virology, 86: 8872–8878.

Nerome K, Ishida M, Oya A, et al. 1982. Isolation of an influenza H1N1 virus from a pig [J]. Virology, 117: 485–489.

Neumeier E, Meier-Ewert H, Cox NJ. 1994. Genetic relatedness between influenza A (H1N1) viruses isolated from humans and pigs [J]. Journal of General Virology, 75: 2103–2107.

Nfon C, Berhane Y, Zhang S, et al. 2011. Molecular and antigenic characterization of triple-reassortant H3N2 swine influenza viruses isolated from pigs, turkey and quail in Canada [J]. Transboundary and Emerging Diseases, 58: 394–401.

Nobusawa E, Aoyama T, Kato H, et al. 1991. Comparison of complete amino acid sequences and receptor-binding properties among 13 serotypes of hemagglutinins of influenza A viruses [J]. Virology, 182: 475–485.

Noda T, Sagara H, Yen A, et al. 2006. Architecture of ribonucleo protein complexes in influenza A virus particles [J]. Nature, 439: 490–492.

Olsen B, Munster VJ, Wallensten A, et al. 2006. Global patterns of influenza A virus in wild birds [J]. Science, 312: 384–388.

Olsen CW. 2002. The emergence of novel swine influenza viruses in North America [J]. Virus Research, 85: 199–210.

Ottis K, Bachmann PA. 1980. Occurrence of Hsw1N1 subtype influenza A viruses in wild ducks in Europe [J]. Archives of Virology, 63: 185–190.

Ottis K, Sidoli L, Bachmann PA, et al. 1982. Human influenza a viruses in pigs: isolation of a H3N2 strain antigenically related to A/England/42/72 and evidence for continuous circulation of human viruses in the pig population [J]. Archives of Virology, 73: 103–108.

Parvin JD, Moscona A, Pan WT, et al. 1986. Measurement of the mutation rates of animal viruses: influenza A virus and poliovirus type 1 [J]. Journal of Virology, 59(2): 377–383.

Pascua PN, Song MS, Kwon HI, et al. 2013. The homologous tripartite viral RNA polymerase of A/ Swine/ Korea/CT1204/2009(H1N2) influenza virus synergistically drives efficient replication and promotes respiratory droplet transmission in ferrets [J]. Journal of Virology, 87: 10552–10562.

Pascua PN, Song MS, Lee JH, et al. 2012. Virulence and transmissibility of H1N2 influenza virus in ferrets imply the continuing threat of triple-reassortant swine viruses [J]. Proceedings of National

Academy of Science, United States of America, 109(39): 15900–15905.

Pasma T, Joseph T. 2010. Pandemic (H1N1) 2009 infection in swine herds, Manitoba, Canada [J]. Emerging Infectious Diseases, 16: 706–708.

Patocka F, Schreiber E, Kubelka V, et al. 1958. An attempt ot transmit the human influenza virus strain A-Sing 57 to swine;preliminary report [J]. Journal of Hygiene Epidemiology, Microbiology and Immunology, 2(1): 9–15.

Pearce MB, Jayaraman A, Pappas C, et al. 2012. Pathogenesis and transmission of swine origin A(H3N2)v influenza viruses in ferrets [J]. Proceedings of National Academy of Science, United States of America, 109: 3944–3949.

Pecoraro HL, Bennett S, Huyvaert KP, et al. 2014. Epidemiology and ecology of H3N8 canine influenza viruses in US shelter dogs [J]. Journal of Veterinary Internal Medicine, 28(2): 311–318.

Peiris JS, Guan Y, Markwell D, et al. 2001. Cocirculation of avian H9N2 and contemporary human H3N2 influenza A viruses in pigs in southeastern China: potential for genetic reassortment [J]. Journal of Virology, 75: 9679–9686.

Pensaert M, Ottis K, Vandeputte J, et al. 1981. Evidence for the natural transmission of influenza A virus from wild ducks to swine and its potential importance for man [J]. Bulletin of World Health Organization, 59(1): 75–78.

Pereda A, Cappuccio J, Quiroga MA, et al. 2010. Pandemic (H1N1) 2009 outbreak on pig farm, Argentina [J]. Emerging Infectious Diseases, 16: 304–307.

Pillai SP, Pantin-Jackwood M, Jadhao SJ, et al. 2009. Pathobiology of triple reassortant H3N2 influenza viruses in breeder turkeys and its potential implication for vaccine studies in turkeys [J]. Vaccine, 27: 819–824.

Pillai SP, Pantin-Jackwood M, Yassine HM, et al. 2010. The high susceptibility of turkeys to influenza viruses of different origins implies their importance as potential intermediate hosts [J]. Avian Diseases, 54: 522–526.

Pospisil Z, Lany P, Tumova B, et al. 2001. Swine influenza surveillance and the impact of human influenza epidemics on pig herds in the Czech Republic [J]. Acta Veteinaria Brno, 70: 327–332.

Qiao C, Liu Q, Bawa B, et al. 2012. Pathogenicity and transmissibility of reassortant H9 influenza viruses with genes from pandemic H1N1 virus [J]. Journal of General Virology, 93(Pt 11): 2337–2345.

Rimmelzwaan GF, Jong JC, Bestebroer TM, et al. 2001. Antigenic and genetic characterization of swine influenza A (H1N1) viruses isolated from pneumonia patients in the Netherlands [J]. Virology, 282: 301–308.

Rivailler P, Perry IA, Jang Y, et al. 2010. Evolution of canine and equine influenza (H3N8) viruses co-circulating between 2005 and 2008 [J]. Virology, 408(1): 71–79.

Rogers GN, Paulsen JC. 1983. Receptor determinants of human and animal influenza virus isolates: differences in receptor specificity of the H3 hemagglutinin based on species of origin [J]. Virology, 127: 361–373.

Sandow D, Wildfuhr W. 1970. Comparative serological studies of the influenza strains A2 Hongkong-1–68 and A2 DDR-Berlin in pigs [J]. Monatsh Veterinärmed, 25: 320–322.

Schmidtke M, Zell R, Bauer K, et al. 2006. Amantadine resistance among porcine H1N1, H1N2, and H3N2 influenza A viruses isolated in Germany between 1981 and 2001 [J]. Intervirology, 49: 286–293.

Scholtissek C, Bürger H, Bachmann PA, et al. 1983. Genetic relatedness of hemagglutinins of the H1N1 subtype of influenza A viruses isolated from swine and birds [J]. Virology, 129: 521–523.

Scholtissek C, Bürger H, Kistner O, et al. 1985. The nucleoprotein as a possible major factor in determining host specificity of influenza H3N2 viruses [J]. Virology, 147: 287–294.

Scholtissek C. 1990. Pigs as 'mixing vessels' for the creation of new pandemic influenza A viruses [J]. Medical Principles and Practice, 2: 65–71.

Schrader C, Süss J. 2003. Genetic characterization of a porcine H1N2 influenza virus strain isolated in Germany [J]. Intervirology, 46: 66–70.

Schrader C, Süss J. 2004. Molecular epidemiology of porcine H3N2 influenza A viruses isolated in Germany between 1982 and 2001 [J]. Intervirology, 47: 72–77.

Schultz U, Fitch WM, Ludwig S, et al. 1991. Evolution of pig influenza viruses [J]. Virology, 183: 61–73.

Shinde V, Bridges CB, Uyeki TM, et al. 1931. Swine influenza III. Filtration experiments and etiology [J]. Journal of Experimental Medicine, 54: 373–385.

Shope RE. 1931. The etiology of swine influenza [J]. Science, 73: 214–215.

Shu B, Garten R, Emery S, et al. 2012. Genetic analysis and antigenic characterization of swine origin influenza viruses isolated from humans in the United States, 1990–2010 [J]. Virology, 422(1): 151–160.

Slemons RD, Johnson DC, Osborn JS, et al. 1974. Type-A influenza viruses isolated from wild free-flying ducks in California [J]. Avian Diseases, 18: 119–124.

Song MS, Lee JH, Pascua PN, et al. 2010. Evidence of human-to-swine transmission of the pandemic (H1N1) 2009 influenza virus in South Korea [J]. Journal of Clinical Microbiology, 48: 3204–3211.

Song QQ, Zhang FX, Liu JJ, et al. 2013. Dog to dog transmission of a novel influenza virus (H5N2) isolated from a canine [J]. Veterinary Microbiology, 161(3–4): 331–333.

Stallknecht DE, Shane SM, Zwank PJ, et al. 1990. Avian influenza viruses from migratory and resident ducks of coastal Louisiana [J]. Avian Diseases, 34: 398–405.

Stech J, Xiong X, Scholtissek C, et al. 1999. Dependence of evolutionary and mutational rates after transmission of avian influenza viruses to swine [J]. Journal of Virology, 173(3): 1878–1884.

Steel J, Lowen AC, Mubareka S, et al. 2009. Transmission of influenza virus in a mammalian host is increased by PB2 amino acids 627K or 627E/701N [J]. PLoS Pathogen, 5(1): e1000252.

Steinhauer DA. 1999. Role of hemagglutinin cleavage for the pathogenicity of influenza virus [J]. Virology, 258: 1–20.

Su S, Chen J, Jia K, et al. 2014. Evidence for subclinical influenza A(H1N1)pdm09 virus infection among dogs in Guangdong Province, China [J]. Journal of Clinical Microbiology, 52(5): 1762–1765.

Su S, Chen Y, Zhao FR, et al. 2013. Avian-origin H3N2 canine influenza virus circulating in farmed dogs in Guangdong, China [J]. Infection, Genetics and Evolution, 19: 251–256.

Su S, Yuan L, Li H, et al. 2013. Serologic evidence of pandemic influenza virus H1N1 2009 infection in cats in China [J]. Clinical and Vaccine Immunology, 20: 115–117.

Subbarao EK, London W, Myrphy BR. 1993. A single amino acid in the PB2 gene of influenza A virus is a determinant of host range [J]. Journal of Virology, 67(4): 1761–1764.

Sun Y, Qin K, Wang J, et al. 2011. High genetic compatibility and increased pathogenicity of reassortants derived from avian H9N2 and pandemic H1N1/2009 influenza viruses [J]. Proceedings of National Academy of Sciences, United States of America, 108(10): 4164–4169.

Tu J, Zhou H, Jiang T, et al. 2009. Isolation and molecular characterization of equine H3N8 influenza viruses from pigs in China [J]. Archives of Virology, 154(5): 887–890.

Tumova B, Stumpa A, Mensik J. 1980. Surveillance of influenza in pig herds in Czechoslovakia in1974–1979. 2. Antibodies against influenza A (H3N2) and A (H1N1) viruses [J]. Zentralbl Veterinärmed B, 27: 601–607.

Van Reeth K, Brown IH, Dürrwald R, et al. 2008. Sero-prevalence of H1N1, H3N2 and H1N2 influenza viruses in pigs in seven European countries in 2002–2003 [J]. Influenza and Other Respiratory Viruses, 2: 99–105.

Van Reeth K, Brown IH, Pensaert M. 2000. Isolations of H1N2 influenza A virus from pigs in Belgium [J]. Veterinary Record, 146(20): 588–589.

Van Reeth K. 2007. Avian and swine influenza viruses: our current understanding of the zoonotic risk [J]. Veterinary Research, 38: 243–260.

Vandeputte J, Pensaert M, Castryck F. 1980. Serological diagnosis and distribution of swine influenza virus in Belgium [J]. Vlaams Diergeneeskundig Tijdschrift, 49: 1–7.

Vijaykrishna D, Smith GJ, Pybus OG, et al. 2011. Long-term evolution and transmission dynamics of swine influenza A virus [J]. Nature, 473: 519–522.

Vincent AL, Lager KM, Anderson TK. 2014. A brief introduction to influenza a virus in Swine [J]. Methods in Molecular Biology, 1161: 243–258.

Wahlgren A, Waldenström J, Sahlin S, et al. 2008. Gene segment reassortment between American and Asian lineages of avian influenza virus from waterfowl in the Beringia area [J]. Vector-borne and Zoonotic Diseases, 8(6): 783–789.

Wallensten A, Munster VJ, Elmberg J, et al. 2005. Multiple gene segment reassortment between Eurasian and American lineages of influenza A virus (H6N2) in Guillemot (Uria aalge) [J]. Archives of Virology, 150: 1685–1692.

Webster RG, Bean WJ, Gorman WT, et al. 1992. Evolution and ecology of influenza A viruses [J]. Microbiology Review, 56(1): 152–179.

Welsh MD, Baird PM, Guelbenzu-Gonzalo MP, et al. 2010. Initial incursion of pandemic (H1N1) 2009 influenza A virus into European pigs [J]. Veterinary Record, 166: 642–645.

Wood GW, Banks J, Brown IH, et al. 1997. The nucleotide sequence of the HA1 of the haemagglutinin of an HI avian influenza virus isolate from turkeys in Germany provides additional evidence suggesting recent transmission from pigs [J]. Avian Pathology, 26: 347–355.

Wright SM, Kawaoka Y, Sharp GB, et al. 1992. Interspecies transmission and reassortment of influenza A viruses in pigs and turkeys in the United States [J]. American Journal of Epidemiology, 136: 488–497.

Wu Y, Wu Y, Tefsen B, et al. 2014. Bat-derived influenza-like viruses H17N10 and H18N11 [J]. Trends in Microbiology, 22(4): 183–191.

Xu C, Zhu Q, Yang H, et al. 2009. Two genotypes of H1N2 swine influenza viruses appeared among pigs in China [J]. Journal of Clinical Virology, 46(2): 192–195.

Yamada S, Hatta M, Staker B L, et al. 2010. Biological and structural characterization of a host-adapting amino acid in influenza virus [J]. PLoS Pathogen, 6(8): e1001034.

Yamanaka T, Nemoto M, Tsujimura K, et al. 2009. Interspecies transmission of equine influenza virus (H3N8) to dogs by close contact with experimentally infected horses [J]. Veterinary Microbiology, 139(3–4): 351–355.

Yan JH, Xiong Y, Yi CH, et al. 2012. Pandemic (H1N1) 2009 virus circulating in pigs, Guangxi, China [J]. Emerging Infectious Diseases, 18: 357–359.

Yang H, Qiao C, Tang X, et al. 2012. Human infection from avian-like influenza A (H1N1) viruses in pigs, China [J]. Emerging Infectious Diseases, 18(7): 1144–1146.

Yassine HM, Khatri M, Lee CW, et al. 2010. Characterization of an H3N2 triple reassortant influenza virus with a mutation at the receptor binding domain (D190A) that occurred upon virus transmission from turkeys to pigs [J]. Virology Journal, 7: 258.

Yen HL, Forrest H, Cheung P, et al. 2011. Transmissibility of pandemic H1N1 and genetically related swine influenza viruses in ferrets [J]. Influenza and Other Respiatory Viruses, 5(Suppl 1): 85–87.

Yewdell JW, Webster RG, Gerhard WU. 1979. Antigenic variation in three distinct determinants of an influenza type A haemagglutinin molecule [J]. Nature, 279: 246–248.

Yoshioka Y, Sugita S, Kanegae Y, et al. 1994. Origin and evolutionary pathways of the H1 haemagglutinin gene of avian, swine and human influenza viruses: cocirculation of two distinct lineages of swine virus [J]. Archives of Virology, 134: 17–28.

Yu H, Hua RH, Wei TC, et al. 2008. Isolation and genetic characterization of avian origin H9N2 influenza viruses from pigs in China [J]. Veterinary Microbiology, 131: 82–92.

Yu H, Zhang GH, Hua RH, et al. 2007. Isolation and genetic analysis of human origin H1N1 and H3N2 influenza viruses from pigs in China [J]. Biochemical and Biophysical Research Communications, 356: 91–96.

Yu H, Zhang PC, Zhou YJ, et al. 2009. Isolation and genetic characterization of avian-like H1N1 and novel ressortant H1N2 influenza viruses from pigs in China [J]. Biochemical and Biophysical Research Communications, 386(2): 278–283.

Yu H, Zhou YJ, Li GX, et al. 2009. Further evidence for infection of pigs with human-like H1N1 influenza viruses in China [J]. Virus Research, 140(1–2): 85–90.

Zell R, Bergmann S, Krumbholz A, et al. 2008b. Ongoing evolution of swine influenza viruses: a novel reassortant [J]. Archives of Virology, 153: 2085–2092.

Zell R, Motzke S, Krumbholz A, et al. 2008. Novel reassortant of swine influenza H1N2 virus in Germany [J]. Journal of General Virology, 89: 271–276.

Zell R, Scholtissek C, Ludwig S. 2013. Genetics, evolution, and the zoonotic capacity of European Swine influenza viruses [J]. Current Topics in Microbiology and Immunology, 370: 29–55.

Zhang Y, Zhang Q, Gao Y, et al. 2012. Key molecular factors in hemagglutinin and PB2 contribute to efficient transmission of the 2009 H1N1 pandemic influenza virus [J]. Journal of Virology, 86: 9666–9674.

Zhang Y, Zhang Q, Kong H, et al. 2013. H5N1 hybrid viruses bearing 2009/H1N1 virus genes transmit in guinea pigs by respiratory droplet [J]. Science, 340(6139): 1459–1463.

Zhou H, Wang C, Yang Y, et al. 2011. Pandemic (H1N1) 2009 virus in swine herds, People's Republic of China [J]. Emerging Infectious Diseases, 17(9): 1757–1759.

Zhu H, Zhou B, Fan X, et al. 2011. Novel reassortment of Eurasian avian-like and pandemic/2009 influenza viruses in swine: infectious potential for humans [J]. Journal of Virology, 85: 10432–10439.

Zhu W, Yang S, Guo Y, et al. 2013. Imported pigs may have introduced the first classical swine influenza viruses into Mainland China. Infection [J]. Genetics and Evolution, 17: 142–146.

第三章

病 原 学

流感的反复暴发以及基因和抗原各异的流感病毒（IAVs）的快速传播，给动物生产和公共卫生带来了极大的挑战。流感对人类和动物的健康造成的共同威胁，已成为人们认识“One Health”这个理念的最佳范例。虽然在全球范围内，只有H1N1、H1N2和H3N2三个亚型的流感病毒在猪群中流行，但是不同亚型或相同亚型的毒株间，其血凝素和神经氨酸酶基因片段存在很大的多样性，而这也存在于其他6个基因片段中。在过去的20世纪，人流感病毒和猪流感病毒已经被证明具有种间传播的特定倾向，导致流感病毒能够定期地或偶尔地不断从人传染到猪，或从猪传染到人。不仅如此，猪是多种来源的流感病毒共同的易感宿主，更是流感病毒发生重组的“混合器”以及产生新流行毒株的“放大器”。猪体内的流感病毒是人流感病毒的潜在来源，而人—猪流感病毒的重组很可能引起下一次人类流感大流行。因此，猪流感不只是局限于兽医传染病学的意义，更在于其深远的公共卫生意义。

第一节 分类和命名

一、猪流感病毒分类

（一）猪流感病毒血清型分类

猪流感病毒（Swine influenza virus，SIV）属于正黏病毒科（Orthomy-xoviridae）流感病毒属。流感病毒内部的核心由单链核糖核酸及核蛋白组成，根据病毒核蛋白（NP）与基质蛋白（M）的不同而分为A型、B型和C型，不同病毒型之间的抗原差异可通过琼脂扩散试验检测。A型、B型和C型流感病毒内部的核蛋白和基质蛋白在抗原性上有很大差异，同时，其基因组结构和致病性也存在很大差异。研究表明，A型流感病毒能广泛的存在于温血动物中（禽类和哺乳动物），而B和C型主要感染人类，尽管C型流感病毒在猪体内也曾被分离到，但感染猪的主要是A型流感病毒，目前在世界范围内流行猪流感病毒主要有H1N1、H3N2和H1N2等三个亚型，且均属于A型流感病毒。

（二）猪流感病毒亚型分类

流感病毒粒子核心外有一层脂质囊膜，从脂质中伸出许多微粒，即血凝素与神经氨酸酶，它们是流感病毒的表面抗原。HA对红细胞有凝集性，NA能将吸附在细胞表面的病毒粒子解离下来。A型流感病毒根据HA和NA的不同可区分为不同的亚型，B型和C型流感病毒无亚型区分。以往的研究认为HA有16个亚型（H1～H16），NA有9个亚型（N1～N9）。然而，随着流感病毒的不断进化和人们对流感病毒研究的不断加深，一些新的病毒也不断从自然界中被分离到，从而丰富了流感病毒的亚型分类。2012年，Tong S等通过二代测序（Next generation sequencing，NGS），在蝙蝠中鉴定到一个新的流感病毒基因亚型（H17N10）。但是，通过对两个表面囊膜蛋白HA和NA（NA样）的研究，结果表明这两个蛋白都不具有典型流感病毒蛋白的结构或功能。因此，H17N10并非“真正的”流感病毒，而被认为是流感样病毒，而其是否能够与典型的A型流感病毒基因组片段发生重组还有待研究。最近有研究者用相同的方法在蝙蝠中鉴定到的一株H18N11病毒，也不具备典型的HA和NA的结构或功能。虽然，H17N10和H18N11不能称作“真正的”流感病毒，但是如果其能与典型的流感病毒基因组片段发生重组，那么，我们必须重新来认识流感病毒的生态学，扩大流感病毒的贮存宿主谱以及流感病毒的“混合器”宿主范围。随着研究的发展，未来还可能会有更多亚型（HxNy）流感病毒从蝙蝠中分离到（图3-1）。

流感病毒容易发生变异，主要是HA和NA的变异。HA和NA的变异

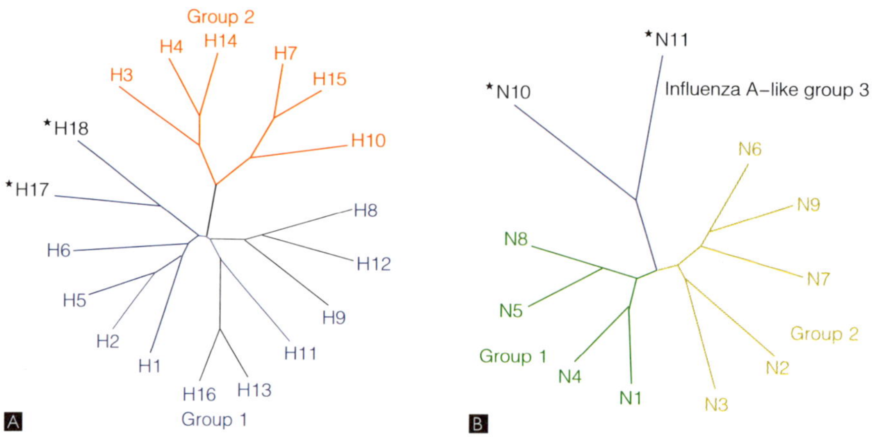

图 3-1　所有的已知 A 型流感病毒亚型〔包括 H17/18 和（NA-like）N10/11〕的 HA 和 NA 的系统进化分支

A. HA 分子分成两组，组 1（group 1）和组 2（group 2），分离自蝙蝠中的 H17 和 H18（图中标星号）属于 1 组，其显示 1 组 HA 的典型序列特征

B. 所有的 NAs 也分成两组，组 1 和组 2，分离自蝙蝠中的 N10 和 N11（图中标星号）不属于组 1 或组 2，它们属于 NA 的同源物，或者可被称作 NA 样（NA-like）分子；这里被分类为 A 型流感病毒样组 3（influenza A-like group 3）

（Ying Wu, 2014）

可独立发生，有时只涉及1个（HA或NA），有时两个同时发生变异。其变异机制主要有抗原漂移和抗原转变两种。小的变异是抗原的量变，称抗原漂移，形成新的毒株称为变种，A型变异快，每2～3年可发生一次，B型变异较慢。当抗原发生较大的变异时，与前次流行株完全不同，是抗原的质变，称为抗原转变，此时产生新的亚型。这种变异只见于A型流感，可导致世界性流行。B型流感可局部流行，而C型流感未见变异，常呈散发流行。

（三）猪流感病毒的其他分类

猪是禽、猪、人流感病毒共同的易感宿主，是流感病毒基因重组的“混合器”。猪流感不仅能感染猪，同时也有感染禽、人、马和其他哺乳动物的能力。从猪体内分离的流感病毒根据其基因组片段的来源可以分为以下几种。

经典H1N1亚型猪流感（Classical swine H1N1，CS H1N1）：CS H1N1 SIV在遗传进化上与引起1918年西班牙大流感的流感病毒（H1N1亚型）密切相关，它们都来源于共同的祖先——禽流感病毒（Avian influenza virus，AIV），并有很高的相关性。

类禽SIV：在猪群中检测到的禽源流感病毒，包括H1N1、H3N2、H4N6、H3N3、H9N2等。

类人SIV：自然条件下，猪也能感染人流感流行毒株，如人流感H3N2亚型和H1N1亚型等。

基因重组型SIV：包括基因重组H3N2亚型、基因重组HlN2亚型、其他基因重组病毒。目前，SI已遍布美洲、亚洲、非洲、欧洲等地，分离出H1N1、H1N2、H2N3、H3N1、H1N7、H3N3、H4N6、H5N1等多种血清型。根据SI在世界范围内的流行区域，主要划分为北美地区猪流感病毒、欧洲地区猪流感病毒、亚洲地区猪流感病毒。各个区域流行的猪流感病毒谱系或基因节段的来源均有差异。

二、猪流感病毒命名

从病毒分类的角度，根据流感病毒RNP和M蛋白抗原性的不同将流感病毒分为A（甲）、B（乙）和C（丙）型；引起暴发流行的多为甲型流感：根据病毒血凝素和神经氨酸酶抗原性的差别又可进一步将A型流感分为不同的亚型。迄今发现有18个HA亚型（H1～H18），11个NA亚型（N1～N11），所以这种命名方法实质是从病毒结构蛋白抗原性的角度对流感病毒进行的分类。例如，1918年暴发的西班牙流感后来证实是H1N1亚型。这种分类方法不能提供某次流行株的其他信息（如发源地）。

从毒株命名的角度，1980年世界卫生组织（WHO）公布的流感病毒命名法则如下。

首先，病毒按型分为A、B或者C型；若宿主不是人则标上宿主名，接下来按分离地，分离实验室毒株的序号和分离的年代排列，对于A型流感病毒，要在括号中内注明HA和NA亚型（HxNy），两类亚型相组合，表示为H1N1、H3N2等。即，型别/宿主/分离地点/毒株序号/分离年代（HxNy），如A/swine/Tianjin/1/2004（H1N2），这是一株从猪分离的，分离地点是天津，毒株序号为1，分离时间为2004，亚型为H1N2。对于从人分离的流感病毒，命名时可以省略宿主项，如A/California/04/2009（H1N1），代表的意义为：2009年在美国加利福尼亚州分离的甲型（H1N1）流感病毒，宿主是人（省略）。这种命名方法的优点是能够对每一个分离到的病毒毒株进行命名，且不会相互混淆。

2009年流行的甲型H1N1流感在流行初期的称谓上，考虑到对猪肉消费和生猪饲养产业的影响，采用"2009甲型H1N1流感病毒"这一易于被公众接受的名字（英文写作"2009 H1N1 influenza virus"）。现在也已被较多地使用。同时，也有研究者建议采用猪源H1N1（Swine-origin H1N1 influenza viruses，SOIVs），从遗传进化的角度对病毒进行表述，表达了病毒是从猪流感病毒进化而来的含义，能与在猪群中传播的猪流感病毒相区别，也避免了对国家和地区造成的偏见，也已为部分学者所接受。

第二节 病毒培养

流感病毒自首次分离以来，人们已建立了多种病毒培养方法。猪流感主要为A型流感病毒，能够在鸡胚中进行增殖，或者经过传代适应而具有感染鸡胚能力。进一步的研究表明，其在鸡胚成纤维细胞等原代细胞株上也具有一定的增殖能力。随着细胞分离和培养技术的发展，人们已经开发出了多个品种的传代细胞系，从而为流感病毒的适应和增殖提供了条件。目前流行的猪流感病毒主要有H1N1、H1N2和H3N2三个亚型，通过不断的研究，已经可以在MDCK、PK-15和Vero等多个传代细胞系上有效培养猪流感病毒。

一、鸡胚培养

（一）培养特点

1911年，Rous和Murphy首次使用鸡胚用于培养肉瘤病毒，随后，鸡胚逐渐被用来培养其他病毒并获得了成功。鸡胚培养流感病毒首次获得成功是在1933年，自此鸡胚就成为人们大量获得流感病毒的主要来源。鸡胚适用于许多病毒的生长增殖，尤其是流感病毒。鸡胚组织的分化程度低，有神经、血管的分布和脏器的构造，是活的生命体，具备病毒感染增殖条件。鸡胚接种有多种途径，病毒易于复制，而且来源相对充足，操作简便，通常是无菌的，SPF鸡胚对接种的病毒不产生特异性抗体。而普通鸡胚易被鸡白血病病毒等其他病原污染，而且用鸡胚分离或传代猪流感病毒时，容易发生抗原变异。研究表明鸡胚对猪流感病毒的易感性高于细胞，因此，病毒培养、分离以及疫苗的生产，通常都采用鸡胚培养增殖。

（二）培养方法

鸡胚培养猪流感病毒时，通常用照蛋器选择血管丰富、有胎动的9～11日龄鸡胚，此时尿囊液的含量最高，能获得大量病毒液，在胎头背面气室交界边缘以上约1cm处并避开血管处作为注射点。用2.5%碘酒或75%酒精消毒，用打孔器在注射点处轻轻打一小孔。用注射器注入无菌处理好的病料样品等或病毒稀释液，0.2 ~ 0.3mL/胚，然后用石蜡封口，置35 ~ 37℃孵化箱培养72h，保持一定的湿度，每隔12h或24h观察，弃去24h内死亡胚，将72h内死亡和仍然存活鸡胚放置4℃冰箱4 ~ 6h或过夜，亦可放置-20℃冰箱0.5 ~ 1h。于无菌工作台内收获尿囊液，用碘酒或75%酒精消毒气室部卵壳，无菌除去气室部卵壳及壳膜，用无菌注射器吸取尿囊液，置离心管中12000 r/min离心10 min以去除红细胞和杂质，取适量上清用于HA凝集试验测定尿囊液中病毒对0.5%鸡红细胞的凝集活性，有血凝活性者做好标记，分装存放于-80℃超低温冰箱保存备用。

注意预冷时放置4℃冰箱不能时间过长，否则容易引起散黄；放置-20℃冰箱亦不能过久，否则会引起散黄或鸡胚结冰，再融化时卵黄膜容易破碎，导致卵黄流出，从而影响病毒的收获。预冷的目的是将未死亡的鸡胚冻死并使血液凝固，避免收获尿囊液时流出红细胞，并与尿囊液里的病毒发生凝集，造成病毒滴度下降。

二、细胞培养

（一）概述

自1949年Enders等报道脊髓灰质炎病毒在非神经细胞内培养成功并形成细胞病变以来，已有数百种动物病毒在细胞上培养成功。现代组织培养技术已能使动物的绝大多数种类的细胞在体外培养增殖，并培育出多株二倍体细胞株、可以长期传代的异倍体细胞系、融合细胞以及外源基因导入细胞等多种用途的细胞。在临床病毒学上常用的细胞类型可分为原代细胞、二倍体细胞株和传代细胞系三大类，其中以原代细胞对病毒最敏感。从细胞的来源则可分为人源、各种哺乳动物源、禽源和昆虫源等。虽然各种病毒均对其来源动物的细胞最敏感，但也有很多细胞

（如鸡胚成纤维细胞等）和传代细胞株、细胞系（如BHK细胞系等），对其来源动物种类以外的多种病毒也能感染。经过细胞培养传代的毒株，其细胞适应性（细胞感染范围）更为广泛。

（二）培养特点

细胞培养与实验动物和鸡胚相比，每个细胞的生理特性基本一致，对病毒的易感性也相等，没有实验动物的个体差异性，而且可以用于试验的数量远远超过动物或鸡胚，并且可以在无菌的条件下进行标准化的试验，可重复性良好。感染病毒的细胞可以通过观察细胞病变等判定结果，也可以结合免疫学技术检测细胞内是否含有所培养的病毒。细胞培养的重要用途之一就是从感染的动物体内分离、纯化病毒。从样本分离的病毒可能不是单一的毒株而是混合毒株，需要通过克隆纯化得到单一毒株。细胞培养病毒可以通过多轮挑选产生的空斑从而达到纯化病毒的目的。细胞培养的另一重大用途是用于生产疫苗，相比于鸡胚生产疫苗具有可规模化、快速大量生产，易于质量控制，纯度高、稳定性好等特点。更为重要的是，新的细胞培养法有助于人类灵活应对大规模暴发的流感。在人和动物对流感疫苗需求不断增加的形势下，细胞培养能在短期内提供足够疫苗产品，且能避免鸡胚感染的风险。

（三）猪流感易感细胞

多种动物细胞对猪流感都有很高的感受性，能产生明显的细胞病变（Cytopathic effects，CPE），能够在诸如鸡胚成纤维细胞（CEF）等原代细胞，以及犬肾细胞（MDCK）、猪肾细胞（PK-15）、猪小肠上皮细胞（PIEC）、猪气管上皮细胞（NPTr）、非洲绿猴肾细胞（Vero）等传代细胞系上有效增殖。同等条件下，猪流感病毒在不同细胞上的增殖滴度均低于MDCK细胞，故当前分离、培养猪流感病毒应用最多的还是MDCK细胞。细胞培养法所分离到的流感病毒与鸡胚培养分离到的病毒相比，其抗原性和基因特性要更接近原始亲本毒株，并且细胞培养比较经济、方便，MDCK细胞已成为流感病毒分离以及疫苗生产不可缺少的体系。

（四）培养方法

1. 操作方法　以MDCK细胞为例简要叙述细胞培养猪流感病毒的方法。MDCK细胞培养猪流感病毒时选择传代次数较低的细胞进行传代培养，将长满单层的细胞用0.25% EDTA－胰酶消化进行传代，按照1：3的比例铺板子或者传新的细胞瓶，置37℃、5%CO_2细胞培养箱里培养细胞，定时观察细胞状态。次日（24h内）待细胞长满单层时进行接毒，将培养细胞的生长液吸干弃去，加入PBS或无血清DMEM清洗细胞两次，将残余的血清洗净，因为血清能够抑制胰蛋白酶的作用，从而导致病毒不能够有效增殖；加入无菌处理好的病料样品等或10倍梯度稀释的病毒液适量；放置细胞培养箱中孵育45～60min。将病毒覆盖液吸弃干净，用PBS或无血清DMEM清洗细胞两次，吸弃干净加入新鲜的添加有适量浓度TPCK胰蛋白酶的无血清DMEM培养基，放置37℃、5%CO_2细胞培养箱培养，培养72～96h，每隔24h观察有无细胞病变。细胞病变特征为细胞肿胀圆化，细胞间隙变大，细胞核固缩或碎裂，严重时细胞部分或全部脱落。无菌吸取适量上清进行HA滴度检测，若有HA滴度说明病毒能够增殖，直至细胞出现75%病变或HA滴度较高时，收取细胞上清12 000r/min离心10min，去除细胞碎片等，做好标记分装存放于－80℃超低温冰箱保存备用。

2. 注意事项　由于流感病毒感染细胞时需要先将HA裂解为HA1和HA2，这种裂解可以通过胰酶处理增加其感染性。在细胞培养时细胞不能分泌蛋白水解酶，无法裂解病毒粒子的HA，故在细胞培养流感病毒时需要在维持液中加入适量的胰蛋白酶，提高流感病毒在细胞中的复制能力，从而提高病毒产量。

第三节　猪流感病毒的形态结构

猪流感病毒粒子形态结构与人季节性流感和其他宿主来源的流感病毒粒子相同，初代分离物常见杆状或丝状病毒，长度可达400nm。体外多次传代后流感病毒形态多为球形或椭圆形，其直径在80～100nm。病毒囊膜上含有致密地镶成规则毛边样的纤突（图3–2）。

流感病毒经负染处理的病毒粒子形态，病毒粒子直径80～120nm。具有球形、椭圆形、杆状、丝状、蝌蚪状等多种形态。

流感病毒结构自外而内可分包膜、基质蛋白和核心3部分。病毒包膜在基质蛋白之外，由一层磷脂双分子层包裹而成，这层膜来源于宿主细胞膜，膜表面含有流感病毒两种非常重要的糖蛋白，血凝素和神经氨酸酶。这两类蛋白突出在膜表面。

病毒HA蛋白是一种膜整合蛋白，呈圆柱状，长度约13.5nm，半径

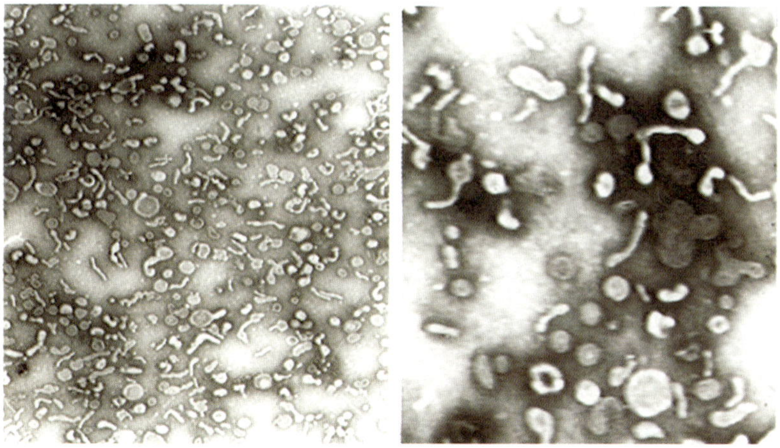

图3-2　流感病毒电镜图

（金梅林）

3.5 ~ 7.0nm。HA蛋白可被蛋白酶水解成两个小肽分子：HA1（327氨基酸）和HA2（222氨基酸）HA1是受体结合部位，而HA2密切参与病毒与细胞膜的融合。每个HA单体分子由茎秆结构域和一个球状头型结构域组成，头型结构域由HA1的一部分组成，而茎部结构域包括了HA1的一部分和HA2。HA蛋白中含有很多N–偶联的糖基化位点，氨基酸糖基化与HA功能密切相关，这些位点大部分都集中在HA1球状头型结构域中，HA1和HA2茎部结构域相对比较保守。病毒NA蛋白是由四个相同的多肽组成的同源四聚体，每个单体包含470个氨基酸，它们组成了NA蛋白的四个结构域，分别是N–端胞质序列、膜锚定疏水跨膜结构域、可变长度的短小茎部以及酶活性部位的蘑菇状结构域。每个病毒颗粒大约有50个这样的四聚体。蘑菇状头部通常含有糖基化位点，这些位点的修饰不同程度影响着NA酶活性。

基质蛋白构成病毒外壳骨架，一种是基质蛋白1（M1）在包膜下方，另一种是基质蛋白2（M2），M2蛋白嵌在包膜之中，作为离子通道参与pH的维持。基质蛋白与外层包膜紧密结合，起到保护病毒核心和维持病毒空间结构的作用。病毒核心部位是病毒的核糖核蛋白复合物，其中包括8条单股负链RNA以及聚合酶蛋白复合物PB1、PB2、PA和核蛋白NP。这8个单链RNA编码10种以上的毒蛋白。

第四节 病毒的化学组成和理化特性

一、病毒的化学组成

流感病毒颗粒由0.8% ~ 1.1%的RNA，70% ~ 75%的蛋白质，20% ~ 24%的脂质和5% ~ 8%的碳水化合物等组成。脂质位于病毒的膜内，大部分为磷脂，还有少量的胆固醇和糖脂。几种碳水化合物包括核糖（位于RNA中）、半乳糖、黑角藻糖和氨基葡萄糖，在病毒粒子中主要以糖蛋白或糖脂的形式存在。病毒粒子中的蛋白除了病毒本身的蛋白（核蛋白、基质蛋白、抗原蛋白、聚合酶蛋白）之外，还可能包括宿主的某些蛋白质。Megan L. Shaw利用蛋白质组技术发现可能有36个宿主编码的蛋白存在于病毒粒子中，如宿主的热休克蛋白27（Hsp27）、膜联蛋白A11（Annexin A11）等，这可能是由于病毒在包装和出芽过程中某些未知的机制引起的非特异性包装，这也从侧面说明宿主蛋白对于流感病毒的成熟和稳定所起的某些作用。基于流感病毒的基因组的多变性和形态的多型性特点，不同毒株的化学组成会有一些差异。另外，具有完全感染能力的病毒粒子和很大一部分无感染性病毒粒子在化学组成上也不尽相同。由于病毒的不断进化和检测技术的提高，近年来，有人测得流感病毒毒株的核糖核蛋白含量大约为5.3%，有的甚至更高，达到10%～12%；RNA相对分子质量为$4\times10^6\sim5\times10^6$。这些都表明流感病毒的化学组成可能与不同的亚型，不同的毒株，不同宿主来源等有很大关系。其真正的化学组成还有待进一步确定。

（一）病毒的蛋白质

蛋白质是病毒粒子的主要组成成分，共有10种以上，由病毒的8个基因所编码，分别是*PB2*、*PB1*、*PA*、*HA*、*NP*、*NA*、*M1*、*M2*、*NS1*、*NS2*。有的病毒PB1还可以编码PB1-F2。其中NS1是非结构蛋白，PB1-F2也主要是病毒感染后在宿主细胞中产生，并不构成病毒结构成分。M1是病毒主要的基质蛋白，含量最高，构成病毒的基质膜。核蛋白和病毒粒子表面的纤突以及在病毒转录过程中起主要作用的聚合酶都是病毒粒子结构组成中不可或缺的蛋白成分。

（二）病毒的类脂

类脂主要构成病毒粒子的囊膜，以脂质双分子层的形式存在，主要是磷脂，含有少量的糖脂和胆固醇。病毒粒子的囊膜主要来源于宿主的膜系统。尽管宿主的细胞膜在决定病毒囊膜成分中起重要作用，但是，病毒粒子的类脂组成与宿主细胞的类脂组成并不完全一致。病毒的结构蛋白，尤其是囊膜蛋白可能对病毒粒子的类脂组成有一定影响。例如，由于病毒囊膜上含有神经氨酸酶，导致病毒膜结构上不含有神经氨酸型糖脂和神经氨酸键，因为神经氨酸酶可以降解这两种成分。

（三）病毒的碳水化合物

病毒的碳水化合物主要是核糖（位于RNA中）、黑角藻糖、半乳糖和氨基葡萄糖，它们主要以糖蛋白和糖脂的形式存在于病毒粒子中。

二、病毒的理化特性

流感病毒对外界环境的抵抗力并不很强，高温、紫外线、乙醚、氯仿、丙酮等有机试剂，酸碱，一般消毒药等都能很快将其杀死。但如果存在于有机物如鼻液、唾液、泪水、粪便、动物尸体中等，病毒则可以存活较长时间。因此，环境中的这些污染物是病毒长期存在的一个重要原因。此外，在相对潮湿、低温的环境下，病毒亦可存活较长时间。

（一）病毒的热稳定性

与大多数病毒类似，温度升高会导致病毒的稳定性显著下降。总体来说，高温使病毒趋于不稳定，而低温下病毒较为稳定。在56℃下30min、60℃ 10min、65～70℃几分钟病毒即丧失活力。阳光直射下40～48h也可灭活病毒；如果用紫外线直接照射的话可迅速破坏病毒的感染性。病毒在低温下如4℃，可存活时间超过30d，而在22℃时，病毒的存活时间不足7d。在有甘油做保护剂的情况下病毒可保持活性一年以上。在鸡胚增殖的病毒由于受到鸡胚中有机物质如蛋白质的保护，病毒的稳定性会升高，在4℃下可保持数周且其感染力不会受到太大的影响。在−70℃下或冻干状态，病毒更为稳定，可长期保存而不失其感染性。但不能反复冻融，冻融次数过多会使病毒的感染力下降，以致完全失去活性。

影响病毒热稳定性的因素很多，主要有以下几个方面。

环境中有机物的保护：在自然条件下，病毒常存在于分泌物中，由于受到分泌物中有机物质的保护，其对环境具有极大的抵抗力。例如，粪便中病毒的传染性在4℃下可保持35d左右；在羽毛中可存活18d。

不同季节的流行株：不同季节流行的病毒株其稳定性也存在一定差异。Paek等发现春季流行株比冬季流行株的热稳定性更高。这在一定程度上也暗示流感病毒的热稳定性与其流行的季节密切相关。

不同亚型：由于不同亚型的血凝素和神经氨酸酶活性的不同，导致病毒对热的敏感性也有较大差异。例如，N1亚型的神经氨酸酶活性对热较为敏感，55℃加热30min即可灭活病毒；但N2亚型的神经氨酸酶在该温度下30min仍可保持一半以上的活性。

pH：环境pH对流感病毒的热稳定性有比较重要的影响。在17～28℃，pH7.2～8.2时大部分流感病毒存活的时间最长，有的流感病毒在pH大于8.2时更为稳定。但是，当pH小于6.6时，病毒的热稳定性显著降低。强酸和强碱均可在短时间内灭活病毒。

钙离子浓度：流感病毒NA蛋白活性受到钙离子浓度的很大影响。如果没有钙离子，N1亚型流感病毒的NA活性会受到严重破坏，只能达到原始病毒活性的1%左右，而钙离子浓度在3mmol/L时其活性达到最大。当然，不同毒株的NA活性对钙离子浓度的需求是不同的。例如，N2亚型的NA在0.3mmol/L钙离子浓度下活性最高。在热稳定性方面，钙离子对其影响较大。钙离子不存在的情况下，流感病毒对热的敏感性增强。

空气湿度：一般情况下，病毒在空气相对湿度较低的时候更容易存活。例如，病毒在气溶胶相对湿度约20%，32℃下1h后仍有45%的存活率，而相对湿度升高到50%时存活率仅有13%，而当湿度达到81%时，病毒的存活率骤降至6.6%。这说明，空气相对湿度较低时有利于病毒的存活。

传播介质表面性质：不同的传播介质表面性质对流感病毒的热稳定性有一定的影响。研究表明，病毒在多孔表面比无孔表面更不稳定，更容易失活。同样是无孔介质表面，病毒在铜表面要比在不锈钢表面稳定性更高。有意思的是，流感病毒在人手皮肤上很快就会失活，Bean的研究表明病毒在人手皮肤上5min内即被全部灭活。

生物因素：影响病毒热稳定性的病毒因素主要是HA蛋白。其他蛋白和基因组RNA对其稳定性的影响尚需进一步研究。

宿主因素：病毒的热稳定性还受到其他因素的影响，如宿主因素。Negovetich等发现将病毒在不同宿主中传代，子代病毒的热稳定性会不相同。而序列相同的两株病毒其热稳定性也有可能不同。这表明病毒的热稳定性还可能受到宿主因素的影响。

影响病毒热稳定性的因素是多方面的，在具体的环境下可能会有多重因素共同作用于病毒，影响其对热的敏感性。各种复杂的环境综合作用的结果导致病毒在某种特定的环境下具有某种特定的热稳定性。

目前，病毒的热稳定性机制尚不完全清楚。一般认为，由于HA结构的改变而使得病毒表现出某种热稳定性。HA蛋白是流感病毒囊膜上的重要抗原蛋白，其作为病毒的受体直接参与病毒与宿主细胞的结合，并介导病毒与细胞膜的融合，使得病毒核衣壳释放入细胞质中。在这一过程中HA从天然构象转变为膜融合构象是由细胞内成熟内含体中低pH触发的。当热处理病毒时可导致HA结构发生改变，转变为具有膜融合功能的活性构象。当没有易感宿主细胞时，病毒与病毒颗粒之间就会发生膜融合导致病毒聚集，进而失去感染力。但是，HA这一作用的分子细节还不清楚。

HA的变构效应可以解释一部分现象，但是其尚有一定的局限性。首先HA的构象改变需要足够高的温度，也就是临界温度，一般在55～70℃。当温度高于该临界值时HA会发生结构改变。但是，病毒在低温下也会不断失去感染力。因此，流感病毒的热稳定机制有待进一步研究。

（二）病毒对有机试剂的敏感性

流感病毒是具有囊膜的RNA病毒，和其他有囊膜的病毒一样，其对有机试剂如乙醚、丙酮、氯仿等均较为敏感。20%的乙醚在4℃下处理2h就可裂解病毒。常用的杀病毒药物亦可很容易地将流感病毒杀死。病毒在0.2%～0.6%福尔马林溶液中15min就会被灭活；在0.4%和0.6%的碘和苯酚溶液中15min后即可被杀死；0.5%的CID 20 1h或1%的CID 20 15min后就可以灭活病毒。此外，β–丙内酯、去氧胆酸钠、SDS、羟胺、重金属离子等均能迅速破坏病毒的感染力。

第五节 流感病毒基因组结构

流感病毒基因组由单股、反义RNA片段组成，A型和B型流感病毒基因组由8个基因片段（*PB2*、*PB1*、*PA*、*HA*、*NP*、*NA*、*M*和*NS*）构成，C型流感病毒则只有7个基因片段。每个基因片段都由PB2、PB1、PA和NP四个蛋白包被形成核糖核蛋白复合体（RNP，如图3–3所示），呈螺旋状，而在基因组外则包被有脂膜。

图 3-3　流感病毒 RNP 结构

（Paterson D, 2012）

一、流感病毒基因组特点

近年来，随着基因测序技术的发展，通过对流感病毒全基因组的序列分析发现：各基因片段的5′端13个核苷酸都相同，序列为GGAACAAAGAUGAppp5′；3′端的12个核苷酸高度保守，为HO－UCGU（C）UUUCGUCC；此外，在每个基因片段靠近5′端15～21核苷酸处有一保守区，形成polyU，这一保守区在病毒RNA合成时产生polyA的信号，而cRNA则没有poly U结构，这也是区分rRNA和cRNA的标志。此外，研究发现流感病毒基因组RNA片段的另一特点是各个片段两端有一些保守序列，由于3′末端和5′末端的部分序列反向互补，3′末端的第10～15个核苷酸与5′末端的第11～16个核苷酸通过碱基配对形成锅柄状的二级结构，该结构是A型流感病毒的RNA多聚酶结合所必需的，组成rRNA的启动子成分，对病毒的复制、核酸内切酶和mRNA的多聚腺苷酸化是必需的。遗传学和生化试验证实3′末端和5′末端的保守序列是病毒转录的重要的核苷酸识别位置，这些序列的内部互补性对体内、体外的最佳转录是至关重要的。另外，这些末端序列也可激活流感病毒多聚酶的内切酶活性，切下宿主成熟mRNA帽子结构并结合到病毒前体mRNA上。病毒基因转录本表达试验也进一步证明末端保守序列在病毒基因表达过程中有重要的作用。

二、流感病毒基因组长度及编码蛋白

流感病毒基因组的8个片段大小不一，有的编码一个蛋白，有的则具有两个编码框或者具有剪切位点，在mRNA翻译成氨基酸序列后剪切成两个多肽。

根据其蛋白功能可以划分为聚合酶复合物基因（*PB2*、*PB1*、*PA*），核衣壳基因（*NP*），表面抗原基因（*HA*、*NA*），基质蛋白基因（*M*）和非结构蛋白基因（*NS*）。

*PB2*基因长度约为2 341nt，具有一个编码框，编码约759个氨基酸。

*PB1*基因全长约为2 341nt，具有两个编码框，编码PB1或PB1－F2蛋白。

*PA*基因长度约为2 233nt，编码聚合酶亚基PA或PA－X蛋白。

*HA*基因全长约为1 778nt，编码血凝素蛋白，为流感病毒主要的表面抗原蛋白，容易发生突变，不同亚型的毒株间具有明显的差异。

*NP*基因全长约为1 565nt，编码约498个氨基酸，构成流感病毒的核衣壳。

*HA*基因全长约为1 778nt，只有一个编码框，合成HA蛋白，后经剪切形成具有活性的HA1和HA2两个多肽。

*NA*基因全长约为1 413nt，编码神经氨酸酶，和HA一起共同决定流感病毒的亚型分类，具有较高的突变率，不同毒株间差异较大。

*M*基因长度约为1 027nt，有两个编码框，分别编码基质蛋白M1和M2，其中M2编码框位于病毒RNA的5′端，与M1编码框部分重叠。此外，*M*基因还能够转录生成一个很短的mRNA（M3 mRNA），其5′端约有11个病毒特异性的核苷酸与M1mRNA和M2mRNA的相同，但其仅能编码9个氨基酸，并且翻译多肽可能与M1的羧基端序列相同，目前这一短肽还没有被分离到。

*NS*基因全长仅约890nt，具有两个编码框，编码NS1和NS2两个非结构蛋白。各基因片段长度及其编码蛋白见表3－1，以A/New Mexico/04/2009（H1N1）为例。

表 3-1 A 型流感病毒的基因组组成

片段编号	核苷酸长度（nt）	编码蛋白	vRNA 长度（nt）	mRNA 长度（nt）	氨基酸数（氨基酸）
片段 1	2341	PB2	2341	2320	759
片段 2	2341	PB1/PB1-F2	2341	2320/276	757/92
片段 3	2233	PA/PA-X	2233	2210	716/252
片段 4	1778	HA1/HA2	1778	1756	343/222
片段 5	1556	NP	1565	1539	498
片段 6	1413	NA	1413	1391	454
片段 7	1027	M1/M2	1027	1004/314	252/97
片段 8	890	NS1/NS2	890	868/396	230/121

三、流感病毒基因组各片段特点

（一）聚合酶复合物基因

流感病毒聚合酶复合物由*PB2*、*PB1*和*PA*三个基因片段编码合成，虽然不同毒株间存在一定的核苷酸序列差异，但是所编码的蛋白质高度保守。以A/New Mexico/04/2009（H1N1）和A/swine/Texas/4199-2/1998（H3N2）为例，其PB1序列核苷酸同源性为95.78%，但氨基酸序列仅存在3个氨基酸的差异。相对于血凝素基因和神经氨酸酶基因的高突变率，聚合酶复合物基因尤为保守，由于流感病毒的聚合酶为RNA依赖的RNA聚合酶，其保真性相对宿主的聚合酶要低很多。因此，这三个基因的相对保守性保证了流感病毒的基因组能够稳定的遗传。*PB2*基因仅编码PB2蛋白，其5′端非编码区长20个核苷酸，3′端非编码区长51个核苷酸。*PB1*基因编码PB1和PB1-F2两个蛋白，PB1 5′端非编码区有24个核苷酸，3′端有33个核苷酸，PB1-

F2与PB1使用两个不同的起始密码子，其mRNA序列包含在PB1的mRNA序列中。研究发现，禽源毒株的PB1-F2序列较保守，而人源或猪源毒株则存在不同核苷酸突变，而导致PB1-F2蛋白长度不一。*PA*基因具有两个编码框，分别编码PA和PA-X两个蛋白，其中PAmRNA的5′端非编码区长20个核苷酸，3′端非编码区长51个核苷酸，PA-X和PA共用一个起始密码子，但PA-X在起始密码子后跳过第591个核苷酸而继续往后延伸189个核苷酸。

（二）血凝素基因

血凝素由片段*HA*基因编码合成，在不同亚型或者相同亚型的毒株间存在较大差异，容易发生变异。*HA*基因5′端非编码区长约29个核苷酸，3′端非编码区长约32个核苷酸。*HA*基因只有一个编码框，其mRNA翻译形成一个完整的HA多肽，并随后被切割成HA1和HA2两个肽链。一般来说，对于A型流感病毒，根据不同毒株的HA上所携带的切割位点而分为高致病性流感病毒和低致病性流感病毒，但猪流感病毒通常没有高致病性和低致病性之分。

（三）核蛋白基因

核蛋白由基因片段*NP*编码合成，其两端分别有44个和9个非编码核苷酸，NP蛋白主要构成病毒的核衣壳，并不裸露于病毒表面，其基因相对保守，与*M*基因一起，用以对流感病毒分型。

（四）神经氨酸酶基因

神经氨酸酶由基因片段*NA*编码合成，总长约1 413个核苷酸，基因两端非编码区长度分别为13个核苷酸和25个核苷酸。不同毒株的*NA*基因有所差异，主要体现在其编码合成NA蛋白的茎部长度上。近年来从自然界分离到的流感病毒均具有一点程度的茎部缺失，表明该缺失可能是流感病毒当前进化的一个方向。

（五）基质蛋白基因

基质蛋白基因*M*全长约1 027个核苷酸，共编码产生3个mRNA。其中编码M1的核苷酸序列约占总长的75%，而M2则在其5′端与M1具有68个核苷酸的重叠。M1和M2共用一个翻译起始密码子，前9个氨基酸序列相同，但M2的mRNA需要在M1的基础上进行剪切，其5′端具有约51个病毒特异性核苷酸，与M1相同，然后剪切去中间的689个核苷酸再与后面的271个核苷酸拼接而形成。

（六）非结构蛋白基因

*NS*基因在所有片段中最短，仅含有约890个核苷酸，但其具有两个编码框，分别可以编码NS1和NS2两个蛋白。通过氨基酸序列分析发现，NS2和NS1的前10个氨基酸序列一致。*NS*基因首先从起始密码子转录出NS1的mRNA，然后再经过剪切形成NS2的mRNA，NS2的mRNA与NS1的mRNA在3′端部分重叠，约210个核苷酸。

第六节 转录和复制

流感病毒是负链RNA病毒，在进入宿主细胞前，基因组自身无法完成对蛋白的编码。与其他负链RNA病毒不同的是，流感病毒vRNA的转录和复制都必须在宿主细胞核中完成。甲型流感病毒转录和复制的基本过程为，病毒感染细胞后，流感病毒的3个聚合酶PB2、PB1和PA形成三聚体复合物（RNA依赖的RNA聚合酶复合物）并以核糖核蛋白复合体RNP的形式进入细胞核行使转录和复制功能。最初vRNA在感染的细胞中合成的是mRNA，病毒mRNA的合成需要一段带帽子结构的RNA片段作为引物，病毒RNP通过PB2识别并结合细胞mRNA的帽子结构，PB1蛋白发挥内切酶活性，切下帽子及下游10～15个核苷酸，产生了一段短的带帽的RNA片段，PA蛋白则影响内切酶活性。与宿主细胞mRNA需要polyA聚合酶进行加尾信号加工不同，病毒mRNA的polyA尾是由病毒基因组RNA编码5～7个连续的尿嘧啶组成，在转录过程直接形成加尾信号。病毒的两个蛋白M2与NEP的mRNA需要经过宿主细胞mRNA剪切机制分别从第7、第8片段mRNA剪接完成。

除此之外，目前普遍认为病毒mRNA的核外运输也需要宿主蛋白和信号通路完成，但其具体机制仍不清楚。与mRNA转录相比，vRNA的复制成cRNA也由RNP启动，但不需要引物的结合，并且cRNA是vRNA的全长拷贝，并能用于vRNA的合成。至今仍无法解释病毒RNP是如何实现对同一个vRNA进行转录和复制之间切换的，一种假说认为这是由细胞核内环境决定的，当病毒蛋白与某个核内亚结构结合时，RNP倾向进行转录，而与另一个区域结合时则倾向进行复制。

流感病毒基因组的复制经历两个步骤：① 以vRNA为模板合成与其互补的全长cRNA（+RNA）；② 由cRNA为模板合成子代负链RNA，即vRNA。cRNA是vRNA的完全转录物，5′末端为pppA，而3′末端没有polyA，mRNA的合成不需要病毒蛋白即可进行，而cRNA必须在有功能性病毒蛋白合成后才能进行，因此其合成出现的时间比mRNA晚。cRNA合成所需的酶是聚合酶复合物，但病毒的某些蛋白（如NS1、NS2和M2）也参与这一转录过程。cRNA的转录既不需要帽子结构也没有引物的参与，因为流感病毒基因组8个片段的末端序列都相同，所以转录酶识别每个片段的机会是均等的，这样每个片段转录cRNA的速率都相同。cRNA合成后，可作为模板，在转录酶复合物的催化下忠实地合成出子

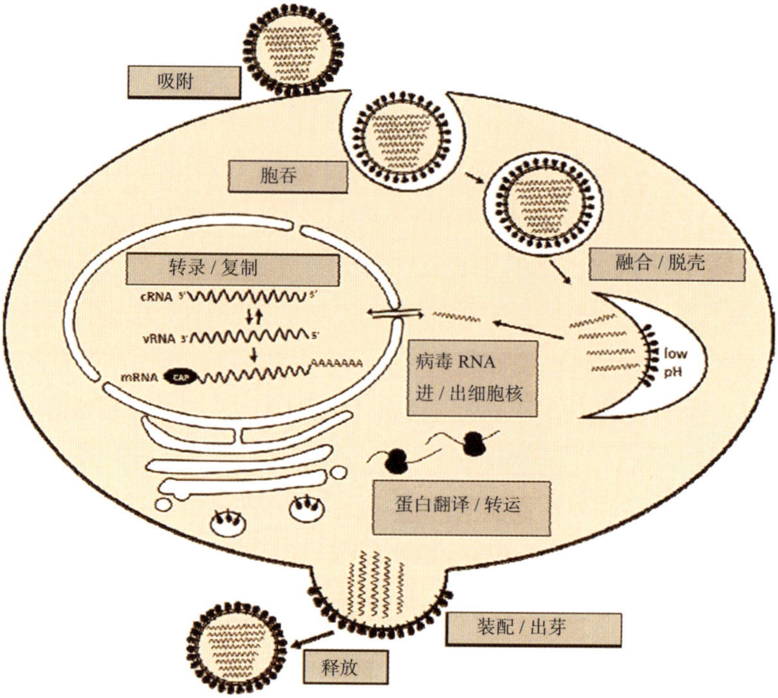

图 3-4　流感病毒的复制机制

（Megan L. Shaw，2011）

代病毒vRNA。一个复制周期约8h。病毒的复制机理见图3-4。

流感病毒基因组的复制及编码产物的表达分早期和晚期两个阶段。在早期阶段，各mRNA转录开始进行，同时cRNA开始合成。但在此阶段表达的蛋白质主要是NS1和NP。到晚期阶段，mRNA的转录及vRNA的合成达到高峰，此时M1和HA等大量合成，这种转变与基因的表达调控有关。由于NP是mRNA、cRNA和vRNA合成所必需的蛋白质，故在早期阶段大量合成；而M1能阻止mRNA的转录，并介导vRNA从胞核向胞质转移，故在晚期才大量合成。NS1在基因表达过程中起非常重要的调节作用，它不仅可以调控mRNA从细胞核向细胞浆的转移，并可抑制mRNA的剪辑过程。

第七节 编码蛋白的功能

一、血凝素

HA是流感病毒囊膜上最丰富的糖蛋白，它除了负责病毒的吸附以及融合，还是产生中和抗体的最重要的抗原。

（一）HA的合成和表达

成熟的HA是一种糖蛋白，含有550个氨基酸，包括N端信号肽，邻近C端的跨膜区和较短的细胞质内多肽（胞质尾）。在细胞内，HA最初合成是76kD，它立即进入内质网（ER），在这里切除信号肽和发生核心糖基化。A/Aichi/2/68的HA含有位于N端的糖基化位点，在这几个糖基化位点的指引下，calnexin/calreticulin分子伴侣辅助HA的折叠，然后运送到Golgi体，在Golgi体内，HA的糖基化进一步完善，并与脂筏（DIGS）联系起来。跨膜区和3个半胱氨酸残基（Cys）上的棕榈酸酯在HA与脂筏的相互作用中发挥重要作用。

（二）HA的结构

流感病毒A/Aichi/2/68是H3亚型，在1968年中国香港大流感中盛行。至今，H3亚型的病毒仍在世界范围内传播，该病毒的HA已被成功解析，为后来的其他HA的精细解析提供了有意义的信息。

成熟的HA是相对分子质量约为220 kD的三聚体。每个单体由HA前体（HA0）切割形成，HA0切割后变成两个亚单位：HA1和HA2。这两个亚单位通过HA1的第14位Cys和HA2第137位Cys之间的二硫键连接。有感染性的病毒表面的HA以这种切割后的形式存在。菠萝蛋白酶裂解的病毒粒子表面的HA的晶体结构在1981被解析出来。HA伸出病毒表面13.5nm，具有两个明显的结构域。

HA晶体呈现柱状结构。HA1和HA2的部分氨基酸构成HA的颈部结构，其中HA2是该结构的核心，每个HA2上的α螺旋彼此接触构成三聚体。这个三聚体在病毒与细胞膜融合时发生构象变化，HA2 N端的疏水结构作为融合肽，是融合的前提。融合肽靠近病毒的囊膜，包埋在HA内部。HA上远离囊膜的部分形成球状，含有受体结合位点以及中和表位。

（三）受体结合位点的特点

HA首先在宿主细胞内质网合成前体蛋白HA0，HA0分子水解为HA1和HA2两条多肽链。这是决定病毒有无感染性的先决条件，也直接决定了病毒的毒力和致病性。HA0的裂解取决于切割位点的氨基酸序列、附近氨基酸糖基化及宿主体内蛋白酶的种类与分布。HA也是病毒与宿主细胞受体结合分子，介导病毒囊膜与细胞膜的融合过程。最新研究发现，2010年一株流行性H1N1流感病毒HA能被宿主体内菠萝蛋白酶裂解，而在2009年的甲型流感H1N1流感病毒HA蛋白中并没有发现该特点。研究发现决定这一变化的主要因素是HA蛋白存在E374K的突变。

早在20世纪40～50年代，科学家就已确定HA能结合细胞膜表面的N–乙酰神经氨酸（唾液酸），同时也发现流感病毒能凝集红细胞，该活性能被抗病毒血清中和，也能被病毒本身或外源加入的NA抑制。解析HA–唾液酸复合物结构使人们更精细地了解HA与唾液酸结合的分子基础。根据HA的结构图，科学家认为位于HA头部的口袋结构负责结合唾液酸受体。构成口袋的氨基酸非常保守，而附近的氨基酸在病毒进化过程中常发生抗原漂变。HA的226位氨基酸由亮氨酸（Leu）突变为谷氨酰胺（Gln）后，HA由结合α–2，6唾液酸转变为倾向结合α–2，3唾液酸。随后，HA–唾液酸复合物结构解析更确认位于HA头部的口袋就是唾液酸结合位点。HA的Tyr98和Trp153是最重要的结合位点，这两个氨基酸与His183和Tyr195形成一个疏水网络。这个疏水网络一方面稳固了HA的结合位点，另一方面，使其中的三个氨基酸直接与唾液酸接触。Tyr98和His183与唾液酸的丙三醇侧链形成氢键，Trp153与丙三醇侧链的C7原子以范德华力接触。从HA的侧面，可以看到134～138位氨基酸残基是结合位点的最前端，Ser136及135和137氨基酸残基与唾液酸形成氢键，口袋左面的224～228氨基酸残基，Glu190和Leu194的侧链也与唾液酸接触。

利用不同的HA突变体表明98、183、195和153位氨基酸残基在凝集红细胞试验中有重要作用。Tyr98、His183、Tyr195和Trp153中任何一个氨基酸突变成Phe都能降低其对唾液酸的结合力。Ser136突变也能导致结合力降低，Leu194突变为Ala后结合力几乎完全丧失。Phe98突变为Tyr后，HA结合唾液酸的能力降至5%，对红细胞的凝集能力也大大降低，然而，用此HA拯救的病毒在MDCK细胞和鸡胚上的增殖能力与野生毒株没有差异。其原因是MDCK细胞和鸡胚含有极其丰富的唾液酸，这些充足受体足以弥补突变HA的低亲和力。HA与受体的结合需要多个位点的协同作用，HA单体与唾液酸的结合力远低于三聚体。

（四）受体结合特异性

根据唾液酸与半乳糖的连接方式不同，病毒与唾液酸的结合力也有不同。一般来说，人源毒株对α-2，6唾液酸的亲和力大，禽源的病毒对α-2，3唾液酸亲和力大。这样的特异性的结构基础尚不明确。但是，HA1的226和228位氨基酸在与唾液酸结合的特异性方面有重要作用。结合α-2，3唾液酸的HA通常是Gln226和Gly228，而结合α-2，6唾液酸的HA通常是Leu226和Ser228。因此，细胞表面唾液酸的连接类型决定了流感病毒种间传播的可能性。人呼吸道上皮细胞膜表面主要含α-2，6连接的唾液酸，鸭的肠道主要是α-2，3连接的唾液酸，猪的呼吸道同时具有这两种类型。因此，猪被认为是人源和禽源流感病毒的混合器。

二、神经氨酸酶

NA作为流感病毒表面的另一种重要抗原，在病毒感染宿主细胞时，主要起着识别细胞表面的流感病毒受体，促进病毒进入靶细胞内的作用。此外，NA可为将要出芽的病毒粒子清理通道，有助于病毒粒子的成熟与释放。一旦病毒进入体内，其表面的血凝素结合于呼吸道上皮细胞的唾液酸，结合过程诱导病毒进入宿主细胞，开始复制。病毒RNA和蛋白通过在宿主细胞中复制，合成新颗粒，新病毒颗粒移向细胞表面，仍通过血凝素–唾液酸键进行结合。神经氨酸酶的主要作用是催化裂解存在于唾液酸末端、N–乙酰基神经氨酸及相邻糖基间的酮苷连接桥，从而促进病毒在呼吸道的传播，因为该键的断裂使病毒从感染的细胞中释出，并阻止病毒从宿主细胞释出后聚集；神经氨酸酶还可通过裂解呼吸道黏膜中的唾液酸，灭活呼吸道黏液的黏液素（能抑制血凝素活性），使呼吸道黏液的活性减除，阻止病毒灭活，有助于病毒颗粒移向靶细胞，防止游离的病毒颗粒凝集在一起，促进病毒渗入呼吸道上皮细胞及其在呼吸系统的扩散。神经氨酸酶对流感病毒致病性也有作用，它能改变另一种表面糖蛋白血凝素的糖基部分，从而增强一些毒株的毒力；流感病毒NA也能直接活化潜在的转化生长因子β，这种活化细胞因子水平的增高能引起细胞凋亡。纯化的神经氨酸酶能刺激致炎细胞因子的产生，这些细胞因子能增强流感期间症状和气道炎症发展。另外，有研究表明NA蛋白还与唾液酸识别以及流感病毒对宿主范围变异相关；有不少研究者提出流感病毒的HA和NA之间的平衡问题，这对决定病毒嗜神经性，病毒复制和在细胞生长能力方面也起着重要作用。郭元吉指出猪型毒株对猪具有致病性和毒力增强是由于其HA和NA蛋白分子上氨基酸序列发生替换所致。NA的主要功能是允许病毒通过呼吸道黏液结合上皮IE细胞，清理通道以利于病毒粒子的出芽释放，避免病毒粒子的自我凝集，感染早期帮助病毒移动到受体正确的结合位点，破坏黏膜IgA的生成以及介导巨噬细胞对感染流感病毒受体的吞噬。最新研究发现，NA蛋白在2009年甲型流感病毒H1N1感染猪体后的病毒复制和传播能力上具有重要的作用。在与宿主蛋白相互作用上发现Cdc42与ARHGAP21对流感病毒NA的包装及转运存在双重调节，沉默Cdc42后NA包装出胞膜的病毒粒子数量大大降低，并且病毒复制能力明显下减，但沉默ARHGAP21后病毒复制却提高了，表明Cdc42和ARHGAP21通过调节NA的运输从而影响病毒复制。

三、RNA聚合酶及各亚基

只有当PA、PB1、PB2三种蛋白共表达时，cRNA或vRNA才能有效合成。PB1是RNA聚合酶的催化中心。体外试验表明，PB1能够特异结合vRNA和cRNA的5′和3′端的发夹结构，vRNA 5′端似乎是PB1的主要结合位点；而PB1对cRNA 5′和3′端的发夹结构有相同的结合力。PB1具有两个vRNA结合位点，分别位于N端区域和C端493位氨基酸下游；PB1与cRNA结合位点位于N端的前139个氨基酸残基和267～493位区域。当PB1处于与vRNA结合状态时，合成cRNA或mRNA；与cRNA结合时，合成vRNA。

PA是一种磷蛋白，Ser和Thr是其磷酸化位点。PA具有蛋白水解酶活性，能降低自身和与其共表达的异源蛋白质的累积。PA的N端前247位氨基酸构成了该活性的功能区。该活性和聚合酶功能似乎有某种联系：PA157位Thr→Glu的突变使蛋白水解功能丧失，同时失去了由vRNA合成cRNA的能力，但转录vRNA功能不受影响。PA162位Thr→Ala的突变降低蛋白水解能力，其RNA聚合酶的聚合活性也表现出中等水平。Maite等证实，降低PA蛋白水解能力可影响病毒复制，但不影响转录。A/WSN/33病毒PA的C末端区域的510位由His突变为Ala，转录受到抑制，但不影响基因组复制，其原因可能是由于聚合酶内切酶活性缺陷所致。提取的RNA聚合酶经甘油密度梯度能形成三条带：H，M和L。H和M均具有活性，但M不含vRNA；L由无活性的RNA聚合酶组成。温度敏感株A/WSN/33在非允许条件下，RNA聚合酶积累在L。该温度敏感表型是由

PA的226位Leu突变为Pro所致，暗示PA很可能参与RNA聚合酶从无活性的中间体向有活性的过程转变。另外，PA还有可能参与RNA聚合酶与RNA的相互作用。在A/WSN/33株中，PA638 Arg→Ala的突变使得RNA聚合酶–RNA不稳定，极大减弱了病毒在细胞中的增殖，PA453 Cys→Arg突变能弥补该缺陷。此外，Hara等表明PA还具有胰糜蛋白样丝氨酸蛋白酶活性，624位的丝氨酸是该活性的关键位点。PB2在转录mRNA时，剪切的宿主mRNA帽子结构，为病毒基因组转录提供引物。将病毒*NS*基因和*CAT*基因融合所形成的报告基因（NS–CATvRNA）转染到表达PB1、PA和NP的细胞系，能检测到polyA–CAT RNA，但却检测不到CAT活性。将此polyA–CAT RNA提取后加入到含有酵母纯化的mRNA加帽酶的体外翻译体系中，便能翻译出蛋白质。这表明，PB1、PA和NP能完成复制，也能翻译polyA–RNA，但需要PB2的加帽功能。位于PB2上363和404位的Phe残基是PB2识别帽子结构的关键位点，这两个芳香族氨基酸在A、B和C型流感病毒中高度保守。但起到帽子结构的剪切功能还必需PB1的内切核酸酶活性。

四、核蛋白

流感病毒宿主广泛，从禽类到哺乳动物，有交叉感染现象存在，这直接关系到公共卫生及人类的安全。Scholtissek等分别利用不同种动物来源的A型流感病毒H3N2毒株与*NP*基因突变的AIV温度敏感株共感染鸡胚成纤维细胞。结果，在与所有不同种动物来源的H3N2毒株共感染的AIV H3N2突变株中，只有与猪流感病毒共感染的2株AIV H3N2突变株发生了恢复突变，而与所有人流感病毒H3N2毒株共感染的均没有修复。核酸杂交试验证明，这2株猪流感病毒*NP*基因结构与AIV *NP*基因结构极为相似。这一观察结果与流感流行规律相吻合，即人流感病毒不能直接跨越种属界限感染，而有可能通过在猪体内的重组实现这种交叉感染，而这种宿主特异性是由流感病毒NP结构决定的。

Scholtissek通过系统发生分析*NP*基因结构表明，所有的哺乳动物流感病毒都直接或间接源于AIV，NP结构变化在其宿主的变化中起了决定性作用。

五、基质蛋白

M2由97个氨基酸残基组成（约15kD），N端的前9个氨基酸与M1相同。M2插入病毒囊膜形成四聚体离子通道，在病毒脱壳期间将质子转入病毒粒子。M2蛋白的离子通道活性与膜内pH有关，pH低时M2被激活，M2蛋白功能的改变或丧失会直接影响病毒的复制。Sugrue等研究发现流感病毒M2依靠二硫键维持一个四聚体形式，从而形成一个质子通道，控制高尔基体内的pH。Grambas等通过免疫荧光检验发现，对M2功能具有颉颃作用的金刚烷胺可以引起HA的构象变化并进而延缓HA的糖基化；进一步应用荧光探针还证明，M2可使细胞内的pH降低0.3～0.4，从而证明M2具有调节pH的作用并促进HA糖基化成熟。Wang等研究证明M2蛋白形成跨膜离子通道部位的氨基酸序列在人、马、猪、禽流感病毒中高度保守。Sansom等利用分子模型研究发现金刚烷胺可阻塞M2蛋白形成的阳离子选择性通道，影响HA的正常转运。Bennett等通过研究突变的M2蛋白对HA蛋白稳定性的影响，证明M2可调节高尔基体跨膜转移通道的pH梯度，其调节变化幅度达0.6。Takeuchi等和Ohuchi等将禽流感病毒HA和M2共同导入SV40载体，分别在CV21细胞和Hela细胞中共表达，研究HA在胞外转移过程中的稳定性，二者均证明M2形成的离子通道影响着HA天然构象的形成。Castrucci等建立了以金刚烷胺抗性为选择标准的A型流感病毒*M*基因反向遗传操作系统，将天然具有金刚烷胺抗性毒株A/PR/8/34（H1N1）的核糖核蛋白复合体与金刚烷胺敏感的毒株A/equine/Miami/1/63（H3N8）共转染，在金刚烷胺存在的条件下培养，产生了含有A/PR/8/34（H1N1）*M*基因的转染子。该研究系统的目的是产生*M2*基因有缺陷的病毒。结果显示，M2缺乏羧基端Glu

的病毒能繁殖，而缺乏5或10个羧基端氨基酸残基的病毒不能繁殖。表明M2羧基端在病毒复制中起重要作用。这种以*M*基因为基础的反向遗传操作系统将有利于寻找能同时兼顾病毒致弱和病毒繁殖的*M2*基因突变体，有助于A型流感病毒弱毒疫苗株的研制。A型流感病毒*M2*基因结构的保守性及其生物学特性使得人们以极大的兴趣研究M2的免疫学功能，以期找到A型流感病毒中具有交叉免疫保护性的结构蛋白。研究涉及体液免疫和细胞免疫两方面，并已初步证明M2有交叉免疫保护功能。

六、非结构蛋白

NS1和NS2大量存在于感染的细胞内，NS1主要在核内，NS2主要在胞质内，在病毒粒子中不存在这两种蛋白质。NS1存在于宿主细胞的细胞核中。有两个功能区域，一个是位于氨基末端的RNA结合区，另一个是位于NS1分子中部的受动器区。A型流感病毒的NS1蛋白可与病毒RNA结合，在RNA开始转录后发挥独特的调节功能。NS1功能可能是抵抗宿主细胞产生的干扰素（IFN）的活性。在缺乏干扰素反应的细胞（如Vero细胞）内，NS1蛋白的有无对其复制并不重要。试验表明，*NS1*基因的缺失突变体，不能引起IFN反应，而野生型则相反，暗示了NS1是一个辅助因子，它对宿主体内IFN介导的反应起着重要作用。IFN诱导的dsRNA依赖的蛋白激酶（PKR）在病毒生长过程中被激活，引起宿主和病毒mRNA的转录抑制效应，从而有利于IFN介导的抗病毒反应。试验表明，野生型流感病毒NS1蛋白能与dsRNA结合阻断PKR的活性，而特异的NS1温度敏感突变株不能阻断PKR在感染细胞中的活性，这可能是由于NS1蛋白既能与dsRNA结合又能与PKR结合，导致PKR不能被激活，抑制了PKR介导的IFN反应。

NS1在翻译后产生磷酸化，能与胞质中的多聚核糖结合在一起，分布在胞核中，在病毒的复制过程中起调节作用。在NS1蛋白中具有2

个核定位信号区，位置在34～38和203～237位氨基酸残基之间，可调控mRNA从胞核到胞质的转移。在病毒的繁殖周期中，NS2主要在晚期大量合成，研究显示NS2含有一个核定位信号区，在病毒组装过程中对RNP在胞核和胞质之间的运输起一定作用。目前有人提议称它为核运输蛋白（Nuclear export protein，NEP）更确切。NS2蛋白的C末端有相对刚性的构型，而N末端则具有相对柔性和易暴露的构型，从而在核衣壳蛋白（RNP）自细胞核进入细胞质的过程中易于被识别。当NS1结合上宿主的两个polyA化因子CPSF因子（Cleavage and polyadenylation specificity factor，CPSF）和PABⅡ（PolyA–binding proteinⅡ，PABⅡ）后，NS1也能直接和间接地与mRNA的polyA结合，这些有利于充分提供转录所需要的帽子结构，同时还能够抑制宿主基因的表达。

七、PB1-F2和N40

PB1–F2是大多数禽流感和人类流感病毒的*PB1*基因编码的第二种蛋白，也是在流感病毒中新发现的一种蛋白。猪流感病毒PB1–F2的长度取决于它的起源。经典的猪流感病毒具有8～11个氨基酸截短的PB1–F2蛋白，而欧亚禽型猪流感病毒具有完整长度的PB1–F2蛋白（87～89个氨基酸）。PB1–F2可能是通过与线粒体蛋白质相互作用诱导细胞凋亡，增强了小鼠的炎症反应，并增加了继发性细菌感染的频率和严重程度。它也可以通过与PB1蛋白相互作用，从而影响病毒的复制能力。

N40蛋白是2009年在流感病毒中新发现的小分子蛋白，它是由流感病毒基因组片段2（*PB1*）第40位密码子开始翻译形成的截短PB1蛋白，因此命名N40。目前发现其主要功能是与PB2及复制酶复合物相互作用，但缺乏转录活性。其在病毒复制过程中是非必需的，病毒复制需要其特异性的表达。

第八节 猪流感病毒的流行亚型及遗传演化

世界范围内猪群中流行的猪流感主要有H3N2、H1N1和H1N2三种亚型，包括经典的H1N1、类禽的H1N1、类人或类禽的H3N2、重组的H3N2和各种H1N2亚型。此外，H1N7、H2N3、H3N1、H3N3、H3N6、H4N6、H9N2和H5N1等亚型病毒也在猪体内分离到，但没有证据显示这些病毒在猪体内建立稳定的谱系。2009年年初暴发于墨西哥和美国的甲型H1N1流感是流感病毒变异的新型病毒株，遗传进化和抗原特性分析表明，该病毒和猪流感病毒密切相关。

猪流感病毒主要以抗原漂移和抗原转变两种机制得以进化，抗原漂移是指抗原基因发生点突变而引起小幅度变异，包括碱基替换、缺失和插入。由于猪流感病毒的8个基因片段是分节段的，加上RNA聚合酶缺少校正功能，流感病毒复制时每一个复制循环都有可能产生变异株，尤其是某些变异株在选择压力下成为优势毒株，导致新的流行株的出现；抗原转变是由于变异幅度较大，导致新的亚型出现。因此，在同一地区，同时流行两种或以上的流感病毒时，发生抗原转变的机会较大。这两种机制对猪流感病毒的分子进化及遗传多样性起着关键性的作用。

猪流感的影响不仅在于其显而易见的兽医传染病学意义，更在于其深远的公共卫生意义。

一、H1N1亚型猪流感的遗传演化

在北美洲由于基因漂变和重组形成了α、β、γ和δ四个进化聚类。古典的H1N1与三源重组的H3N2猪流感病毒重组，新病毒获得H3N2流感病毒的*NA*基因或*NA*、*PB2*、*PB1*和*PA*基因，其他片段来自古典的H1N1猪流感，形成新的H1聚类为swH1β的病毒。古典的H1N1与类禽的H1N1以及类人的H1N1发生三源重组形成新的H1聚类为swH1γ的病毒，该病毒包含古典猪流感病毒的*HA*和*NA*或古典猪流感病毒的*NA*和类人H1流感病毒的*HA*片段，其他片段来自欧亚类禽的H1N1猪流感病毒。类人的H1亚型猪流感病毒可以与三源重组的H3N2发生重组，获得三源重组的H3N2流感病毒的*NA*基因而形成新的聚类为swH1δ1的病毒，类人的H1亚型猪流感病毒也可以直接感染猪形成聚类为swH1δ2的病毒。在中国，H1亚型猪流感的进化方向从swH1α到swH1β到swH1γ再到p2009H1N1（图3–5）。

根据GenBank收录的从1998—2011年间164株H1亚型猪流感病毒*HA*基因全长核苷酸序列，运用MEGA构建无根遗传进化树。不同的颜色代表不同的分支谱系：swH1α、swH1β、swH1γ、p2009H1N1与Avian–Like。

（一）经典H1N1猪流感的遗传演化

1930年Shope等第一次分离到猪流感病毒，称为经典的H1N1猪流感（cH1N1，swH1α）。基因进化分析表明该毒株与1918年西班牙大流行病毒可能源于共同的祖先，一直到1998年，经典的猪流感成为美国猪群中唯一持续的流行毒株，也成为世界上流行的主要血清型。而在中国，郭元吉等在1991年首次分离到古典型H1N1猪流感病毒。之后多年，古典的猪流感持续在猪群中流行。

（二）类禽H1N1的遗传演化

1979年比利时等国家和地区分离到了H1N1猪流感病毒（欧洲类禽H1N1流感病毒，European avian–like，EA），基因测序分析发现该段时间流行的H1N1猪流感病毒的8个片段全部来自禽源的H1N1流感病毒，证实了禽流感向猪的直接跨种传播，此后迅速取代了经典的猪流感病毒成为优势血清型毒株在欧洲猪群中一直流行至今。1993年，中国第一次从香港的猪群中分离到类禽的H1N1猪流感。从2005年开始，欧洲类禽H1N1流感病毒的流行逐渐在中国内地猪群中占主导地位。

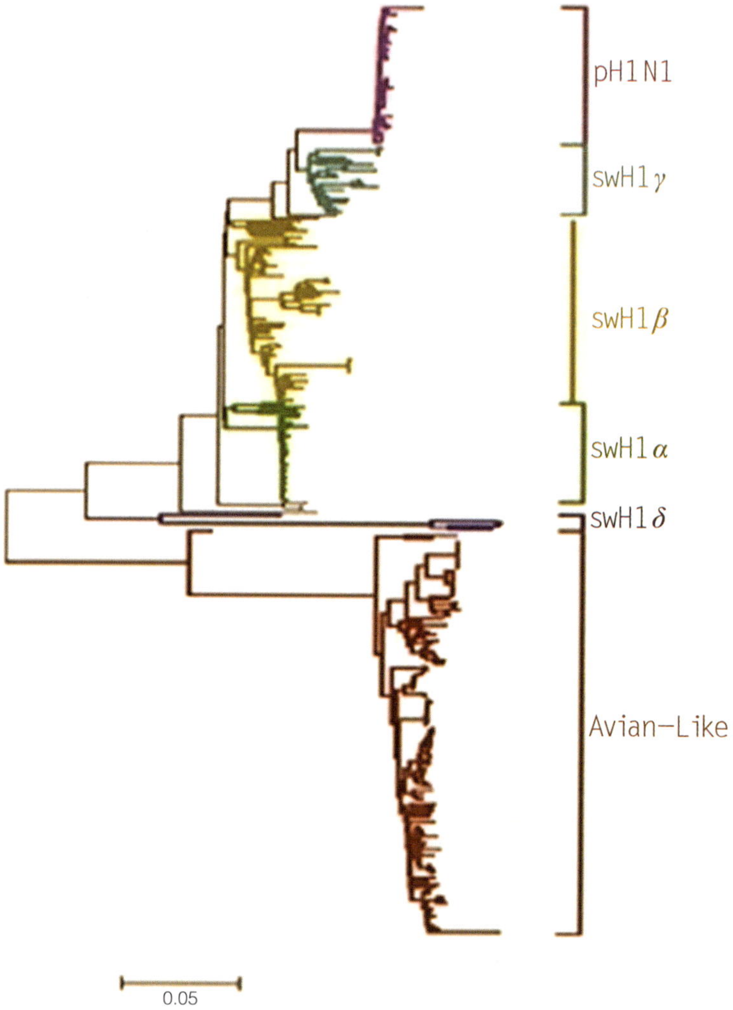

图 3-5　1998—2011 年间中国猪流感病毒遗传进化树
（王楠）

（三）三源重组的H1N1的遗传演化

2001年出现了一种重组H1N1（rH1N1），这种病毒的*HA*和*NA*基因来自cHlN1病毒，六个内部基因来自全禽源的三源重组H3N2病毒。这种重组的毒株逐渐进化为swH1γ聚类。研究显示，与swH1α聚类毒株相比，swH1γ毒株会导致更严重的肺炎症状、鼻腔排毒的程度更强、肺部滴度更高，说明这种病毒已经完全适应了猪体宿主环境，传播能力更强，同时引发的疾病也更严重，因此swH1γ很快在猪群当中流行并占据主要地位。

（四）人源H1N1的遗传演化

1992年，日本学者首次分离到一株人源H1N1猪流感病毒A/sw/Obihiro/5/92，该毒株基因组的8个片段与当时流行的人流感病毒同源性很高。2003年10月，加拿大分离到全人源的H1N2流感病毒，它的8个基因片段和2001—2002年间流行的人流感病毒亲缘关系最近，这株病毒逐渐进化为swH1δ2聚类。2005年6月，美国猪群中又分离到一株类人H1N1（swH1δ1）流感病毒，与经典的猪流感病毒只有75%相似度，与2004年流行的人流感病毒的相似度却高于98%，进一步证明了人流感对猪的跨种传播。2006年，于海等人首次报道了中国内地类人的H1N1猪流感病毒，华中农业大学也公布了2株人源H1N1亚型SIV A/swine/Henan/01/06（H1N1）和A/swine/Tianjin/01/04（H1N1）。遗传进化分析显示，swH1δ分支的8个基因片段均来自人源流感病毒，A/swine/Guangdong/96/06可能起源于2000年左右的人流感病毒，A/swine/Tianjin/01/04和A/swine/Henan/01/06与A/Memphis/12/86紧密相关，可能起源于1986年左右的人流感病毒。

二、两源重组的H1N2亚型猪流感的遗传演化

1995年，Brown等在英国猪群中分离到一株新的重组H1N2流感病毒。这种病毒的*HA*和*NA*基因分别来自H1N1和H3N2亚型人流感病毒，而剩余的6个内部基因来自1979年开始在欧洲猪群中流行的类禽的H1N1流感病毒。1999年，印第安纳州分离到新型的H1N2亚型SIV（swH1β），它的基

因包括四个猪流感的基因、两个人流感的基因和两个禽流感的基因。之后几年，这种H1N2病毒与cHlN1和三重重组H3N2病毒共同流传。这种新型的H1N2病毒后来进化成为一个单独的聚类swH1β，随后多个国家报道了这种swH1β聚类的病毒，如日本、法国、泰国等。

欧洲许多国家都分离到该病毒。2000年，在德国的发病猪体分离到H1N2猪流感病毒，而且该毒株和1994年英国的分离株不同，它的*NA*基因不是原来的H1N2猪流感病毒的*NA*基因，而是被欧系的H3N2猪流感病毒的*NA*基因替代。2008年，一株新的H1N2猪流感病毒在瑞典的一个猪场被分离，这株病毒的*NA*基因既不是来自于近期流行的H1N2猪流感病毒，也不是来自近期的H3N2猪流感病毒，而是与20世纪80年代的H3N2亚型猪流感病毒的*NA*基因同源性最高，其*HA*基因则来源于禽流感病毒。美国分离到的H1N2流感病毒与欧系的H1N2猪流感病毒不同，1999年在美国的猪群中出现了一种新的流感病毒，这种病毒是流行于北美猪群中的古典H1N1猪流感病毒与1998年新发现的人-禽-猪三源重组的H3N2病毒发生基因重组的产物，H1N2亚型猪流感病毒。其基因组成包括：*HA*、*M*、*NP*和*NS*基因来自古典H1N1病毒，*NA*、*PB1*基因来自于人H3N2病毒，*PB2*和*PA*基因来自禽流感病毒。H1N2亚型猪流感病毒在日本自从1980年分离到，随后，经常从日本猪群分离到。

中国学者在2004—2006年的猪流感病毒的病原学调查中，分离到H1N2猪流感病毒。陈义祥等从广西猪场分离的H1N2猪流感病毒，*HA*、*NP*、*M*和*NS*基因来源于古典H1N1亚型猪流感病毒；*NA*和*PB1*基因来源于人的H3N2亚型流感病毒；*PA*和*PB2*基因来自于禽流感病毒。Xu等从我国广东、天津等地分离到多株H1N2猪流感病毒，并发现这些H1N2猪流感病毒属于两种不同的基因型。

三、H3N2亚型猪流感的遗传演化

在美国，1998—2007年间H3N2亚型分化成4个分支，分支1与1995

年人分离的H3N2毒株很相近；分支2的*HA*基因与A/Sydney/5/97谱系毒株最相近，属于类人的H3N2亚型；分支3的*HA*跟1996年美国流行的毒株A/Wuhan/359/95谱系病毒很相似；分支4被一些研究者认为是分支3的突变体。Minnesota大学的研究显示分支1、2从2006年以后就没有再分离到，分支3也很少分离到，分支4逐渐取代了前3个分支。在中国，H3N2亚型猪流感在进化过程中形成了5个分支，包括类禽分支、最早的类人分支、早期的类人分支、欧洲猪流感分支和现代的类人分支。猪源的最早的类人毒株起源于人流感A/Hong Kong/1/68。早期的人流感分化出的猪源分支与A/Victoria/3/75谱系病毒最接近。欧洲猪流感分支的*HA*基因来源于A/Port Chalmers/1/73，现代的H3N2分支又包括很多小的分支（Sydney/97-like viruses、New York/99-like viruses与Moscow/99-like viruses），分子分析显示现代的人的分支存在4个唯一的受体结合位点（T135、H155、D190与I226或V226）。2009年，中国研究者从鸭子的体内分离到一株新的重组的H3N2毒株，它的*PB2*基因来自于禽源的H5N1，其余片段均来自于猪的H3N2流感病毒。这种亚型的毒株可能会在猪群中传播。

目前H1N1和H3N2亚型是我国猪群中流行的主要亚型流感病毒，虽然很多其他亚型猪流感病毒在猪体内分离到，但也只是零星报道。中国猪流感病毒重组情况复杂，要进行深入的遗传演化的研究就要对猪群中的流感病毒流行情况进行长时间的监控，只有通过长时间的检测，才能掌握猪流感病毒流行的动态，做好猪流感的防控工作。

四、甲型H1N1（p2009H1N1）猪流感病毒遗传演化

2009年3月，席卷全球的甲型H1N1流感病毒首先从墨西哥开始出现，此后在美国加利福利亚州南部，科学家从两个儿童体内分离到第一株2009/H1N1流感病毒，该病毒很快在人群中传播开来，并发展成21世纪的第一次流感大流行。后续的研究表明此次流行毒株为新型甲型H1N1流感病毒，是一种人、猪、禽三源重组流感病毒，起源于猪流感病毒并且

在猪体内发生三源重组继而可感染人类。2009/H1N1病毒基因片段中的6条（*PB2*、*PB1*、*PA*、*NP*、*NS*和*HA*基因）与北美三源重组猪流感病毒高度同源，而*NA*和*M*基因与欧亚猪流感病毒相似。HA抗原性与1918年大流行流感病毒和1976年H1N1流感病毒相似，1918大流感的*HA*片段被认为是主要的毒力决定因素并可导致重症肺炎。而*NA*和*M*基因，于1979年引入欧亚猪群，并一直存在于欧亚猪群中。*PB2*和*PA*基因起源于北美禽流感病毒，于1998年引入北美猪群。*PB1*基因起源于人H3N2季节性流感病毒，1968年由禽类引入人群，再与1998年北美猪流感病毒发生三源重组时由人引入到猪群。*NP*、*NS*和*HA*基因来源于古典的猪流感病毒，在1918年引入猪群，并一直存在于古典猪流感病毒和三源重组猪流感病毒中。

HA与不同受体的结合能力的差异影响着流感病毒的进化。流感病毒HA与受体特异性结合相关的保守氨基酸位点包括98、136、153、183、190、194、222、225、226、227、228位的氨基酸残基。2009/H1N1的HA 190和225位的“人流感病毒”型氨基酸（HA E190D和G225D），支持病毒在人与人之间进行有效传播。HA D222G增强了HA与受体的结合能力。之前报道的PB2 E627K和D701N能使病毒在哺乳动物上呼吸道细胞中更好地增殖。然而，2009/H1N1并没有这两个氨基酸突变，而是PB2 Q591R起到了弥补作用，使病毒在人体内进行有效增殖。此外，还有其他片段上的一些突变增加了2009/H1N1病毒在人体中的适应能力及毒力。对2009/H1N1流行早期的毒株基因组序列分析发现，2009年6～11月分离的毒株中，多于75%的毒株具备以下突变位点：NP（V100I）、NS1（I123V）、NA（V91I和N233D）、HA（S206T）。

虽然，现在人群中2009/H1N1已经远去，但这并不意味着2009/H1N1毒株已经不再对人类造成威胁。2009年6～7月，阿根廷的猪场暴发了这种新型流感。序列比对发现这株流感病毒和报道的2009/H1N1有很高的同源性，并且这株病毒没有和任何流感病毒毒株发生重组。此后，很多国家报道了猪感染2009/H1N1病毒，如中国、泰国、韩国、美国以及欧洲国家等，呈现广泛流行性。2011年，有人在中国广西的猪群中分离到

2009/H1N1流感病毒。2010年，从华中地区30个猪场分离到不同亚型猪流感病毒，其中包括4株A/2009/H1N1流感病毒。尤其需要注意的是，有些毒株已经是A/2009/H1N1与猪群里传统毒株的重组产物，可能在猪体适应、进化并演变成新的流行性毒株。

五、其他亚型的猪流感病毒

2000年，加拿大学者Karasin等从猪体分离到H4N6猪流感病毒，序列分析发现其基因组8个片段全部来自北美禽流感病毒，而且在*HA*基因上两个关键的受体结合位点226和228位发生了氨基酸的改变Q226L和G228S，这两个位点是决定流感病毒能与唾液酸α–2，3半乳糖苷还是唾液酸α–2，6半乳糖苷结合的位点，所以这两个位点发生氨基酸很可能是适应性的改变。

2004年，Karasin等从加拿大猪群中分离到禽源H3N3猪流感病毒，这些流感病毒在*HA*基因上的受体结合位点也发生了改变，在228位，禽流感病毒是甘氨酸，人流感病毒是丝氨酸，而分离的H3N3流感病毒在该位点是谷氨酰胺；在其他的受体结合位点，也发生了具有人流感病毒结合特点的改变。

2006年，美国学者在猪群中分离到H3N1猪流感病毒，这株猪流感病毒*HA*基因来自当前流行的H3N2猪流感病毒的*HA*基因，*NA*基因来自当前流行的H1N1猪流感病毒，其余基因也来自猪流感病毒，随后2006年，韩国也分离到相似的H3N1猪流感病毒。

2007年，美国学者Ma等从发病猪群分离到H2N3猪流感病毒，对*HA*基因的氨基酸序列分析发现，有6个位点发生改变（D36N、Q226L、T274I、V316I、L419I及L506V），其中226位是受体结合位点。

21世纪初，中国多个研究单位从猪体分离到禽源H9N2流感病毒，甚至还分离到H5N1禽流感病毒。2004—2006年的猪流感病毒调查中，中国学者从中国中部地区分离到马源H3N8猪流感病毒，这两株猪流感病毒与欧洲20世纪90年代初分离的H3N8马流感病毒同源性最高，且HA的受体结合位点和切割位点都发生了氨基酸的改变，这些氨基酸位点的改变和H3N8犬流感病毒的HA上的改变一样，推测这些位点的改变可能是H3N8马流感病毒传播到猪并在猪体产生的适应性改变。

猪的种间屏障相对较低，能同时被人流感病毒和禽流感病毒感染。由基因重组产生的新毒株引起的猪流感在世界各地屡见不鲜。因此，猪流感不仅阻碍养猪业及相关产业的发展，而且与人流感及禽流感的流行有着相当密切的关系。我国南方省份是流感多发地区，为深入了解我国猪流感病毒的分子进化机制，及时发现可能出现的新病毒，应加强猪流感病毒的基因组测序，及时掌握病毒的变化，同时建立猪流感病毒监测网络。在此基础上，加强猪流感疫苗及诊断试剂等防控技术的研究，从基础到应用研究为猪流感的防控提供有效的支撑。

第九节 实验动物感染模型

近年来，流感动物模型的研究取得了较大的进展，动物的选择也从仅见的Balb/c小鼠扩大到其他种类的动物，但迄今小鼠仍然是流感病毒研究最常用的实验动物模型。鼠的遗传学背景清楚，繁殖能力强、价廉、试验周期短、易于饲养和操作，利用鼠模型能够进行流感病毒感染、免疫学以及抗流感病毒药物等方面的研究。而猪作为流感病毒“混合器”，很多人源甲型流感病毒株均可使猪人工感染，并且猪与人类有很多相近的生理生化指标，因而猪也是重要的流感研究动物模型。然而，流感病毒在禽类之间传播途径明确，但在哺乳动物之间、人与人之间的传播特点仍不清楚。猪流感病毒经过长期进化后能否与人流感病毒重组产生人与人传播的株型，这些问题要求不仅要对已建立的流感病毒动物模型做深入研究，还要考虑通过多种途径造模。只有以良好的动物模型作为研究基础，才能更好地了解流感病毒的分子生物学特性及流行病学特点，为人类防治猪流感提供更可靠而有力的依据。

一、流感病毒感染的动物模型

猪流感的动物感染模型与技术方法与其他流感动物感染模型相似，主要包括小鼠模型、大鼠模型、雪貂模型、豚鼠模型、猪模型等。

（一）小鼠

1. Balb/c小鼠　文献报道中大多用Balb/c小鼠作为感染流感病毒的哺乳动物模型，其优点有遗传背景明确，个体差异小，试验结果精确可靠，基因改造技术成熟，体内微生物可加控制，模型性显著且稳定，年龄、性别、体重等可任意选择，而且价廉易得、便于饲养管理，有研究表明小鼠模型的生理生化和发育与人接近。目前用于流感病毒动物模型研究的小鼠主要是Balb/c小鼠。因为Balb/c小鼠对流感病毒很敏感，应用方便、广泛。不同的流感病毒分离株对Balb/c小鼠的致病性分两种：高致病性和低致病性。高致病性流感病毒感染的小鼠表现为高死亡率，除肺外全身多器官均有病毒的复制与外排；低致病性流感病毒的死亡率则比较低，病毒只能在上、下呼吸道复制，对肺外器官的损害较轻。

2. 其他小鼠　另外，也有用其他品系小鼠进行流感感染试验，如ICR小鼠、NIH小鼠、Swiss小鼠、昆明种小鼠以及C57BL/6小鼠等。

（二）大鼠

流感病毒感染大鼠后可破坏其呼吸道上皮细胞并引起肺炎。流感病毒感染大鼠后引起的肺损伤与人类相似，可致严重甚至致死性肺炎。在大鼠感染经鼠适应的流感病毒动物模型中，发现严重感染导致的病理改变主要在呼吸道上皮细胞、固有层和鼻部淋巴组织。此外，流感病毒感染大鼠也有不经过鼠适应的报道。如Rubin等用没有经过适应的流感病毒感染新生大鼠建立流感病毒的中枢神经系统感染模型。

（三）雪貂

1993年，Smith等从雪貂体内分离出甲型流感病毒。因为它们极易通过鼻内滴注临床材料或实验室病毒而感染，是较为理想的动物模型。白色皮毛的雪貂比杂色皮毛的雪貂更为敏感。雪貂对甲、乙型流感病毒均易感，病毒不经适应即能对雪貂致病，并易传染给其他貂和人。其临床表现与人相似，发热并伴上呼吸道感染，愈后血清中可产生高滴度抗体。因此，雪貂是用作流感病毒传播试验的最佳选择。以雪貂为流感动物模型的优势为：雪貂感染流感病毒后的症状、发病机制和免疫反应与人很相似；雪貂比鼠大，其临床症状易于观察；在小型动物模型中，雪貂是唯一感染甲型流感病毒后自然出现发热反应的动物模型；此外流感病毒不经适应即可对雪貂致病。雪貂作为动物模型同时存在着不足：缺乏无特定病原体的动物个体，需要在试验前测试其是否已感染了要接种的流感病毒；而且不是所有毒株均可在雪貂中传播。此外，雪貂是肉食动物，价格较昂贵，试验成本高，繁殖能力低，饲养困难，来源少。

（四）豚鼠

与雪貂相比，豚鼠就有很多优势。汤洋等用A/Wisconsin/67/2005（H3N2）、A/Hiroshima/52/2005（H1N1）和B/Malaysia/2506/2004 3个型别的流感病毒滴鼻感染豚鼠，观察感染动物的临床症状，并于感染后第1、3、5、7、9、11和13d，取鼻腔洗液和肺组织，采用细胞培养法检测病毒效价。结果是3个型别的流感病毒均能感染豚鼠，感染后3d，鼻腔和肺组织中病毒效价达峰值，随后逐步下降，直至被清除。结论是豚鼠对H3N2、H1N1和乙型流感病毒较为易感。另外，张莹等以一株H1N1亚型人流感流行株A/Baicheng/01/2005（BC/01）作为对照毒株，用6株H5N1

亚型禽流感病毒（AIV）的复制和水平传播能力经滴鼻接种后，检测到6株病毒中有5株病毒在豚鼠上呼吸道和下呼吸道复制，在感染后第2～10天可排出病毒，另外一株病毒A/duck/GX/22/02则仅能在豚鼠的下呼吸道低水平复制。因此，豚鼠也可作为一种哺乳动物流感病毒感染和传播的评价模型。

（五）猪

猪是人源、禽源和猪源流感病毒的唯一共同易感宿主，它能将H1N1等流感病毒传播给人或鸟类。很多人源甲型流感病毒株，均可使猪人工感染。而通常采用小猪做试验，因为小猪比成年猪对流感病毒更敏感且临床症状更明显。猪与人类有很多相近的生理生化指标，因而猪也是研究流感的重要动物模型。

猪感染猪流感后，表现为突然发作、呼吸困难、发热、咳嗽、虚脱，之后迅速痊愈。作为猪流感的自然宿主，猪理应是一个评价的动物模型。且猪模型的操作简单易行，对健康的小猪进行攻毒，然后将感染过后的猪和病死猪进行采样分析。感染过后通过采集鼻腔拭子、支气管肺泡灌洗液、气管和肺，并对主要包括病理变化、排毒情况和病毒载量等指标进行检测。

（六）其他动物

除上述较常见的流感病毒感染动物模型外，还有其他流感病毒感染动物模型，如鸡模型、犬模型、猫模型、兔模型、猴模型等，更多模型还有待进一步试验研究。

二、接种途径

流感病毒感染动物模型构建过程中，重要的环节是接种流感病毒，接毒量因动物、毒株及接种途径不同而不同，试验前应当探索合适的接毒量。目前主要接种途径有以下几种：

1. 鼻腔接种　是最常用的接种途径，操作简单，适于所有流感病毒感染的动物模型；另外，猪模型亦可通过口腔或者气管接种。

2. 皮下接种　常用于鼠模型。接种部位一般豚鼠在后大腿的内侧或小腹部；大、小鼠可在侧下腹部；兔在背部或耳根部。

3. 腹腔注射　鼠做试验时可以采用。

4. 静脉注射　常用于鼠模型。鼠模型一般采用尾静脉注射，鼠尾静脉有三根，左、右两侧及背侧各一根，多采用比较容易固定的左、右两侧尾静脉。

5. 其他途径　一些特殊的动物模型根据特定目的采用特殊的接种方式，如颅内接种、经耳鼓室接种和眼前房接种等。

三、猪流感操作中的生物安全问题

猪作为流感病毒“混合器”，很多人源甲型流感病毒株或禽流感均可使猪人工感染，而经重组的猪流感毒株有可能再传给人。因此，供医学试验研究用的流感病毒感染动物模型，在考虑试验应用的同时，应当考虑流感病毒试验过程的生物安全性。根据我国相关准则条例和国外相关资料，对高致病性的流感病毒（如H5N1亚型）的试验操作或动物试验应在三级动物生物安全实验室（Biosafety level-3，BSL-3或Animal biosafety level-3，ABSL-3）进行，而没有致病性的流感病毒实验操作可在二级生物安全（BSL-2）实验室进行。

参考文献

陈义祥，蒙雪琼. 2008. 猪流感病毒在世界范围内的流行情况及公共卫生意义 [J]. 微生物学通报, 35 (4): 582-588.

陈义祥，蒙雪琼，刘棋等. 2008. 中国“人–猪–禽”基因重组H1N2亚型猪流感病毒全基因克隆及遗传进化的研究 [J]. 微生物学报, 4: 466–472.
陈主初，吴端生. 2001. 实验动物学 [M]. 长沙：湖南科学技术出版社: 151–152.
仇华吉，童光志. 2000. 猪流感的再认识 [J]. 动物医学进展, 21（3）：6–9.
代小伟，秦川. 2007. H5N1型禽流感病毒动物模型的研究现状 [J]. 基础医学与临床, 27（6）：712.
付萍，杨铭，陈颖丽，等. 2007. 抗病毒滴丸抗病毒作用的实验研究 [J]. 中国实验方剂学杂志, 13（6）：46–48.
甘孟侯. 2004. 禽流感 [M]. 北京：中国农业大学出版社.
郭威，许传田，朱启运，等. 2009. H5N1亚型猪IFVA/Swine/Fujian/1/01感染性克隆构建及其对小鼠致病性研究 [J]. 中国预防兽医学报, 31（5）：400–402.
郭元吉，温乐英，王敏等. 2003. 猪型H1N1流感病毒血凝素和神经氨酸酶基因来源的研究 [J]. 中华实验和临床病毒学杂志, 17: 315–318.
郝莉，杨奎. 2007. 鱼腥草注射液抗甲型流感病毒实验研究 [J]. 中国中医急症, 16（6）：713–714.
洪涛. 2009. 对猪源H1N1流感命名的意见 [J]. 中国科技术语, 6（53）：53–55.
金奇. 2001. 医学分子病毒学 [M]. 北京：科学出版社.
李志东，刘忠华，陈美才，等. 2004. 小鼠、大鼠、豚鼠和沙鼠对禽流感病毒致病敏感性的比较初报 [J]. 中国实验动物学报, 12（4）：213–214.
李志东，刘忠华，刘香梅，等. 2008. 禽流感H5N1亚型病毒感染ICR小鼠的动物模型 [J]. 中国实验动物学报, 16（2）：91–94.
刘玉林，张琰，胡玉珍. 2008. 基础医学动物实验技术 [M]. 重庆：第四军医大学出版社：246.
年庆功，姜涛，秦鄂德，等. 2013. 流感病毒热稳定性的研究进展 [J]. 军事医学,（3）.
彭亚平，周红波，李春，等. 2008. H1N1亚型猪流感病毒的拯救 [J]. 生物工程学报, 24（5）：857–861.
史子学，张国平，赵晓明，等. 2013. 甲型流感病毒H1N1感染猪和其他动物的回顾 [J]. 猪业科学, 12：90–92.
汤洋，王海漩，乌美妮，等. 2011. 流感病毒感染豚鼠模型的初步建立 [J]. 中国生物制品学杂志, 24（3）：342–344.
吴端生，张健. 2007. 现代实验动物学技术 [M]. 北京：化学工业出版社：232–234.
刘崇海，蒋利萍，魏钰书. 2006. 流感病毒感染动物模型的研究进展 [J]. 国际病毒学杂志, 13（1）：9–12.
伍锐，金梅林，陈焕春，等. 2004. 猪流感病毒研究进展 [J]. 动物医学进展, 25（1）：25–28.
杨琴，张兴晓，杨灵芝. 2009. 3种细胞培养流感病毒的比较动物 [J]. 医学进展, 30（11）76–79.

杨帅，朱闻斐，舒跃龙. 2013. 猪流感病毒概述 [J]. 病毒学报, 29（3）：331–334.

殷震，刘景华. 1997. 动物病毒学 [M]. 第2版. 北京：科学出版社：330.

张明明，王强，王小辉. 2009. 猪流感研究进展 [J]. 安徽农业学报, 37（16）：7450–7453.

张莹，高玉伟，邓国华，等. 2010. 不同H5N1亚型禽流感病毒在豚鼠体内的复制和传播能力评估 [J]. 中国预防兽医学报, 32（3）：167–170.

Buchman CA. 1996. 实验性A型流感病毒感染后耳部与全身表现 [J]. 国外科学耳鼻咽喉科学分册, 20(3): 170–171.

Air, G. M. 2012. Influenza neuraminidase [J]. Influenza and other respiratory viruses. 6: 245–256.

Bálint A, Metreveli G, Widén F, et al. 2009. The first Swedish H1N2 swine influenza virus isolate represents an uncommon reassortant [J]. Virol J, 6: 180.

Bean W J. 1984. Correlation of influenza A virus nucleoprotein genes with host species [J]. Virology, 133(2): 438–442.

BeanB, MooreBM, Sterner B, et al. 1982. Survival of influenza viruses on environmental surfaces [J]. J Infect Dis, 146(1): 47–51.

BrandliA W, HanssonG C, Rodriguez-BoulanE, et al. 1988. A polarized epithelial cell mutant deficient in translocation of UDP-galactose into the Golgi complex [J]. The Journal of biological chemistry, 263: 16283–16290.

Brown E G. 2000. Influenza virus genetics [J]. Biomed & Pharmacother, 54: 196–209.

Brown IH, Chakraverty P, Harris PA, et al. 1995. Disease outbreaks in pigs in Great Britain due to an influenza A virus of H1N2 subtype [J]. Vet Rec, 136(13): 328–329.

Chen H, Deng G, Li Z, et al. 2004. The evolution of H5N1 influenza virus in ducks in southern China [J]. PNAS, 101: 10452–10457.

Chen W, Calvo PA, Malide D, et al. 2001. A novel influenza A virus mitochondrial protein that induces cell death [J]. Nature medicine, 7(12): 1306–1312.

Chiang C, Chen GW, Shih SR. 2008. Mutations at alternative 5' splice sites of M1 mRNA negatively affect influenza A virus viability and growth rate [J]. J Virol, 82, 108: 73–86.

Clavijo A, Tresnan DB, Jolie R, et al. 2002. Comparison of embryonated chicken eggs with MDCK cell culture for the isolation of swine influenza virus [J]. Can J Vet Res, 66: 117–121.

Cong YL, Pu J, Liu QF, et al. 2007. Antigenic and genetic characterization of H9N2 swine influenza viruses in China [J]. J Gen Virol, 88(Pt7): 2035–2041.

de Jong JC, Smith DJ, Lapedes AS, et al. 2007. Antigenic and genetic evolution of swine influenza A (H3N2) viruses in Europe [J]. J Virol, 81(8): 4315–4322.

Debi PNayak, Rilwan A, Balogun, et al. 2009. Influenza virus morphogenesis and budding [J]. Virus Research, 143: 147–161.

DublineauA, Batejat C, PinonA, et al. 2011. Persistence of the 2009 pandemic influenzaA(H1N1) virus in water and on non-porous surface [J]. PloS One, 6(11): e28043.

EisenM B, SabesanS, SkehelJ J, et al. 1997. Binding of the influenza A virus to cell-surface receptors: structures of five hemagglutinin-sialyloligosaccharide complexes determined by X-ray crystallography [J]. Virology, 232: 19–31.

EngelhardtO. , SmithM, FodorE. 2005. Association of the influenza A virus RNA-dependent RNA polymerase with cellular RNA polymerase II [J]. J Virol, 79: 5812–5818.

EpandRM, EpandRF. 2002. Thermal denaturation of influenza virus and its relationship to membrane fusion [J]. Biochem J, 365(3): 841–848.

Erica Spackman. 2014. Animal Influenza Virus (2nd edition) [M]. New York: Humana Press. 355–356.

Erica Spackman. 2014. Animal influenza virus [M]. NewYork: Humana Press of Springer. 265–276.

Fouchier RAM, Munster V, Wallensten A, et al. 2005. Characterization of a Novel Influenza A Virus Hemagglutinin Subtype (H16) Obtained from Black-Headed Gulls [J]. J Virol, 79: 2814–2822.

FujiyoshiY, KumeNP, SakataK, et al. 1994. Fine structure of influenza A virus observed by electron cryo-microscopy [J]. EMBO J, 13(2): 318–326.

Brown JD, GoekjianG, PoulsonR, et al. 2009. Avian influenza virus in water: infectivity is dependent on Ph, salinity and temperature [J]. Vet Microbiol, 136(1–2): 20–26.

Gottschalk A. 1959. On the mechanism underlying initiation of influenza virus infection [J]. Ergebnisse der Mikrobiologie, Immunitatsforschung and experimentellen Therapie, 32: 1–22.

Guan Y, Shortridge KF, Krauss S, et al. 1996. Emergence of avian H1N1 influenza viruses in pigs in China [J]. J Virol, 70(11): 8041–8046.

Haeman Jang, David Boltz, Katharine Sturm-Ramirez, et al. 2009. Highly pathogenic H5N1 influenza virus can enter the central nervous system and induce neuroinflammation and neurodegeneration [J]. PNAS, 106(33): 14063–14068.

Harper GJ. 1961. Airborne microorganisms: survival tests with four viruses [J]. J Hyg, 59: 479–486.

Herz C, Stavnezer E, Krug R. 1981. Influenza virus, an RNA virus, synthesizes its messenger RNA in the nucleus of influenza cells [J]. Cell, 26: 391–400.

Hinshaw V S, Webster R G, EasterdayB C, et al. 1981. Replication of avian influenza A viruses in mammals [J]. Infection and immunity, 34: 354–361.

Ibanes JD, Morgan KT, Burleson GR [J]. Vet Pathol, 33(44): 12–418.

IwasakiY, AbeT, WadaK, et al. 2011. Prediction of directional changes of influenza A virus genome sequences with emphasis on pandemic H1N1/09 as a model case [J]. DNA Res, 18: 125–36.

Jackson D A, Caton A J, Mcready S J. 1982. Influenza virus RNA is synthesized at fixed sites in the nucleus [J]. Nature, 296: 366–368.

Karasin AI, West K, Carman S, et al. 2004. Characterization of avian H3N3 and H1N1 influenza A viruses isolated from pigs in Canada [J]. J Clin Microbiol, 42(9): 4349–4354.

Karasin AI, Carman S, Olsen CW. 2006. Identification of human H1N2 and human-swine reassortant H1N2 and H1N1 influenza A viruses among pigs in Ontario, Canada(2003 to 2005) [J]. J Clin Microbiol, 44(3): 1123–1126.

Karasin AI, Brown IH, Carman S, et al. 2000. Isolation and characterization of H4N6 avian influenza viruses from pigs with pneumonia in Canada [J]. J Virol, 74(19): 9322–9327.

Katsuda K, Sato S, Shirahata T, et al. 1995. Antigenic and genetic characteristics of H1N1 human influenza virus isolated from pigs in Japan [J]. J Gen Virol, 76(5): 1247–1249.

Kawakami K. 1985. Activation of influenza virus-aCK/GD/SS/94ociated RNA polymerase by Cap-Istructure(m7GpppNm) [J]. J Biochem, 97: 655.

Kida H, Ito T, Yasuda J, et al. 1994. Potential for transmission of avian influenza viruses to pigs [J]. The Journal of general virology, 75(9): 2183–2188.

Krug R M, Soeiro R. 1975. Studies on the intranuclear loclization of influenza virus-specific proteins [J]. Virology, 64(2): 378–387.

Liu J, Bi Y, Qin K, et al. 2009. Emergence of European avian influenza virus-like H1N1 swine influenza A viruses in China [J]. J Clin Microbiol, 47(8): 2643–2646.

Lombardo T, Dotti S, Renzi S, et al. 2012. Susceptibility of different cell lines to avian and swine influenza viruses [J]. J Virol Methods, 185: 82–88.

Ma W, Vincent AL, Lager KM, et al. 2009. Identification and characterization of a highly virulent triple reassortant H1N1 swine influenza virus in the United States [J]. Virus Genes, 40(1): 28–36.

Ma W, Vincent AL, Gramer MR, et al. 2007. Identification of H2N3 influenza A viruses from swine in the United States [J]. Proc Natl Acad Sci USA, 104(52): 20949–52094.

Ma W, Gramer M, Rossow K, et al. 2004. Isolation and genetic characterization of new reassortant H3N1 swine influenza virus from pigs in the midwestern United States [J]. J Virol, 80(10): 5092–5096.

Maher JA, De Stefano J. The ferret: an animal model to study influenza virus [J]. Lab Anim (NY), 33(9): 50–53.

Mazur I, Anhlan D, Mitzner D, et al. 2008. The proapoptotic influenza A virus protein PB1-F2 regulates viral polymerase activity by interaction with the PB1 protein [J]. Cellular microbiology, 10(5): 1140–1152.

Megan L Shaw 2011. The host interactome of influenza virus presents new potential targets for antiviral drugs [J] . Rev Med virol, 21(6).

Megan L Shaw, Kathryn L Stone, Christopher M. Colangelo, et al. 2008. Cellular Proteins in Influenza Virus Particle [J]. Plos Pathogen, 4(6): e1000085.

Melkonian K A, Ostermeyer A G, Chen J Z, et al. 1999. Role of lipid modifications in targeting proteins to detergent-resistant membrane rafts. Many raft proteins are acylated, while few are prenylated [J]. The Journal of biological chemistry, 274: 3910–3917.

Muhammad Akbar Shahid, Muhammad Abubakar, Sajid Hameed, et al. 2009. Avian influenza virus (H5N1)；effects of physico-chemical factors on its survival [J]. Virology J, 6: 38.

Negovetich N J, Webster R G. 2010. Thermostability of subpopulations of H2N3 influenza virus isolates from mallard ducks [J]. J Virol, 84(18): 9369–9376.

Noyce J O, Michels H, Keevil C W. 2007. Inactivation of influenza Avirus on copper versus stainless steel surfaces [J]. Appl Environ Microbiol, 73(8): 2748–2750.

Olsen CW. 2002. The emergence of novel swine influenza viruses in North America [J]. Virus Res, 85(2): 199–210.

Paterson D, Fodor E. 2012. Emerging roles for the influenza A virus nuclear export protein(NEP) [J]. PLos Pathog, 8(12): e1003019.

Plotch SJ. 1982. A unique cap (m7GpppXm)-dependent influenza virion endonuclease cleaves capped RNAs to generate the primers that initiate viral RNA transcription [J]. Cell, 23: 84.

Rubin S, Liu D, Pletnikov M, et al. 2004. Wild-type and attenuated influenza virus infection of the neonatal rat brain [J]. J Neurovirl, 10(15): 305–314.

Saito T, Suzuki H, Maeda K, et al. 2008. Molecular characterization of an H1N2 swine influenza virus isolated in Miyazaki, Japan, in 2006 [J]. J Vet Med Sci, 70(4): 423–427.

SalahuddinP, Khan AU. 2010. Structural and Functional Analysis of NS1 and NS2 Proteins of H1N1 Subtype [J]. Genomics, Proteomics & Bioinformatics, 8: 190–199.

ScheiffeleP, RothMG, SimonsK. 1997. Interaction of influenza virus haemagglutinin with sphingolipid-cholesterol membrane domains via its transmembrane domain [J]. The EMBO journal, 16: 5501–5508.

Schultz U, Fitch WM, Ludwig S, et al. 1991. Evolution of pig influenza viruses [J]. Virology, 183(1): 61–73.

Shi WF, Gibbs MJ, Zhang YZ, et al. 2008. Genetic analysis of four porcine avian influenza viruses isolated from Shandong, China [J]. Arch Virol, 153(1): 211–217.

Shin JY, Song MS, Lee EH, et al. 2006. Isolation and characterization of novel H3N1 swine influenza viruses from pigs with respiratory diseases in Korea [J]. J Clin Microbiol, 44(11): 3923–3927.

Shtyrya, Y. A. , L. V. Mochalova, et al. 2009. Influenza virus neuraminidase: structure and function [J]. Acta Naturae, 1(2): 26–32.

Skehel JJ, WileyDC. 2000. Receptor binding and membranefusion in virus entry: the influenza hemagglutinin [J]. Annu Rev Biochem, 69: 531–569.

Smith GJ, Vijaykrishna D, Bahl J, et al. 2009. Origins and evolutionary genomics of the 2009 swine-origin H1N1 influenza A epidemic [J]. Nature, 459(7250): 1122–1125.

Smith GL, Hay A J. 1982. Replication of the influenza virus genome [J]. Virology. 118(1): 96–108.

Stallknecht DE, Kearney MT, Shane SM, et al. 1990. Effects of pH, temperature, and salinity on persistence of avian influenza viruses in water [J]. Avian Dis, 34(2): 412–418.

Taisuke H, Yoshihiro K P. 2001. Threat posed by Avian influenza A viruses [J]. Clinical Microbiology Reviews, 14(1): 129–149.

Tong S, Li Y, Rivailler P, et al. 2012. A distinct 372 lineage of influenza A virus from bats [J]. Proc. Natl. Acad. Sci, 109: 4269–4274.

Tong S, Zhu X, Li Y, et al. 2013. New World Bats Harbor Diverse Influenza A Viruses [J]. PLoS Pathogen. doi: 10. 1371/journal. ppat. 1003657.

Tu J, Zhou H, Jiang T, et al. 2009. Isolation and molecular characterization of equine H3N8 influenza viruses from pigs in China [J]. Arch Virol, 154(5): 887–890.

Varga ZT, Grant A, Manicassamy B, et al. 2012. Influenza virus protein PB1-F2 inhibits the induction of type I interferon by binding to MAVS and decreasing mitochondrial membrane potential [J]. J Virol, 86: 8359–8366.

Varghese J N, Colman P M. 1991. Three-dimensional structure of the neuraminidase of influenza virus A/ Tokyo/3/67 at 2. 2A resolution [J]. J Molec Biol, 221: 473–486.

Vincent AL, Ma W, Lager KM, et al. 2009. Characterization of a newly emerged genetic cluster of H1N1 and H1N2 swine influenza virus in the United States [J]. Virus Genes, 39(2): 176–185.

Watowich S. J. , Skehel J. J. , Wiley D. C. 1994. Crystal structures of influenza virus hemagglutinin in complex with high-affinity receptor analogs [J]. Structure, 2: 719–731.

Weber TP, StilianakisNI. 2008. Inactivation of influenza Aviruses in then vironment and modes of transmission: acritical review [J]. J Infect, 57(5): 361–373.

Webster R G, Laver W G, Air G M, et al. 1982. Molecular mechanisms of variation in influenza viruses [J]. Nature, 296: 115–121.

Wilson I. A. , Skehel J. J. , Wiley D. C. 1981. Structure of the haemagglutinin membrane glycoprotein of influenza virus at 3 A resolution [J]. Nature, 289: 366–373.

Xu C, Zhu Q, Yang H, et al. 2009. Two genotypes of H1N2 swine influenza viruses appeared among pigs in China [J]. J Clin Virol, 46(2): 192–195.

Ying W, Yan W, Boris T, et al. 2014. Bat-derived influenza-like viruses H17N10 and H18N11 [J]. Trends in Microbiology, 22(2): 183–189.

Yoshikawa T, Suzuki Y, Nomoto A. 2002. Antibody responses and protection against influenza virus infection in different congenic strains of mice immunized intranasally with adjuvant-combined A/ Beijing/ 262/ 95 (H1N1) virus hemagglutinin or neuraminidase [J]. Vaccine, 21(122): 60–66.

Yu H, Zhou YJ, Li GX, et al. 2009. Further evidence for infection of pigs with human-like H1N1 influenza viruses in China [J]. Virus Res, 140(1–2): 85–90.

Yu H, Hua RH, Zhang Q, et al. 2008. Genetic evolution of swine influenza A (H3N2) viruses in China from 1970 to 2006 [J]. J Clin Microbiol, 46(3): 1067–1075.

Yu H, Zhang GH, Hua RH, et al. 2007. Isolation and genetic analysis of human origin H1N1 and H3N2 influenza viruses from pigs in China [J]. Biochem Biophys Res Commun, 356(1): 91–96.

Zamarin D, Garcia-Sastre A, Xiao X, et al. 2005. Influenza virus PB1-F2 protein induces cell death through mitochondrial ANT3 and VDAC1 [J]. PLoS pathogens, 1(1): e4.

Zebedee S L, Lamb R A. 1988. Influenza A virus M2 protein: monoclonal antibody restriction of virus growth and detection of M2 in virions [J]. J. Virol, 62: 2762–2772.

Zell R, Motzke S, Krumbholz A, et al. 2008. Novel reassortant of swine influenza H1N2 virus in Germany [J]. J Gen Virol, 89(Pt1): 271–276.

Zhang J. , Lamb R. A. 1996. Characterization of the membrane association of the influenza virus matrix protein in living cells [J]. Virology, 225: 255–266.

Zhou NN, Senne DA, Landgraf JS, et al. 1999. Genetic reassortment of avian, swine, and human influenza A viruses in American pigs [J]. J Virol, 73(10): 8851–8856.

第四章

流感病毒重组与变异

第一节 重组

基因重组是由不同来源的病毒共同感染同一宿主时，病毒基因组复制后交换了彼此的基因片段而引起的。流感病毒基因重组导致病毒基因组的剧烈变化，这是由流感病毒基因组为分节段的RNA这一特性决定的。A型流感病毒有8个基因片段，当两个或两个以上的不同流感病毒同时感染同一宿主细胞时，伴随着病毒在宿主细胞内的增殖，不同病毒的8个基因片段可以随机互相交换，从而产生新的重组病毒。A型流感病毒的*HA*已经被鉴定出18种，*NA*被鉴定出11种，如果这些*HA*和*NA*基因能够随意重组，则可以产生198种不同亚型的流感病毒。当两种不同的流感病毒感染同一细胞后，通过基因片段重组有可能产生256种不同的子代病毒。

基因重组是产生新型流感病毒流行株的重要方式，多数造成人类流感大流行的毒株都是基于此种方式产生的。迄今，人类经历过四次流感大流行，其中1957年的亚洲流感、1968年的中国香港流感和2009年的甲型H1N1流感均是由新型重组流感病毒引起。

1957年的亚洲流感是由H2N2亚型流感病毒引起，首先发生在我国贵州西部，随后传遍全世界，病死率不高。此次流行株是二源重组病毒，它的*PB1*、*HA*和*NA*基因来自于禽流感病毒，而其他5个（*PB2*、*PA*、*NP*、*M*和*NS*）基因来源于当时流行于人群中的H1N1亚型流感病毒。

1968年的中国香港流感由H3N2亚型毒株引起，首发于中国香港并波及全世界，它的传播速度和发病率均不及1957年的亚洲流感。此次流行株的*PB1*和*HA*基因来自禽流感病毒，其他6个（*PB2*、*PA*、*NP*、*NA*、*M*

和*NS*）基因来自当时流行于人群中的H2N2病毒，也属于人流感病毒和禽流感病毒的二源重组病毒。

2009年3月底至4月中旬，墨西哥、美国等多国人群中暴发了猪源H1N1（也叫Pandemic H1N1，我国称为甲型H1N1）流感疫情，随后迅速蔓延到全球200多个国家和地区。甲型H1N1流感病毒是一种新型重组流感病毒，基因同源性分析和遗传演化分析表明，甲型H1N1流感病毒的8个基因片段都与猪流感病毒有最高的同源性，其中*PB2*、*PB1*、*PA*、*HA*、*NP*和*NS*基因与北美地区的三源重组H1N2亚型猪流感病毒密切相关，*NA*和*M*基因与欧亚地区的禽源H1N1亚型猪流感病毒关系密切。

此外，2013年3月底在我国上海和安徽两地率先发现的H7N9亚禽流感病毒也是一种新型重组病毒。其内部基因（*PB2*、*PB1*、*PA*、*NP*、*M*和*NS*）来源于H9N2禽流感病毒，*HA*基因起源于浙江鸭群中的禽流感病毒［如A/duck/Zhejiang/12/2011（H7N3）］，*NA*基因与韩国野鸟中分离的禽流感病毒同源性最高［如A/wild bird/A14/2011（H7N9）］。

第二节 变异

由于RNA聚合酶缺乏校正功能，在病毒基因组复制过程中容易出现差错，因此RNA病毒的突变率比DNA病毒高。A型流感病毒每个核苷酸在每个复制周期中的突变率约为10^{-5}，与其他RNA病毒的突变率类似。同时由于A型流感病毒的基因为8个不同的节段，在病毒增殖过程中容易发生基因重组，因而流感病毒的抗原性、致病性及耐药性发生变异的概率很高。

一、抗原性变异

A型流感病毒至今难以控制的主要原因是其抗原性极易发生变异，使研究人员很难弄清其真正的变化规律，同时也使机体无论是通过自然感染还是疫苗接种所获得的免疫力失去作用。抗原性变异是A型流感病毒在自然界中常见的一种变异方式，在实验室内用抗体也可以筛选到相应的抗原变异株。流感病毒不断发生变异主要是由其表面的两个重要蛋白（血凝素HA和神经氨酸酶NA）的不断变异引起的。流感病毒抗原性变异主要有两种形式：一是抗原漂移，二是抗原转变。

抗原漂移，属于抗原性的量变，在A型、B型、C型流感中均可以发生，是流感病毒基因组节段尤其是*HA*、*NA*自发的点突变引起的小幅度变异，能够引起流感的中小规模流行。一般认为抗原性漂移使得流感病毒1～3年出现一次新变异株。抗原漂移是不定向的，在某一时间内可产生多方向突变的变异株。有流行病学意义的抗原漂移是基因突变以及机体免疫选择压力对病毒选择的结果，HA和NA抗原漂移是不定向并相互独立进行的。A型流感病毒有最为明显的抗原漂移现象，B型流感病毒也有明显的抗原漂移，C型流感病毒抗原漂移较缓慢，目前研究报道较少。

抗原转变，属于抗原性的质变，常发生于A型流感病毒，新的*HA*和*NA*基因引入机体，形成新的亚型流感病毒，由于机体缺乏对新亚型的免疫力，常引起世界性大流行。

由于在不同宿主体内流感病毒所承受的免疫选择压力不同，流感病毒基因变异率有相当大的差异。其中*HA*基因的变异率最高，每个核苷酸在每个复制周期中的变异率可高达2×10^{-3}，其次是*NA*，因为HA作为中和抗体的靶子，必须通过快速变异来逃避中和抗体的作用。流感病毒抗原性在野生水禽中似乎已经达到了一个静止状态，而在人体内却不断的发生变异，相比较而言，在猪和马中次之。*HA*和*NA*这两个基因的变异可以随时间的延长而发生积累，但其他基因的变异在短期内似乎并不随时间的延长而积累，可能是由于表面抗原蛋白（HA和NA）在和宿主的免疫系统进行“抗争”而不断变异演化，而病毒内部蛋白一直处于相对稳定的环境中。

二、致病性变异

基因重组是流感病毒致病性变异的重要方式之一，除了基因重组，病毒还能通过基因突变使其致病性发生改变。目前为止，流感病毒已进化到能表达15种蛋白：聚合酶复合体（PB2、PB1、PA）、核蛋白（NP）、基质蛋白（M1）、凋亡前体蛋白（NS1）、核转运蛋白（NS2/NEP）、膜蛋白（HA、NA）、离子通道（M2）及新发现的5种蛋白（PB1–F2、PB1–N40、PA–X、PA–N155和PA–N182）。研究表明，这些蛋白的单个或多个氨基酸的突变与流感病毒致病性变异紧密相关。根据流感病毒致病性差异，将流感病毒突变株进一步区分为条件致死性突变株和新宿主适应突变株等。

条件致死性突变株是指流感病毒在某种条件下（如低温）不能增殖，但在另外一种条件下却能增殖并产生子代病毒的突变株。条件致死性突变是由于不同基因节段上的某些位点发生突变，使其生物学特性发生改变，研究最多且应用比较广泛的是温度敏感（ts）突变株。与野生株不同，ts突变株能在33℃增殖，在37～39℃培养时不能增殖或增殖不好，其致病性也大为减弱，因此ts突变株可用作弱毒疫苗候选株或内部基因作为弱毒疫苗生产的骨架，其中应用比较广泛的ts突变株为A/AnnArbor/6/60（H2N2）。

新宿主适应突变株是指流感病毒在新宿主内连续感染传代后，其生物学特性发生改变，增殖滴度、致病性及传播能力均可逐步升高，出现对新宿主的适应性变异。新宿主适应性突变同样是由于流感病毒不同基因节段上的某些位点发生改变，导致其对新宿主种间或种内适应能力增强，进而呈现对新宿主高致病性及高传播能力等生物学特征。

三、耐药性变异

耐药性变异株是指流感病毒在抗病毒药物的作用下，基因编码氨基酸发生突变，导致药物对其抗病毒能力减弱或无抗病毒能力。目前临床上使用的抗流感病毒药物有两类，一类是干扰病毒M2蛋白功能的药物，另一类是病毒神经氨酸酶（NA）抑制剂。已经使用了几十年的干扰病毒M2蛋白功能的药物曾经有效地用于预防和治疗A型流感病毒感染，但是流行的流感病毒逐渐对这类药物产生耐药性，目前它们不能非常有效地抑制流感病毒的复制，正逐步失去临床使用价值。尽管病毒NA抑制剂能有效地抑制目前流行的流感病毒株（包括甲型流感病毒），但是耐药突变株也已经影响了它们的疗效。M2蛋白通道阻断剂金刚烷胺和金刚乙胺在体内外均可迅速产生耐药性和交叉耐药性，机制是M2蛋白转膜区突变，涉及的5个主要氨基酸残基是26、27、30、31和34位。神经氨酸酶抑制剂磷酸奥司他韦、扎那米韦和帕拉米韦耐药的突变位点发生在A型流感病毒NA的119、274、292位点及B型流感病毒的152位点。

第三节 抗原变异的分子基础

流感病毒依赖于其持续的变异来不断突破宿主界限和逃避宿主的免疫保护。而致使流感病毒不断发生变异的主要原因是其表面的抗原血凝素（HA）和神经氨酸酶（NA）的不断变异。流感病毒抗原性变异有两种形式：一是抗原漂移，二是抗原转变。

一、抗原漂移

（一）核苷酸变异

流感病毒RNA聚合酶无校正能力，对新合成的RNA错配碱基不能进行监测和修复，编码HA和NA蛋白质的基因非同义替换的积累使其基因容易突变，编码基因一系列点突变的积累导致氨基酸序列的改变，从而改变了蛋白分子上的抗原位点，进而发生抗原漂移。核苷酸变异有多种形式，包括置换、插入、缺失和分子内重组。流感病毒核苷酸变异主要以置换为主。流感病毒的各个基因中变异最大的是*HA*基因，其次为*NA*基因。通过对不同年代流感病毒分离株的氨基酸序列遗传演化分析比较，可以看出核苷酸点突变积累是导致抗原漂移的重要原因。

（二）抗原性变异

流感病毒的核苷酸变异导致氨基酸序列改变，有两种形式：一是非编码子的改变，即核苷酸改变没引起相应氨基酸序列的改变，病毒抗原性没有发生变异；二是编码子的改变，即核苷酸改变引起了产物氨基酸的改变。研究发现在编码HA的基因节段上所发生的核苷酸变异中，40% ~ 50%的变异可造成氨基酸序列的改变即编码子的改变，而在其他基因节段上的突变率大大降低，如NP的编码突变率仅为10% ~ 20%。要成为一个新的抗原变异株，流感病毒必须在HA节段上有4个以上的氨基酸变化，必须涉及2 ~ 3个抗原决定位点，若氨基酸的改变发生在HA结构的顶部即抗原决定簇区，则往往造成新变种出现而具有流行病学意义。

目前已知的在A型流感病毒HA上（按H3 HA序列）分布的抗原决定簇有5个：A、B、C、D和E。A由140 ~ 146位氨基酸形成的突出环及133 ~ 137位氨基酸构成；B由155位上的主环（156 ~ 160）及球区末端围绕α螺旋结构的187 ~ 198位氨基酸组成；C处于球区下方53、54、275和

278所在的区域，由52位半胱氨酸与277位半胱氨酸之间二硫键相连所形成三维结构的膨胀部；D位于HA三聚体交界处，由207、174位等表面氨基酸构成；E是由63、78、81、83位形成的表面氨基酸组成。在这5个抗原决定簇位点中，A和B位点的变异表现最频繁，因此推测它们的抗原性也最强。在A位点中133、144～145位的氨基酸对A位点抗原性的作用最大，因而变异表现最频繁。在B位点中155、156、159、159、193和197位的氨基酸变异最活跃，对该位点的抗原性的作用最大。C、D、E位点的抗原性主要来自275～278、172～174和78～83位区域，抗原性一般。因此，A位点和B位点很可能是流感病毒HA上最重要的抗原位点，是诱导机体产生保护性中和抗体最主要的抗原结构域，并因此面临的免疫选择压力也最大，因而这两个抗原决定簇位点的氨基酸变异频率最高。

（三）机体免疫压力的选择

作为病毒表面的主要抗原，HA快速变异的另一原因是受到机体免疫选择压力的诱导。许多研究人员提出具有流行病学意义的流感病毒抗原漂移毒株要在一定免疫压力下才能形成。流感病毒在机体免疫选择压力作用下，不断发生抗原性漂移，当抗原性的改变造成疫苗株免疫不能对流行株提供有效免疫保护时，一个新的抗原变异株就会形成，并会引起流感的流行。这正是流感病毒疫苗候选株需要定期更新的原因所在。

（四）宿主适应性选择

流感病毒具有严格的宿主特异性，即使是相同亚型的病毒在不同宿主上的传播也受到宿主界限的限制，同样流感病毒的抗原性变异也受到宿主的选择。当使用不同宿主系统如鸡胚或MDCK细胞来分离培养同一株流感病毒时，可表现出不同的抗原性，这种变异称为宿主介导的变异。事实上，任何一株流感病毒都是一个由多种不同毒株所组成的复杂的群体，当使用不同的宿主系统分离培养同一株流感病毒时，来自不同宿主的病毒可表现出不同的抗原性。例如，为了分离培养A型人流感病毒，应用MDCK细胞进行病毒培养增殖，病毒的基因序列会更加接近病毒本身真实的序列结构，抗原性也不会改变。相反，若用鸡胚成纤维细胞则不行，因为运用鸡胚成纤维细胞分离培养的人流感病毒会出现宿主介导的抗原变异。

（五）HA分子的糖基化

通常，无论从禽类还是其他动物或人类体内分离的流感病毒，HA分子上某些糖基化位点都是保守的，它们对于维持HA分子的结构及功能至关重要；另有一部分糖基化位点则对维持流感病毒的结构和功能毫无关系，它们的存在与否并不改变病毒的其他特性。如果在病毒HA分子的裂解位点附近出现糖基化，这个糖链就会引起空间干扰而影响HA前体蛋白的裂解，而影响病毒的致病性。另外，HA分子上某些区域的糖基化对病毒的抗原性也影响巨大。糖基化可能使HA分子得空间结构发生改变，影响早期抗体与其中和，掩盖HA使其逃逸免疫系统，从而引起流行。

二、抗原转变

对于流感病毒的抗原性转变机制，有：基因重组、动物源说、旧亚型重现三种假说。其中基因重组假说最受推崇，基因重组是流感病毒发生抗原性转变的主要原因。A型流感病毒基因组由8个节段组成，较易发生RNA重组，形成新的亚型。不同亚型的流感病毒同时感染同一宿主细胞时（如猪呼吸道上皮细胞），病毒基因组可发生节段的交换。8个节段随机重组，理论就有256个不同的组合。由于流感病毒有严格的宿主特异性，禽和人类流感病毒间不易发生相互感染，因此认为存在被称为“中间宿主”的动物，可同时被禽流感病毒和人类流感病毒感染，来自不同宿主的流感病毒的遗传物质在其体内发生了重组，即可产生一种可以感染人的新亚型流感病毒。猪呼吸道上皮细胞具有禽流感病毒和人流感病毒受体，由此承担着流感病毒基因重组“混合器”的角色，是已知的可供禽、猪和人类流感病毒生存的唯一宿主。此外，流感病毒抗原转变机制中的动物源说是指A型流感病毒通过宿主转移，禽类或哺乳动物流感病毒通过产生适应性突变，经多次传代跨越宿主屏障直接感染人群；旧亚型重现是指由于流感病毒改变了宿主范围，旧亚型毒株在人群中消失而在动物中保存下来，在一定条件下，旧亚型毒株又重新出现，再次在人群中引起流行。

第四节 致病性改变的分子基础

流感病毒的致病性是指流感病毒对宿主及组织产生的损伤和症状的能力。流感病毒感染机体后，可损害呼吸道上皮、肺上皮细胞，也可损伤肺外器官，其致病性依赖于病毒和宿主的共同作用，不仅与病毒因素有关，同时还与宿主因素有着密不可分的联系。流感病毒若能导致宿主致病必须满足以下两个条件：首先，病毒必须能够感染宿主细胞并可在宿主体内复制，也就是病毒和宿主的相互作用，由此可见流感病毒对宿主机体的致病性与其宿主范围有关；其次，流感病毒感染宿主细胞后必须要对机体产生有害的影响，如产生一定的临床症状、病理变化，甚至死亡等。

一、病毒因素

流感病毒的分子致病机理比较复杂，就病毒本身而言，病毒的致病性与多个蛋白相关，如HA蛋白、NA蛋白、PB2蛋白、NS1蛋白、PB1–

F2蛋白、PA-X蛋白等，并鉴定出很多关键位点。其中代表性的蛋白及关键位点如下：

（一）HA蛋白

A型流感病毒对宿主的致病性是由多个基因决定的，其中HA蛋白起了非常重要的的作用。HA蛋白的主要功能是与细胞膜表面的受体结合，介导病毒与细胞内体膜的融合，致使病毒核糖核蛋白（RNP）释放进入细胞浆中。在融合之前，HA会被裂解成为两个以二硫键相连的亚单位（HA1和HA2）。由于流感病毒囊膜与细胞膜的融合需要HA2氨基末端的介导，因此HA的可裂解性是流感病毒感染的重要决定因素。HA多碱性氨基酸裂解位点是高致病性禽流感病毒重要的毒力分子标记，能被多种胞内蛋白酶（包括碱性氨基酸蛋白酶和枯草杆菌蛋白酶样的蛋白）所识别，导致含有这种多碱性氨基酸裂解位点的HA蛋白可以在多种细胞内被裂解。将高致病性禽流感病毒的HA多碱性氨基酸裂解位点突变为低致病性禽流感病毒的序列，病毒毒力大为减弱，不能引起鸡和小鼠发病；而将低致病性禽流感病毒的HA多碱性氨基酸裂解位点替换为高致病性禽流感病毒的序列，病毒毒力增强并可导致鸡的死亡。

HA受体结合位点也影响着病毒毒力，能与α-2，3-唾液酸受体（α-2，3-SA）或α-2，6-唾液酸受体（α-2，6-SA）结合，进而决定着病毒的宿主范围和组织嗜性。流感病毒受体和HA受体结合位点的特性决定了高致病性H5N1禽流感病毒很难在人群中传播，也从某种程度上解释了高致病性H5N1禽流感病毒能感染人并导致人死亡，可能归根于患者的下呼吸道（α-2，3-SA）直接接触并感染了高致病性H5N1禽流感病毒。另外，流感病毒HA受体结合位点附近糖基化的改变也能影响病毒受体结合特性。通过H5N1亚型禽流感病毒对豚鼠的水平传播能力研究发现，HA的160位氨基酸由丙氨酸突变为苏氨酸时，病毒由同时识别α-2，3-SA和α-2，6-SA受体转变为只能识别α-2，3-SA受体，受体结合特性的变化导致该病毒不能在豚鼠间水平传播。

（二）NA蛋白

流感病毒的第二大表面蛋白——神经氨酸酶NA，也与病毒的毒力有关。NA蛋白是一种唾液酸酶，可以在病毒感染靶细胞时，识别细胞表面流感病毒受体末端的唾液酸残基，使病毒能够进入细胞。NA的另一个功能是负责将病毒从感染细胞表面脱离，有利于病毒粒子的成熟和释放。并非所有的HA亚型和NA亚型的组合在自然界都可以分离到。研究发现，HA和NA蛋白之间存在某种动态平衡，这种平衡与病毒的感染和复制至关重要，若HA和NA不匹配，将很难获得稳定而高滴度的重组毒株。NA蛋白的茎部长度也能影响流感病毒的毒力，NA是短茎的病毒对小鼠的致病性要强于NA是长茎的病毒。NA蛋白上多个关键氨基酸位点与流感病毒致病性密切相关：H7N7亚型高致病性禽流感病毒，如2003年荷兰疫病暴发分离株，NA蛋白上的4个氨基酸的突变（N308S、A346V、T442A、P458S）能够提升其在哺乳动物细胞上的NA活性，并增强该病毒适应哺乳动物的能力；1918年H1N1亚型西班牙大流感病毒NA蛋白上N146R或N146Y突变能使该病毒能在不加胰酶的条件下很好地复制，因此也被认为是病毒的毒力分子标记之一。此外，NA蛋白上某些氨基酸的变异与流感病毒对神经酸酶抑制剂类药物的耐药性有关，研究发现，流感病毒NA蛋白上的EI19V、R152K、H275Y、R293K、N295S氨基酸的变异与Nl亚型流感病毒对神经氨酸酶抑制剂类药物的耐药性毒株出现有关。

（三）PB2蛋白

流感病毒能否跨越种间屏障并在宿主细胞内复制是决定其能否感染新宿主的另外一个重要因素。PB2在流感病毒的复制过程中发挥着重要的作用，在该蛋白上已经鉴定出与复制相关的关键位点，如K627，N701和R591。K627是研究比较多的一个位点，被认为是决定病毒宿主范围最主要的毒力因素之一。大多数季节性H1N1和H3N2人流感病毒PB2蛋白上含有K627，而多数禽流感病毒则为E627。将H5N1禽流感病毒PB2

上的相应位点突变成K627，大幅度提高了突变株在小鼠的上呼吸道内的复制，K627位点有可能在H5N1禽流感病毒跨越种间传播过程中发挥着重要的作用。N701在禽流感病毒适应哺乳动物细胞的过程中产生，影响H5N1禽流感病毒在豚鼠和雪貂动物模型上的传播。虽然PB2蛋白K627和N701位点在一些流感病毒的复制及种间传播中起着重要作用，但是甲型H1N1流感病毒在PB2上不存在相应位点，而随之鉴定出PB2蛋白上的R591位点在甲型H1N1流感病毒复制过程中发挥着重要作用。

（四）NS1蛋白

NS1为流感病毒重要的非结构蛋白，是流感病毒一个重要的毒力因子，能够颉颃宿主的先天性免疫应答。NS1蛋白有3个重要的功能区，RNA结合域（RBD）、eIF4GI结合区域和效应域。NS1蛋白的三维晶体结构显示RBD由环连接的3个α–螺旋构成，3个螺旋分别由第1～30位、30～50位、50～73位氨基酸残基组成，其中第二个螺旋R38和K41在NS1蛋白和dsRNA结合过程中发挥重要作用。研究发现，对A/WSN/33（WSN）病毒NS1的RBD区的38和41位氨基酸突变（R38A和K41A）使NS1明显丧失了结合双链RNA的能力，也丧失了抑制干扰素转录调控因子IRF–3和NF–κB的能力，进而使野生株病毒丧失了颉颃干扰素生成的能力。

研究表明，NS1蛋白的截断可以导致流感病毒颉颃干扰素的能力减弱。NS1蛋白截断的突变病毒毒力下降，可以做作弱毒疫苗候选株。H5N1亚型NS1蛋白的E92位点，可以阻碍干扰素及肿瘤坏死因子α发挥抗病毒作用，从而增强病毒在感染宿主体内的复制，并降低宿主对病毒的清除速率，被认为是与毒力相关的位点。NS1蛋白C末端的4个氨基酸也是一个毒力分子标记，将1918年西班牙大流感病毒或高致病性H5N1亚型禽流感病毒的这4个氨基酸替换到人流感病毒A/WSN/33中，突变病毒对小鼠的致病性增强。此过程可能与PDZ结合蛋白的相互作用相关。此外，还在NS1蛋白上鉴定出关键的功能位点，能够与CPSF30结合，也与病毒毒力相关。H5N1亚型禽流感病毒NS1上F103L和M106I突变能使病毒与

CPSF30的结合能力下降，导致高水平的IFN－β mRNA的表达和病毒复制能力下降。

（五）PB1-F2蛋白

PB1－F2蛋白是由PB1+1阅读框编码的87个残基构成的蛋白质，在细胞的线粒体中大量存在，能损伤线粒体，杀死免疫细胞（单核细胞），从而使机体无法对流感病毒感染做出反应而无法抵抗病毒攻击。PB1－F2通过与PB1的相互作用，调节聚合酶的活性，改变病毒的复制效率从而影响病毒的毒力。另外，PB1－F2还能增强病毒对小鼠的炎症反应，并且能增加细菌继发感染的概率和严重性。研究表明：PB1－F2蛋白的缺失导致流感病毒聚合酶活性下降，进而降低流感病毒的复制能力；1918年流感病毒及一些高致病性H5N1禽流感病毒在PB1－F2蛋白上存在S66位点，S66N突变株明显减低流感病毒的致病性；含有PB1－F2 N66S的毒株之所以对小鼠高致病性，与它能够在宿主体内高效复制和刺激肺脏产生大量的IFN－γ和TNF－α有关。

（六）PA-X蛋白

PA－X是最近被鉴定出的核糖体移码蛋白，它的N末端来自于PA蛋白N端的191个氨基酸，而它的C末端有61或41个氨基酸（以三源重组猪流感病毒和2009年甲型流感病毒为代表）。现有研究表明：将1918年H1N1西班牙大流感病毒PA－X的核糖体移码关键基序突变，导致PA－X蛋白无法有效表达，突变株对小鼠的致病性增强；通过基因转录组学研究发现，与野生株相比，突变株可刺激小鼠许多宿主基因的表达，包括炎症反应基因、细胞凋亡基因及T细胞信号通路相关基因等，说明PA－X通过抑制这些宿主基因的表达来削弱病毒的毒力。

（七）其他毒力相关蛋白

此外，国内外研究人员还在流感病毒的其他蛋白（NP、NA、M1

等）或上述蛋白的其他位点，鉴定出与流感病毒毒力相关的因子。例如，NP的N319K突变增强了其在哺乳动物细胞中与Importin α1的结合能力，进而增强病毒对小鼠的毒力；M1上的N30D和T215A突变能增强鸭源H5N1毒株对小鼠的致病性等。

二、宿主因素

宿主感染流感病毒时会产生各种反应，包括免疫系统的调节、分泌相关因子、产生氧化应激反应等。在流感病毒感染过程中，这些宿主因素发挥着重要作用。

（一）先天性免疫反应

1. Ⅰ型干扰素　当流感病毒感染呼吸道上皮细胞或肺泡巨噬细胞时，流感病毒的单链RNA被宿主细胞内的TLR7和RIG-Ⅰ识别。TLR7和RIG-Ⅰ的信号通路诱导Ⅰ型干扰素的分泌进而能够激活宿主的抗病毒反应。然而最近一项研究表明，NS1能够抑制TRIM25的功能，而TRIM25对RIG-Ⅰ的泛素化是必需的，而RIG-Ⅰ的泛素化对产生Ⅰ型干扰素也是必不可少的关键一步。由于NS1能够抑制TRIM25的功能进而影响了RIG-Ⅰ的泛素化，因此NS1被认为是通过干扰RIG-Ⅰ的信号通路来实现逃避宿主的先天性免疫反应的。1918年流感病毒的NS1有效抑制了Ⅰ型干扰素调控基因的表达，从而逃避了宿主抗病毒的先天性免疫反应，因此造成了流感病毒的大暴发。

2. p53　p53是肿瘤抑制蛋白，可以阻止受损细胞和异常细胞的生长繁殖，促进细胞凋亡。利用A型流感病毒感染人肺支气管上皮细胞、人肺腺癌细胞、小鼠成纤维细胞、MDCK细胞、Vero细胞的研究发现，p53是流感病毒诱导细胞凋亡的一个共同途径。在细胞感染早、中期启动抗细胞凋亡的P13K-Akt信号通路，在感染后期激发p53依赖的及其他非p53依赖的凋亡和/或坏死途径。在病毒感染的细胞中，p53的活性和表达水平都升高。

3. 蛋白激酶R　蛋白激酶R（PKR）是一种广为人知的抗病毒蛋白。NS1能够同PKR结合，两者结合后，通过介导的磷酸化的真核翻译起始因子2α（eIF2α），PKR下调病毒mRNA的翻译水平，因此NS1和PKR的结合能够抑制PKR的抗病毒功能。位于NS1上第123～127位的氨基酸对病毒与PKR的结合是必需的，这五个残基的突变对小鼠的致病性也具有重要作用。

4. 炎症细胞因子和趋化因子　除了Ⅰ型干扰素反应，RIG－Ⅰ和TLR7能够活化NF－κB，进而诱导炎症蛋白的生成。因此，流感病毒感染可以诱导多种炎症细胞因子和趋化因子的上调，如IL－1b、IL－6、IL－8、TNFα、CCL2（MCP－1）、CCL3（MIP－1a）、CCL5（RANTES）和CXCL10（IP－10）等。在这些炎症细胞因子和趋化因子中，CCL2能够招募肺巨噬细胞到达被感染的肺部。CCR2（CCL2的一种受体）阳性巨噬细胞表达肿瘤坏死相关因子凋亡诱导配体（TRAIL），该配体会诱导肺泡上皮细胞凋亡。禽流感病毒感染缺乏CCR2的小鼠，发现迁移到肺部的巨噬细胞受到抑制，且小鼠存活率升高。因此，迁移到被病毒感染了的肺部的巨噬细胞，在致病性方面扮演着重要作用。

5. 单核巨噬细胞　研究发现，在淋巴细胞感染A型流感病毒后，若去除其中的单核巨噬细胞，能够减少淋巴细胞的凋亡。原因就在于单核巨噬细胞能够通过调节细胞表面可溶性Fas L的表达与释放来触发细胞凋亡，而且研究结果也显示细胞凋亡的机制可能和单核巨噬细胞与CD3$^+$、CD4$^+$、CD8$^+$淋巴细胞间的相互作用有关。在流感病毒感染淋巴细胞的过程中，加入抗Fas L的抗体或Caspase－3抑制剂也都能减少淋巴细胞的凋亡。此外，研究还进一步表明，Fas/Fas L信号在A型流感病毒诱导淋巴细胞凋亡中起着重要的作用。

6. 中性粒细胞　当肺部感染了高致病性流感病毒，如H5N1流感病毒时，大量的中性粒细胞被招募到被感染的肺部。由于中性粒细胞内含有大量溶酶体酶，能够将进入细胞的细菌和组织碎片分解，入侵的细菌和组织碎片等被包围在一个局部并逐渐被消灭，从而能够抑制病原微生物在体内的扩散。

（二）适应性免疫反应

CD200是一种细胞表面糖蛋白，由呼吸道上皮细胞表达；CD200R，是CD200的受体，由骨髓细胞包括巨噬细胞、树突状细胞、粒细胞等表达。在未感染的状态，表达于肺泡巨噬细胞的CD200R主要由IL-10和TGFb来维持平衡，然而，一旦肺部被高致病的流感病毒感染，CD200R在巨噬细胞、树突状细胞、粒细胞等细胞内的表达上调。通过*CD200*基因缺失的小鼠试验表明，CD200能够激活CD200R在巨噬细胞表面的活性，促进炎性细胞因子TNF*α*和IL-6的产生。由于TNF*α*和IL-6能够同时上调肺泡巨噬细胞内CD200R的表达，因此在CD200R水平上存在负反馈调节。

IF-10是一种重要的抗炎性细胞因子，在严重感染的肺部，CD8T细胞是产生IF-10的主要效应器。而且近期一项研究表明，IF-2和IF-27对产生CD8T细胞具有协同作用，而IF-2由CD4T细胞产生，IL-27为IL-12家族的一员，由巨噬细胞、树突状细胞、中性粒细胞等产生。由此可见，多细胞间的相互作用在调控免疫反应和内部稳态方面具有重要作用。

第五节 猪在流感病毒进化中的作用

在自然情况下流感病毒感染的宿主范围有一定的特异性，据此可将流感病毒分为不同的群，如人流感病毒、禽流感病毒、猪流感病毒等。目前所知的A型流感病毒18个HA亚型中的16个亚型都可以从禽类体内分离到，而从人体内分离到的主要是H1、H2和H3亚型，只是在1997年才分离到感染人的H5和H9亚型，从猪体内分离到的主要是H1和H3，马流感病毒常见的是H3和H7亚型。一般情况下，人流感病毒不能在鸡、鸭等禽类体内复制，同样禽流感病毒在灵长类动物体内的复制能力也极差。

A型流感病毒感染宿主细胞最关键的步骤是HA蛋白识别并结合宿主细胞受体，使病毒吸附在细胞的表面，在宿主细胞受的体介导下，流感病毒进入细胞内增殖和复制，因此受体是影响宿主特异性和组织嗜性的主要决定因素之一。常见的流感病毒的受体有两种，一种为唾液酸α–2，3半乳糖（SAα–2，3Gal），另一种为唾液酸α–2，6半乳糖（SAα–2，6Gal）。禽类呼吸道上皮细胞具有SAα–2，3Gal受体，人类上呼吸道上皮细胞存在SAα–2，6Gal受体（下呼吸道上皮细胞则为SAα–2，3Gal受体），猪呼吸道上皮细胞表面同时存在人和禽流感病毒受体SAα–2，6–Gal和SAα–2，3–Gal，由此决定了猪可被禽流感病毒和人流感病毒感染，同时SIV具有感染人和禽的潜力；而禽流感病毒通常须在中间宿主猪中进行基因重组，获得与人细胞表面受体分子相结合的能力，再由猪传递给人并在人体内获得毒力而造成人—人传播。猪自然成为禽、猪、人流感病毒的共同易感宿主，成为流感病毒不同毒株基因重组、产生新亚型毒株的“混合器”。

研究进一步认为，流感病毒HA是宿主特异性的主要决定因素，种间传播的机制取决于HA上的受体结合位点与宿主细胞表面病毒受体的结合性。HA上的受体结合位点（RBS）呈口袋状，其底部是由98位和153位氨基酸组成，后壁是由183、190和194位氨基酸组成的侧链，左侧壁由225～228位氨基酸组成，前壁为131～137位氨基酸，右壁的形状为长槽形，以155位Thr结尾，183位氨基酸突入袋中与98位氨基酸形成氢键，190和194位氨基酸从后壁顶部α螺旋结构中垂下，伸进RBS的凹陷中。虽然所有的流感病毒都能识别末端为唾液酸的寡糖，但是不同流感病毒的HA受体特异性不同，多数禽流感病毒优先结合SAα–2，3Gal，而人流感病毒则优先结合SAα–2，6Gal。受体的这种差异正是由HA上受体结合位点结构的差异性决定的。通过进一步序列分析发现，人流感病毒*HA*基因的第226位氨基酸为Leu，为SAα–2，6Gal结合特异性；而禽流感和马流感病毒的相应氨基酸位为Gln，为SAα-2，3Gal结合特异性；SIV *HA*基因上226位为Met，则对SAα-2,3Gal和SAα-2,6Gal均具有相同的结合能力。

参考文献

殷震, 刘景华. 1997. 动物病毒学 [M]. 第2版. 北京: 科学出版社.

Chen W, Calvo PA, Malide D, et al. 2001. A novel influenza A virus mitochondrial protein that induces cell death [J]. Nat Med, 7: 1306–1312.

Dankar SK, Miranda E, Forbes NE, et al. 2013. Influenza A/Hong Kong/156/1997(H5N1) virus NS1 gene mutations F103L and M106I both increase IFN antagonism, virulence and cytoplasmic localization but differ in binding to RIG-I and CPSF30 [J]. Virol J, 10: 243.

Gibbs JS, Malide D, Hornung F, et al. 2003. The influenza A virus PB1-F2 protein targets the inner mitochondrial membrane via a predicted basic amphipathic helix that disrupts mitochondrial function [J]. J Virol, 77: 7214–7224.

Hatta M, Gao P, Halfmann P, et al. 2001. Molecular basis for high virulence of Hong Kong H5N1 influenza A viruses [J]. Science, 293: 1840–1842.

Horimoto T, Kawaoka Y. 1994. Reverse genetics provides direct evidence for a correlation of hemagglutinin cleavability and virulence of an avian influenza A virus [J]. J Virol, 68: 3120–3128.

Jackson D, Hossain MJ, Hickman D, et al. 2008. A new influenza virus virulence determinant: the NS1 protein four C-terminal residues modulate pathogenicity [J]. Proc Natl Acad Sci USA, 105: 4381–4386.

Jagger BW, Wise HM, Kash JC, et al. 2012. An overlapping protein-coding region in influenza A virus segment 3 modulates the host response [J]. Science, 337: 199–204.

Mazur I, Anhlan D, Mitzner D, et al. 2008. The proapoptotic influenza A virus protein PB1-F2 regulates viral polymerase activity by interaction with the PB1 protein [J]. Cell Microbiol, 10: 1140–1152.

McAuley JL, Hornung F, Boyd KL, et al. 2007. Expression of the 1918 influenza A virus PB1-F2 enhances the pathogenesis of viral and secondary bacterial pneumonia [J]. Cell Host Microbe, 2: 240–249.

Mehle A, Doudna JA. 2009. Adaptive strategies of the influenza virus polymerase for replication in humans [J]. Proc Natl Acad Sci USA, 106: 21312–21316.

Munster VJ, Schrauwen EJ, de Wit E, et al. 2010. Insertion of a multibasic cleavage motif into the hemagglutinin of a low-pathogenic avian influenza H6N1 virus induces a highly pathogenic phenotype [J]. J Virol, 84: 7953–60.

Nemeroff ME, Barabino SM, Li Y, et al. 1998. Influenza virus NS1 protein interacts with the cellular 30 kDa subunit of CPSF and inhibits 3'end formation of cellular pre-mRNAs [J]. Mol Cell, 1: 991–1000.

Seo SH, Hoffmann E, Webster RG. 2002. Lethal H5N1 influenza viruses escape host anti-viral cytokine responses [J]. Nat Med, 8: 950–954.

Shi M, Jagger BW, Wise HM, et al. 2012. Evolutionary conservation of the PA-X open reading frame in segment 3 of influenza A virus [J]. J Virol, 86: 12411–12413.

Subbarao EK, London W, Murphy BR. 1993. A single amino acid in the PB2 gene of influenza A virus is a determinant of host range [J]. J Virol, 67: 1761–1764.

Talon J, Salvatore M, O' Neill RE, et al. 2000. Influenza A and B viruses expressing altered NS1 proteins: A vaccine approach [J]. Proc Natl Acad Sci USA, 97: 4309–4314.

Van Hoeven N, Pappas C, Belser JA, et al. 2009. Human HA and polymerase subunit PB2 proteins confer transmission of an avian influenza virus through the air [J]. Proc Natl Acad Sci USA, 106: 3366–3371.

Veits J, Weber S, Stech O, et al. 2012. Avian influenza virus hemagglutinins H2, H4, H8, and H14 support a highly pathogenic phenotype [J]. Proc Natl Acad Sci USA, 109: 2579–2584.

第五章

流感病毒反向遗传操作技术

第一节 发展简况

RNA病毒的反向遗传学操作是指由病毒的cDNA获取RNA病毒的一项技术。该技术通过人为加入的DNA环节，实现了在DNA水平上对RNA病毒基因组的人工操作，在深入阐明病毒基因组结构与功能、发展新型病毒载体，尤其在研制筛选候选疫苗株等方面有很好的应用前景。

反向遗传学技术首先在正链RNA病毒得到应用，因为正链RNA病毒基因组同时也作为mRNA，并具有感染性，直接将编码病毒基因组的cDNA克隆转染，或将体外由cDNA克隆转录出的病毒RNA转染易感细胞，就可以获得完整的有感染性的病毒。因为负链RNA病毒基因组的复制和包装必须具有精确的5′和3′末端，病毒RNA只有在核糖核蛋白复合物（RNP）中才有感染性。因此，负链RNA病毒的反向遗传学技术要比正链RNA病毒复杂、困难得多。直到1994年，Schnel等报道由cDNA克隆产生出狂犬病病毒，首次成功建立了拯救负链RNA病毒的反向遗传操作系统。然而拯救负链分节段RNA病毒，须同时提供不同的RNP，因此技术上的难度更大。

1996年，Bridgen等由质粒拯救出基因组分三段的布尼亚病毒（属于布尼亚病毒科），首次由cDNA克隆成功救获了分节段病毒。由于流感病毒基因组是分为八个节段的RNA，因此cDNA克隆拯救流感病毒更具挑战性。20世纪80年代，Plotch等从去污剂破坏的病毒中分离到vRNP之后，科研工作者们开始尝试在实验室条件下产生流感病毒。1989年，Palese和其同事开创了利用含来源于cDNA克隆vRNA的重组病毒进行研究的先例，首次建立了可对负链RNA病毒基因进行修饰的系统。该系统是将cDNA克隆转录出的vRNA和纯化好的NP及三种聚合酶在体外作用形成RNP复合体，将这种RNP复合体转染真核细胞，同时用辅助病毒提供其他vRNP，结果产生出含有来源于cDNA克隆vRNA的重组病毒。然而这一系统产生的大量子代病毒是辅助病毒，需要利用抗体中和特性、温度敏感性、宿主特异性或药物抗性来筛选获得重组病毒。尽管最终建立了8个节段中的6个节段的筛选方法（包括HA、NA、PB2、NP、M、Ns），但这一系统的技术要求很高而且所需的有效选择系统很有限，因此利用这一方法去修饰流感病毒基因组只能在有限的几个实验室进行。

1994年，Neumann等利用RNA聚合酶Ⅰ系统来对流感病毒基因组进行人为改变以达到研究其功能的目的。该系统不同于转染vRNP的方法，它不需要体外RNA转录、蛋白纯化、体外构建RNP以及RNP转染等技术难度高的过程。RNA聚合酶Ⅰ在细胞核中非常丰富，它的作用是转录核糖体RNA（rRNA）。这种RNA与流感病毒RNA很相似，不含5′帽子和3′多聚A结构，而且RNA聚合酶的起始和终止都有特定序列而不会延伸到其他转录区。因此RNA聚合酶Ⅰ转录产物5′和3′末端没有多余序列。Neumann等将编码氯乙酰基转移酶的cDNA插入到流感cDNA 5′和3′非编码区，并将这段cDNA反向置于聚合酶Ⅰ启动子和终止序列之间，将这一重组质粒转染细胞后，发现细胞中的RNA聚合酶Ⅰ催化合成的RNA与流感病毒的RNA非常相似。1996年，Pleschka等利用该系统在细胞中产生了*NA*基因的vRNP，在辅助病毒的帮助下获得了重组流感病毒。虽然与转染RNP方法相比，RNA聚合酶Ⅰ方法更加方便，技术难度也较低，但仍需要辅助病毒，因此获得重组病毒的效率很低，而且很难获得生长有缺陷的病毒。

1997年Enami等建立了不需要辅助病毒就可以更换任何vRNA节段的系统。他们将纯化好的全部vRNP与cDNA进行温育，使其与目的基因节段杂交，然后用Rnase H将杂交的DNA–RNA消化掉，产生不含目的RNA节段在内的vRNP。将这种经过删除的vRNP与人工合成含有目的RNA的vRNP混合，产生重组病毒，与以前的方法相比，该方法不需要进行筛选来寻找重组病毒筛选，但其缺点是技术难度很高。

直到1999年，完全由质粒系统产生流感病毒的技术难题才被Neumann和Fodor分别攻克了。Neumann等将流感病毒八个基因节段的cDNA分别克隆到上游含有RNA poly Ⅰ启动子、下游含有RNA聚合酶Ⅰ终止序列的质粒上。将这八种转录vRNA的质粒与九种表达流感结构蛋白的质粒共转染293T细胞，在细胞RNA聚合酶Ⅰ的作用下转录出vRNA，同时由表达质粒在细胞中表达提供各种结构蛋白，从而启动了流感病毒的复制循环，产生出人工制造的流感病毒。这即所谓的17质粒系统。随后，转染时将表达结构蛋白的质粒减少到四种，即只将四种复制必需蛋白（NP、三种聚合酶蛋白）的表达质粒与八种转录vRNA质粒共转染来救获病毒，这即是12质粒系统。Fodor等同时建立的12质粒系统与Neumann等建立的很相似，同样将vRNA的cDNA克隆到RNA聚合酶I启动子下游。但在cDNA下游为δ肝炎病毒的核酶序列（能精确切割转录本，使vRNA既完整又无多余序列），将八种转录vRNA的质粒与四种复制必需蛋白的表达质粒共转染Vero细胞来获得流感病毒。Neumann等采用的293T细胞的转染效率很高，病毒RNA和各种结构蛋白在细胞中很容易组装成有感染性的病毒粒子，而Fodor等利用δ肝炎病毒的核酶使流感病毒的3′末端序列更精确无误。

12质粒系统在获得流感病毒过程中须构建12种质粒，而且12种质粒只有同时转染到一个细胞中才能发挥作用，装配出具有感染性的病毒粒子。为了进一步减少转染时的质粒，Hoffmann等建立了另一系统——8质粒载体系统。这一系统中，病毒cDNA被插入到RNA聚合酶Ⅰ启动子和终止序列之间，然后将RNA聚合酶Ⅰ转录部分作为整体插入到RNA聚合酶Ⅱ启动子和polyA之间。转染293T细胞后，在细胞提供的RNA聚合酶Ⅰ和RNA聚合酶Ⅱ的催化下，以病毒cDNA为模板同时向两个方向起始转录，分别合成mRNA和vRNA，转录出的mRNA在细胞质中翻译出流感病毒的结构蛋白，最终使结构蛋白与vRNA装配成有感染性的病毒粒子。由于8质粒系统不需要另外的蛋白表达质粒提供结构蛋白，因此减少了产生流感病毒所需质粒的数量。与12质粒系统相比，8质粒载体系统效率更高一些，但当利用病毒样颗粒研究蛋白功能和基因突变时，12质粒系统更合适一些。总而言之，8质粒系统和12质粒系统都为研究流感病毒提供了极大方便。

4质粒系统是将*PB2*、*PB1*、*PA*、*NP*、*M*、*NS*六个内部基因置于Pol Ⅰ启动子下构建成一个转录质粒，将表面基因*HA*、*NA*也置于Pol Ⅰ启动子下构成另一个转录质粒。而将聚合酶基因*PB2*、*PB1*、*PA*置于Pol Ⅱ启动子下构建成一个表达质粒，将*NP*基因置于另一个表达质粒的Pol Ⅱ启动子下，将这四个质粒共转染Vero细胞，就可以拯救出流感病毒。该系统进一步减少了转染质粒的数量，提高了转染效率。特别适用于转染效率低的细胞（如Vero），并且两个表面基因单独构成一个质粒，利用该系统不仅可以用于人流感及禽流感大流行疫苗株的构建，而且可以比较迅速地应对流感病毒的变异。当然，如果将*HA*、*NA*与其他六个基因全部克隆于一个转录质粒，可以组成3质粒系统。

一个质粒系统（1质粒系统）是将流感病毒的8个基因全部置于RNA Po Ⅱ启动子下，每个基因两侧均有RNA Pol Ⅰ启动子和Pol Ⅰ转录终止子。将该质粒转染Vero细胞也可以救获相应的流感病毒。原则上该质粒只能转录出vRNA而不能生成聚合酶的mRNA，但结果却能拯救出流感病毒，其具体机制尚不清楚。也可将流感病毒8个基因克隆到pYS1190中构建成质粒pYA4519，质粒大小23 618bp，脂质体转染法转染CEF细胞，可以成功救获流感病毒。该1质粒系统在禽流感疫苗方面有两大优势：第一，该质粒使开发流感疫苗种毒更加简单方便。目前流感疫苗种毒的生产主要依赖于8质粒系统。其中*HA*、*NA*基因主要来源于流行毒株，内部基因主要来源于PR8或冷适应株A/Ann Arbor/6/60。由于疫苗种子的内部基因供体基本不变，应此也可以将其六个基因克隆于1个质粒，从而建立一种3质粒系统。取而代之的是可以用1质粒系统产生流感疫苗种毒并且可以得到较高的病毒产量。第二，1个质粒系统为采用细菌载体分配流感病毒基因组提供了一个新的平台。相对于多质粒系统，在细菌细胞中包含1个质粒并将其递送到宿主细胞中更加简单可行，并且很容易将HA盒替换为其他流感病毒的HA，这样可以更好地应对流感大流行。更重要的是该系统提供了一种细菌介导的质粒的递送方法，这一点在其他多质粒系统中难以实现，但是，该系统重组质粒中的每个基因两侧均有RNA Pol Ⅰ启动子和Pol Ⅰ转录终止子，这些重复序列使得质粒的稳定性较差，在复制过程中容易丢失某些片段。

随着反向遗传操作技术和生物技术的不断发展，研究人员可以从大量的抗原中筛选出研制疫苗所需的候选抗原。相对于传统疫苗学，它减少了鉴定疫苗抗原所需的时间和费用，并能提供新的研究方案，对开发新型疫苗也有重要的参考价值。应用RNA病毒反向遗传系统还可以重现病毒的生活周期和感染模式，为阐明病毒的起源、致病机制和免疫交叉保护机制提供了一种切实可行的方法。另外，尽管多种疫苗已经被成功开发且由实验室证明有良好的保护效果，但禽流感的发生却没有被消除。这就需要从病毒反向遗传系统延伸到模式生物基因组背景下的“病毒—宿主反向遗传系统”，从而揭示禽流感跨宿主传播的分子机制，也为预测可能导致人类流感大流行的病毒株提供参考依据。此外，如何正确看待病毒拯救技术的利弊，注意生物安全，防止可能发生的实验室人造病毒的流散和传播也是不可忽视的因素。

反向遗传操作技术在流感病毒中的成功应用，为应对人类下一次流感的大流行及有效防控禽流感、猪流感的发生，充分保障畜禽业的健康发展创造了可靠的条件。但也应看到，在应用该项技术研究流感病毒时可能会引发基因组潜在位点的变异，从而导致生物安全性问题。因此，对这一新技术仍要持谨慎的态度。总之，反向遗传技术是随着现代分子生物学技术发展起来的一门新技术，并伴随着对生物分子水平的进一步认识与了解，直接从遗传物质着手来研究生命现象及本质将会变得更加便捷、省时。因此，反向遗传操作技术在很多领域都将具有广泛的研究及应用前景。

第二节 疫苗开发中的应用

反向遗传学操作技术的发展为理想疫苗种毒株的研制奠定了坚实的基础。目前世界范围内广泛应用两种流感疫苗，一种是全病毒灭活疫苗，另一种是冷适应性弱毒活疫苗。这两种疫苗主要是针对人类季节性流感病毒的，而对于人用H5N1亚型流感病毒疫苗还处于实验室阶段。利用反向遗传操作技术以具有冷适应性和温度敏感性的致弱病毒A/Ann Anbor/6/60（H2N2）为骨架，以A/Anhui/2/2005表面抗原血凝素和神经氨酸酶基因为供体，同时删除了高致病性相关的HA裂解位点多个碱性氨基酸，已经成功构建了H5N1亚型人禽流感冷适应弱毒活疫苗候选株。该疫苗株不仅具有冷适应特性和温度敏感特性，并且具有良好的生物安全性、免疫原性及保护效力，为人类应对H5N1禽流感大流行提供了技术储备。应用流感病毒反向遗传操作技术研制流感疫苗，通常是将流行毒株*HA*和*NA*基因与WHO推荐的高产毒株［A/PR/8/34（PR8）］的内部基因进行基因修饰和重组，得到同时具有流行毒株抗原性和高产特性的重组毒株。这样既能提高疫苗产量，又能有目的地获得所需的流感弱毒疫苗，而且比传统冷适应株研制流感弱毒疫苗周期大大缩短。现在，动物流感疫苗的研制也借鉴了这一策略。因而，该技术在动物流感疫苗的研制中发挥了重要作用。

中国农业科学院哈尔滨兽医研究所利用反向遗传操作技术研制而成禽流感H5亚型系列灭活疫苗，其中对疫苗免疫效果起决定作用的*HA*和*NA*表面基因来自流行毒株，内部基因则来源于高度适应鸡胚的流感病毒PR8株。该类疫苗用于禽类H5亚型禽流感的预防，取得了巨大成就。第一株重组疫苗——重组禽流感病毒灭活疫苗（H5N1亚型，Re-1株），是用1996年我国第一株H5N1亚型禽流感病毒广东分离株的*HA*和*NA*基因与PR8株的内部基因利用反向遗传操作技术获得的。该疫苗是我国自主研发的新型疫苗，在我国高致病性禽流感的防控过程中发挥了巨大作用。基于此，该疫苗于2006年获国家科学技术进步一等奖。

2008年，重组禽流感病毒灭活疫苗（H5N1亚型，Re－5株）取代了Re－1株灭活疫苗，Re－5株种毒的*HA*表面基因来源于2006年安徽鸭分离的DK/AH/06（H5N1）株。与Re－1株疫苗相比，Re－5株疫苗对我国流行株侵袭具有更好的交叉免疫保护作用，尤其是当免疫鸡受到山西等变异株侵袭时，Re－5株疫苗免疫鸡比Re－1株疫苗免疫鸡保护率更高。

2006年2月，从山西免疫过Re－1株疫苗的发病鸡群分离到了CK/SX/06（H5N1）株病毒。利用该株病毒提供的表面基因，采用反向遗传操作技术研制而成重组禽流感病毒灭活疫苗（H5N1亚型，Re－4株）。该疫苗免疫鸡对山西、宁夏等地的H5N1亚型禽流感变异株以及我国大部分流行株的侵袭均具有抵御作用，但对青海斑头雁株等病毒攻击的保护率不高，因此，该苗不能完全取代Re－5株疫苗。该疫苗须在农业部指定范围内应用，目前规定在宁夏、山西、陕西、河南、河北、山东（含青岛）、北京、天津、内蒙古、辽宁（含大连）、江苏、浙江（含宁波）、上海、安徽等地区应用。

中国农业科学院哈尔滨兽医研究所研制而成重组禽流感病毒H5亚型二价灭活疫苗（H5N1，Re－5株+Re－4株），该疫苗克服了单一Re－5株及Re－4株疫苗只针对某些毒株起完全保护作用的缺点，免疫禽可以抵御我国多数H5亚型禽流感流行株的侵袭。此后，又研制成功禽流感（H5+H9）二价灭活疫苗（H5N1 Re－5+H9N2 Re－2株），该疫苗种毒均通过人工重组构建，种毒的效价高、针对性强，疫苗免疫效果好，免疫一次就可以同时预防H5和H9亚型禽流感，与免疫单苗相比可以节约大量的人力、物力和财力，可以全国范围内应用。

Webby等利用反向遗传技术快速构建了符合良好操作规范（Good manufacturing practice，GMP）的H5N1流感疫苗；Lee等也构建了H6N1和H7N8重组流感疫苗，并在接种2周龄的SPF鸡后，能够提供与当前流感病毒疫苗相当的保护力；同时利用间接免疫荧光试验和神经氨酸酶抑制试验，还能区分禽类是自然感染或疫苗接种，这种尝试也证明了反向遗传操作技术是研究AIV致病性和构建疫苗候选株的有用工具。

反向遗传拯救流感病毒的技术不断成熟，还可通过对流感病毒的基因操作获得表达外源抗原的流感病毒载体。目前*NS*基因是引进特定外源抗原基因的首选，其在病毒8个基因节段中是最短的，十分有利于异源基因的插入。Ferko等（2001）将HIV-1 Nef蛋白羧基端长达137个氨基酸的肽段插入到NS1的编码区内，筛选的流感病毒高度致弱，同时产生针对Nef蛋白初始$CD8^+$ T细胞反应和特异性IgG。另外，Mishin等尝试利用*NA*基因作为流感致弱疫苗非必需性基因的特性，构建了NA缺失的突变体载体。

反向遗传操作技术的兴起，开辟了流感新型疫苗快速研发的新纪元。通过反向遗传操作技术快速制备流感后候选疫苗株，建立高效拯救流感病毒的反向遗传操作技术平台和全面系统的评价体系，从而鉴定合格的疫苗候选株和血清标准品送WHO确认，为流感疫苗的研制奠定基础，同时也为应对流感大流行提供必要的技术储备。

第三节　致病性研究中的应用

流感病毒反向遗传操作技术在解析流感病毒致病机理研究方面发挥了重要的作用。

（一）利用流感病毒反向遗传操作技术研究HA蛋白对流感病毒致病性的影响

HA在流感病毒的宿主特异性和致病性方面发挥重要的作用。有效的结合宿主细胞是病毒传播的关键因素。流感病毒感染宿主的第一步是HA蛋白识别和结合宿主细胞表面的唾液酸特异性受体，囊膜与细胞膜融合进入细胞核，最后激活病毒的复制，而完成这些过程的前提是HA前体蛋白必须经过宿主细胞的蛋白酶裂为HA1和HA2两个亚单位。利用流感病毒反向遗传操作技术证明HA对蛋白酶裂解的敏感性直接影响病毒的毒力。如果HA易于被裂解，则该毒株有较高的毒力；反之，则毒力较低。流感病毒HA蛋白裂解位点的结构是影响其裂解的主要原因，而且裂解位点的氨基酸序列与病毒的致病性有关。无毒力的流感病毒如果能够获得一个高裂解能力的HA蛋白，该病毒则会变为有毒力的病毒。高致病性H5N1流感病毒的HA裂解位点的突变会使病毒成为无毒性的病毒。因此，利用流感病毒反向遗传操作技术证实HA裂解位点是流感病毒宿主特异性和致病性的重要决定因素。

通过反向遗传操作技术进行点突变，并结合体内、体外分析可以了解病毒各基因在病毒的体内复制、致病机理方面的影响及作用。2001年，Hatta等对1997年中国香港暴发的流感病毒对小鼠致死差异的研究。他们发现从1997年中国香港流感患者体内分离出的H5N1病毒对小鼠的致病性可分为高、低两个亚群，一个亚群可以导致小鼠死亡，而另一亚群却不能。由于病毒对小鼠的致病性可能与人的发病有一定的联系，所以小鼠可以作为流感病毒对人的致病机理的研究模型。为了弄清楚为什么这两种病毒株对小鼠致病性有如此差异，他们利用RNA聚合酶Ⅰ/Ⅱ转录系统的反向遗传学手段分别拯救了对小鼠高致病性病毒（HK483）和非致病性病毒（HK486）。首先他们发现HK486毒株的HA蛋白在第227位的氨基酸有两种不同的氨基酸残基即异亮氨酸或丝氨酸。当把异亮氨酸换成丝氨酸时会使病毒对小鼠的致病性明显增加。该研究为进一步阐明HK483和HK486对小鼠致病性的差异的分子基础。

（二）利用流感病毒反向遗传操作技术研究NA蛋白对流感病毒致病性的作用

NA蛋白是一种唾液酸酶，NA蛋白是四聚体，它的一级结构包括4个区域：氨基端胞质区、非极性跨膜区、茎部序列和头部序列。NA可以在病毒感染靶细胞时，识别细胞表面流感病毒受体末端的唾液酸残基，使病毒能够进入细胞。NA蛋白的另一个功能为出芽的病毒粒子清理通道，有助于病毒粒子的成熟与释放。利用流感病毒反向遗传操作技术对*NA*基因上的4个氨基酸进行突变（N308S、A346V、T442A、P458S），发现这些突变能增强病毒在哺乳动物细胞上的NA活性，进而能增强该病毒适应哺乳动物的能力。利用流感病毒反向遗传操作技术研究1918年H1N1大流感病毒*NA*基因上N146R或N146Y突变，发现该突变毒株能在不加胰酶的条件下很好地复制，因此这两个氨基酸残基被认为是病毒的毒力分子标记之一。

研究发现*HA*和*NA*基因之间存在某种平衡对病毒的感染和复制具有至关重要的影响，并非所有的HA亚型和NA亚型的组合都能够在自然界分离到。实验室条件下，由于HA和NA不匹配，也很难获得稳定而且滴度较高的重组毒株。许多研究发现具有低NA酶催化活性的流感病毒粒子不能有效地从感染细胞中释放出病毒，从而导致细胞表面子代病毒聚合物数量增多。因为HA对唾液酸受体的识别是细胞表面聚合物形成的直接原因，所以保持HA和NA活性的平衡性对病毒的致病性非常重要。因此，病毒的感染不仅需要足够的HA活性确保病毒的吸附，还需要足够的NA活性保证子代病毒的释放。

（三）利用流感病毒反向遗传操作技术研究聚合酶蛋白的功能

流感病毒的RNA聚合酶由三个亚单位组成：PB1、PB2和PA蛋白，人们通常将这3种蛋白称为3P蛋白，在病毒粒子内，三者的比率为1∶1∶1。聚合酶的3个亚单位之间通过非共价键紧密结合在一起。PB1

的N端与PA的C端相连，PB1的C端与PB2的N端相连，3个亚单位均参与病毒基因组的复制和转录，都与病毒的致病性相关。

PB1亚单位是3P蛋白的核心，也是RNA聚合酶的催化中心，是催化RNA链延伸的聚合酶。研究发现N端78位氨基酸残基和256～659位的氨基酸残基序列与RNA聚合酶的功能有关。PB1可与模板RNA（cRNA）和病毒RNA（vRNA）发生特异性结合，与vRNA的5′端和3′端发夹结构结合有两个区，两个区相距300多个氨基酸残基，与vRNA3′末端启动子的结合区位于249～256位氨基酸残基；与病毒启动子5′末端结合区是以R571和R572为中心，此序列在所有A型流感病毒PB1中均高度保守。PB1对cRNA的结合同样也是特异的，对cRNA 5′端和3′端的发夹结构有相同的亲和力，结合区分别位于N端1～139位氨基酸和267～493位氨基酸残基区域。PB1的C端可能由三位螺旋束组成，可与PB2结合形成稳定的α-螺旋，对核苷酸的聚合发挥重要作用。利用流感病毒反向遗传操作技术研究发现PB1和新发现的PB1-F2与小鼠肺毒性有关，PB1-F2蛋白具有调控流感病毒感染早期的病毒毒力和诱导继发性细菌感染的能力，能够与PB1亚单位结合，增强聚合酶活性。利用流感病毒反向遗传操作技术研究，发现PB1第436位氨基酸由His突变为Tyr后，病毒毒力降低。自然感染途径下，PB1蛋白Y436H和PA蛋白T515A氨基酸突变，可减少病毒对鸭的致病性，而在静脉注射下两者依然可以使鸡致死，说明病毒致病性还与组织嗜好性有关。

利用流感病毒反向遗传操作技术研究发现PB2蛋白不仅与病毒宿主特异性相关，而且还与病毒的致病性有关，其中第627和701位氨基酸起关键作用。如果流感病毒PB2蛋白第627位为Lys，则该毒株可以在哺乳动物上呼吸道内有效复制，如果PB2蛋白第627位为Glu，则该毒株不能在哺乳动物上呼吸道内有效复制。体外试验证明，PB2 E627K突变在温度为33℃时可以增强病毒在哺乳动物细胞上的复制能力，但37℃和41℃时则不能。因此，流感病毒可以通过聚合酶蛋白上氨基酸突变来改变毒株的温度敏感性，调控A型流感病毒的传播。

PA是磷酸化蛋白，其N端是聚合酶的多功能区，可调控蛋白的稳定性、活化核酸内切酶活性、结合帽子和启动子结构，并且对聚合酶的结构起重要作用，此区的基因突变会导致宿主蛋白降解。利用流感病毒反向遗传操作技术研究发现PA蛋白H510A突变可破坏聚合酶核酸内切酶活性并选择性抑制转录，但可修复核酸内切酶活性。Ser和Thr是磷酸化位点，赋予PA蛋白水解酶活性，N端前247位氨基酸构成了该活性的功能区域，该区不仅能诱导病毒蛋白水解也可诱导宿主细胞蛋白酶水解。聚合酶的复制活性与PA的蛋白水解活性相关联。PA具有聚合酶活性，参与病毒的转录与复制全过程。转录起始阶段，运用其核酸内切酶功能对加帽的RNA引物切割，并在RNA合成时作为延长因子参与病毒复制过程。PA能特异性结合vRNA和cRNA启动子，尤其与cRNA启动子的亲和性较好，PA的L163～I178区直接或间接影响其与启动子结合的能力，这意味着PA的一个新的调节启动子结合的功能区。PA的N端1/3区存在一个核定位信号（NLS），PA－PB1的穿核运输与其有关，此NLS对PB1在细胞核内的积聚有着重要的影响。PA具有加强PB1与5′末端vRNA的结合活性和PB1－RNA相互间作用的功能，同时可稳定聚合酶和启动子之间的关系。利用流感病毒反向遗传操作技术研究发现，当病毒的PA第515位氨基酸由Thr突变为Ala时，病毒对鸭的致病性减弱，但仍保持对雪貂和小鼠的高致病性。而且，从野禽中分离到的低致病性H5N2亚型禽流感病毒在小鼠体内连续传代后，该病毒对小鼠具有了高致病性。PA在病毒的致病性方面起重要作用，将病毒PA蛋白第97位氨基酸由Thr突变为Ile后，病毒对小鼠的致病性增强。

（四）利用流感病毒反向遗传操作技术研究NP蛋白的功能

NP蛋白即核蛋白，是流感病毒主要的结构蛋白，与3种依赖RNA的RNA聚合酶PA、PB1、PB2及RNA共同构成核糖核蛋白。流感病毒核蛋白非常保守，同型流感病毒核蛋白的氨基酸相似性在90%以上，具有型和种属特异性。NP蛋白大约占流感病毒总量的30%，氨基酸含有一个

RNA结合区域和2个核蛋白—核蛋白相互作用区。核蛋白还决定宿主的特异性，并参与流感病毒复制过程的多个阶段，如通过两个核定位信号促使病毒核糖核蛋白进入细胞核内，作用于RNA在细胞核内的合成、与PB1和PB2相互作用调节多聚酶的活性、与M1/NS2相互作用使合成的病毒核糖核蛋白从核内输出到胞质等。另外，核蛋白含有一种能够与丝状肌动蛋白相互作用的胞质聚集信号，导致病毒感染的后期核蛋白停滞在胞质中。

NP蛋白的抗原结构稳定，很少变异。晶体结构显示，NP蛋白多以三聚体形式存在，每个核蛋白约和24个病毒RNA的核糖核苷酸结合，还与病毒编码的3种RNA多聚酶复合体一起相连形成核糖核蛋白，即核衣壳。核衣壳两两相互作用形成的多聚体包裹病毒RNA，使病毒RNA壳体化，这在病毒的包装及复制过程中起重要的作用。利用流感病毒反向遗传操作技术研究表明，一些高度保守的Arg和Trp残基促成NP蛋白和RNA的结合。Ng A. K. 等发现NP蛋白头端和尾端之间的凹槽对NP蛋白结合RNA起重要的作用，尤其是R74A、R174A、R156A和R175A位点。同时他们还揭示NP蛋白结合RNA的机制，即NP蛋白的环状结构捕获RNA，并将其转运到富含Arg凹槽上，最后位于凹槽的RNA夹住凹槽中富含Arg残基的NP蛋白的突出部分。

（五）利用流感病毒反向遗传操作技术研究M1和M2蛋白对病毒致病性的影响

M1是A型流感病毒的基质蛋白，是病毒的主要结构蛋白，具有型特异性，M1在病毒复制及感染中起关键作用。而M2是一种跨膜蛋白，结构很保守。Sha等通过观察禽流感病毒N端2 ~ 125氨基酸X线晶体结构，证明M1可形成二聚体，同时结合病毒RNA和囊膜，在病毒核衣壳形成过程中起重要作用。研究证明了A型流感病毒M1蛋白在调节核糖核蛋白输出、抑制病毒基因组转录以及病毒出芽过程中起关键作用。Reinhardt发现A型流感病毒M1可与宿主细胞膜上的蛋白激酶C受体发生相互作用，进而在病毒复制及感染中起关键作用。由于M1在病毒复制及感染过程中被磷酸化，该研究进一步证实，正是蛋白激酶C催化了M1蛋白的磷酸化，而且M1与蛋白激酶C受体的相互作用本身就是磷酸化过程的一部分。

M2蛋白的质子选择活性对流感病毒的复制有调节作用，而且流感病毒的抗病毒药物金刚烷胺就是通过抑制离子通道活性而发挥抗病毒作用。研究发现在病毒复制过程中，病毒粒子通过受体介导的内吞作用进入细胞后，M2离子通道被外周酸性环境激活发挥作用使质子进入病毒粒子。而低pH可以使M1蛋白与vRNA之间的相互作用减弱，从而有利于vRNP释放并进入细胞核。另一方面，M2蛋白在合成后向细胞质运送过程中致使细胞质与高尔基体内的pH达到某种平衡，高尔基体的低pH易使HA蛋白高级结构进一步形成。

（六）利用流感病毒反向遗传操作技术研究NS1蛋白对病毒致病性的影响

NS1蛋白和NS2蛋白都是由*NS*基因合成而来，其中NS1是非结构蛋白，NS2是结构蛋白—核输出蛋白。NS1蛋白与病毒的毒力和宿主特异性有关。NS1蛋白对干扰素IFN具有颉颃作用。研究发现，含有1997年高致病性H5N1 *NS*基因的重组病毒比含有非H5N1 *NS*基因的重组病毒致病性要强的多。进一步研究发现，高致病性H5N1 NS1蛋白能够诱导产生大量的趋化因子来对抗IFN抗病毒作用，能够使病毒继续复制，维持细胞因子和趋化因子的上游调节作用。对于不同的病毒株，NS1含有202～238个氨基酸，N末端具有RNA结合区，C末端具有效应区。利用流感病毒反向遗传操作技术研究发现RNA结合区包括N末端的73个氨基酸。效应区包含裂解位点和3′端加A的特异结合位点和多聚腺苷酸结合蛋白II，二者可以影响NS1的功能。为了对抗宿主细胞的防御作用，NS1通过干扰IFN-β的产生和IFN介导的抗病毒基因表达起作用。NS1阻断转录因子NF-κB、IFN调节因子Ⅲ或者激活蛋白Ⅰ，来抑制IFN-β的产生。NS1

的RNA结合活性对NS1颉颃病毒起关键作用。NS1也干扰IFN-β刺激基因，如蛋白激酶R（PKR）。PKR是通过激活IFN-β而表达，在感染细胞中，NS1介导的抑制IFN-β也影响PKR的表达。另外，NS1也通过螯合双股RNA来影响PKR的表达水平，因为双股RNA是PKR的激活剂，可以直接和PKR相互作用。

利用流感病毒反向遗传操作技术研究发现，1997年流感暴发后分离到高致病性H5N1流感病毒的NS1蛋白不同于其他流感病毒，这个病毒NS1的92位氨基酸由Asp替换为Glu，这一位点氨基酸的替换大大影响了病毒对猪和小鼠的致病性。Li等研究发现鹅源H5N1禽流感病毒*NS1*基因影响病毒对鸡的致病性。NS1蛋白第149位氨基酸由Val突变为Ala后，能够在鸡体内复制，该位点氨基酸的突变对H5N1禽流感病毒颉颃宿主体内IFN-α和IFN-β的产生具有重要作用。位于NS1蛋白RNA结合域的第42位氨基酸对H5N1禽流感病毒在哺乳动物体内的毒力有重要作用，他们将一株H5N1禽流感病毒NS1蛋白第42位氨基酸由Pro突变为Ser后，该病毒对小鼠具有了高致病性，进一步研究发现NS1第42位氨基酸对病毒抑制双链RNA对NF-κB和IRF-3途径的激活起关键作用。该研究还发现将NS1蛋白第38和41位氨基酸单独突变为Ala时，不能改变病毒对小鼠的高致病性，而将这两个位点同时突变为Ala，病毒在小鼠体内则完全致弱。

（七）利用流感病毒反向遗传操作技术研究新发现的几种蛋白对病毒致病性的影响

自2001年，Chen等发现了一种不属于流感病毒任何已知开放阅读框编码的蛋白PB1-F2起，目前已经发现了另外6种新的病毒蛋白PB1-N40、PA-X、PA-N155、PA-N182、M42和NS3蛋白。

PB1-F2蛋白是PB1+1可读框编码的87个残基的蛋白，该蛋白在感染细胞的线粒体内大量存在。PB1-F2能够诱导细胞凋亡，是流感病毒的一个重要的毒力因子。利用流感病毒反向遗传操作技术研究发现，H5N1流感病毒和1918年H1N1流感病毒中PB1-F2蛋白第66位氨基酸发生突变（N66S）能够大大增强病毒的毒力。该位点的突变使病毒炎性细胞因子（如TNF-α）的分泌增加。PB1-F2蛋白能够增强聚合酶活性。部分PB1-F2可以与流感病毒PB1蛋白结合，但不与其他聚合酶成分结合。试验表明，在敲除PB1-F2蛋白的情况下，流感病毒蛋白PB1的定位发生改变，主要定位在细胞质中。由此推测，PB1-F2可以通过结合PB1的方式将部分PB1滞留在细胞核中，其作用可能是通过阻止PB1过早由细胞核中转移到细胞质中，以此来延长聚合酶在细胞核中的时间，达到保证聚合酶活性的目的。最近的研究发现，PB1-F2蛋白还调节宿主的固有免疫。

PB1-N40蛋白是PB1蛋白N末端截短后的蛋白。许多A型流感病毒包括人流感病毒、马流感病毒和禽流感病毒中都有PB1-N40蛋白的表达。PB1-N40除了缺失掉N末端的39个氨基酸外（主要构成与PA蛋白的相互作用位点），其余的序列均与PB1一致，因此PB1-N40就不能与PA形成复合体，也不能直接介导这两个蛋白进入细胞核。PB1-N40对病毒的组织培养和鸡胚增殖是非必需的蛋白。PB1-N40在A型流感病毒生命周期中有重要作用。首先，在未感染病毒的细胞中，PB1-N40主要位于细胞质中，而在感染病毒的细胞中，该蛋白主要位于细胞核中。虽然PB1-N40虽然不能与PA相互作用，但是它能够结合其他病毒蛋白如PB1、PB2、NP和PB1-F2等。在细胞核中就可以检测到PB1-N40与PB2和病毒聚合酶复合体的相互作用。其次，PB1、PB1-F2和PB1-N40的表达是相互依赖的。PB1-N40的一个重要作用就是维持PB1与PB1-F2表达量的平衡。利用流感病毒反向遗传操作技术去除PB1-F2的起始密码子会导致感染初期PB1-N40的表达过量，而PB1蛋白表达延迟。截短PB1-F2 8个密码子后，由于破坏了PB1-N40的AUG起始密码子，所以不再表达PB1-N40。PB1-N40的AUG密码子发生突变会导致PB1的表达量增加三倍。PB1-N40还能够影响流感病毒的复制效率。Wise和Tauber等研究发现，病毒缺失PB1-N40蛋白会降低聚合酶活性，从而减慢病毒的复制速率。

PA-X、PA-N155和PA-N182都是由*PA*基因编码而来。PA-X调节

宿主对流感病毒感染的应答反应。利用流感病毒反向遗传操作技术研究发现，PA–X的N端核酸内切酶区能够调节宿主mRNA的降解，但是其作用底物和特异性还不确定。PA–X具有阻断宿主细胞的作用，它能够通过抑制宿主细胞内基因的表达来减弱宿主细胞的抗病毒反应，并介导核糖体对病毒mRNA的转录。流感病毒野毒和PA–X缺失毒感染小鼠后，小鼠体内的应答反应截然不同，PA–X缺失毒感染的小鼠体内许多基因得到上调。分析发现，这些基因主要与免疫应答（IFN–γ、趋化因子受体CCR5、CD28、IL–7和IL–15信号）、细胞凋亡（Fas通路信号、淋巴毒素）和细胞分化有关。PA–X缺失毒株能够加速宿主细胞的抗病毒反应，从而导致感染的小鼠出现更为严重的临床症状。PA–N155和PA–N182是PA蛋白N端截短后的蛋白。A型流感病毒感染不同宿主细胞，均能检测到PA–N155和PA–N182蛋白的表达。PA–N155和PA–N182与PB1和PB2结合时，不具有聚合酶活性。PA–N155和PA–N182与病毒的致病性有关，Muramoto等将表达PA–N155和PA–N182蛋白的第155和182位起始密码子AUG（Met）突变为CUA（Leu），从而抑制这两种蛋白的表达。研究发现第155位突变和第155与182双位点突变，不但能够降低病毒在细胞中的复制速率，而且还能够减小病毒对小鼠的致病性。

M42也是由*M*基因编码而来，是M2蛋白的异构体。研究发现M42蛋白不仅能够提高病毒在组织细胞培养中的复制效率，而且还能够增强病毒对宿主的致病性。正常情况下，M42蛋白的表达仅局限与少数的A型流感病毒（0.2%），其中包括部分人流感病毒和高致病性禽流感病毒。

一些A型流感病毒的*NS*基因除了编码NS1和NS2蛋白外，还能编码一种新的蛋白NS3，它是由于*NS*基因第374位碱基发生突变（A374G），导致mRNA发生可变剪切而产生的一种新的蛋白。禽流感病毒*NS*基因A374G突变与病毒跨越宿主障碍而在人、猪和犬之间传播有很大的关系。该位点的突变与1997年H5N1禽流感病毒和1999年H9N2禽流感病毒跨宿主传播人类有关。因此，Selman推测NS3蛋白可能与病毒的宿主适应性和跨越宿主屏障有关。

通过反向遗传技术，构建人工突变和基因重组的病毒，研究病毒突变体的宿主范围致病性等生物学特性变化，可以模拟流感病毒的分子进化过程，揭示其分子遗传演化和流行的规律，因此对提高流感疫情检测、预测水平和制定有效的防治措施具有重要的意义。

第四节 流感病毒反向遗传操作技术在跨宿主传播研究中的应用

流感病毒（Influnza virus，IV）属于正黏病毒科流感病毒属A型流感病毒，可以感染人、猪、犬、猫、马、海豚等哺乳动物和各种禽类。动物流感病毒不仅引发动物流感，造成畜牧业的经济损失，而且常常直接跨宿主屏障感染人类，或与人流感病毒重组后感染人类，引发严重的公共卫生问题。反向遗传操作技术的发展为了解病毒基因及其产生是如何同宿主细胞成分或宿主发生相互作用提供了研究方法。虽然，A型流感病毒可以从很多动物的体内分离到，可是它却存在很明显的宿主范围的限制性。例如，人的流感病毒不一定能在鸭的肠道中生长繁殖。可是，1997年的中国香港流感和2013年的H7N9流感又表明禽类的流感病毒可以直接传染给人，这其中的奥妙却不得而知。然而，流感病毒反向遗传学的发展却给研究流感病毒跨宿主传播研究提供了手段。

一、利用流感病毒反向遗传操作技术研究流感病毒受体结合特性

相关研究证实，禽流感可跨越种间障碍直接感染人类，通过相关分子基础研究发现，有多个基因在决定宿主范围方面起作用，但是细胞受

体和HA受体结合位点的相互识别对病毒宿主范围起决定作用，所有流感病毒都可识别含有唾液酸末端的寡糖链。但HA对这类分子的识别具有特异性，禽流感病毒偏爱结合唾液酸α-2，3半乳糖，而人流感病毒却偏爱结合唾液酸α-2，6半乳糖。研究发现HA蛋白第226、228位氨基酸起着关键的作用。禽流感病毒的HA蛋白266位常为Gln，228位常为Gly，而人流感病毒226位为Leu，228位为Ser。如226位为Gln和228位为Gly，则易与唾液酸α-2，3半乳糖结合；如226位为Leu和228位为Ser则易与唾液酸α-2，6半乳糖结合。原因是不同宿主体内，流感病毒复制位点的主要细胞受体上的唾液半乳糖是不同的。例如，人的呼吸道上细胞主要含有唾液酸α-2，6半乳糖，而禽类消化道细胞上主要是唾液酸α-2，3半乳糖，而猪呼吸道含有以上两种类型的寡糖链。因此，猪对禽流感和人流感都敏感。Harvey，R.（2004）研究发现1997年中国香港流感患者体内分离到的禽流感病毒226位点突变为Met时，HA对唾液酸α-2，3半乳糖及唾液酸α-2，6半乳糖均具有相同的结合能力，这也是禽流感可直接感染人的原因之一。

二、利用流感病毒反向遗传操作技术研究病毒蛋白对传播能力的影响

（一）利用流感病毒反向遗传操作技术研究HA对传播能力的影响

HA与宿主表面受体结合的难易程度是决定流感病毒能否感染该宿主的关键因素之一，而RBS是HA结合受体的重要区域。深入的研究发现A型流感病毒宿主特异性与HA1蛋白RBS上的氨基酸位点密切相关。HA1 RBS呈浅口袋状凹陷，组成这一袋状位点的氨基酸相对比较保守，其中位于RBS袋状凹陷的底部的第226和228位氨基酸，在与宿主细胞表面受体唾液酸结合过程中发挥重要的作用，不同宿主流感病毒该位点氨基酸残基都很保守，不同亚型病毒受体结合特性各不相同，而且相同亚型病

毒的宿主特异性也存在明显差别。人流感病毒HA蛋白第226位氨基酸为Leu，第228位为Ser，而禽流感病毒和马流感病毒的HA蛋白第226位氨基酸为Gln，第228位为Gly。Jessica等发现，从感染H7N2亚型禽流感病毒的人体内分离到的变异病毒能够同时识别“禽型”和“人型”受体，进一步研究证实这与RBS 220–loop环缺失的八个氨基酸有关，这几个氨基酸的缺失增强了病毒识别唾液酸α–2，6唾液酸受体的能力。研究发现H3亚型流感病毒血凝素的第205位丝氨酸残基虽然与受体结合位点相距较远，但是如果丝氨酸残基突变为酪氨酸残基，就会使病毒识别受体由α–2，6型转变为α–2，3型。

流感病毒HA的RBS区氨基酸的单点突变就可以改变病毒的受体结合特性，由唾液酸α–2，3半乳糖受体转变为唾液酸α–2，6唾液酸受体，从而改变宿主特异性。流感病毒进化过程中HA蛋白第134、136和153位氨基酸很保守，而第190、225、226和228位氨基酸最容易发生突变引起宿主特异性改变。H1N1人流感病毒第190和225位为Asp，而禽流感病毒第190位为Glu，第225位为Gly。而且禽流感病毒的第138(Ala）和194(Leu）位氨基酸很保守，因此这些氨基酸位点的突变很可能会改变禽流感病毒的宿主特异性。研究发现将H2和H3亚型禽流感病毒HA的第226和228位氨基酸分别突变为Leu和Ser，病毒则具有了“人型”受体特异性；而将H1亚型人流感病毒和猪流感病毒HA蛋白第190位Asp突变为Gln，病毒则具有了“禽型”受体特异性。近年来，Chen等利用流感病毒反向遗传操作技术研究发现人源H5N1流感病毒HA蛋白第160位氨基酸由Thr突变为Ala后，会导致HA蛋白第158 ~ 160位氨基酸不能发生糖基化，从而阻碍HA蛋白与唾液酸α–2，6唾液酸受体的识别，最终使病毒不能在豚鼠体内复制。因此，该位点氨基酸的突变对H5N1流感病毒在哺乳动物（豚鼠）体内的传播起到关键作用。

研究发现将2009年引起甲流的H1N1亚型流感病毒的200位和227位用猪流感病毒相应位点的氨基酸进行替换，获得含有T200A和E227A两个突变的病毒。该病毒在哺乳细胞上增殖能力明显提高，引起小鼠发病更加严重，但是这两点突变后在雪貂中的传播能力明显降低，表明HA上的200T和227E是猪流感病毒适应人体后发生的适应性变化，使得病毒对人的致病性有所降低，但传播能力有所提高。同样，2009年的甲型流感病毒的226位由谷氨酸（Q）突变为精氨酸（R）后，病毒的受体结合特性由α-2，6唾液酸受体转变为α-2，3半乳糖受体，导致该病毒在雪貂肺内的复制能力降低，同时失去了通过飞沫在豚鼠间的传播能力。

研究发现流行性H2N2病毒HA Q226L突变后的病毒能够通过呼吸道飞沫在雪貂模型中传播，而且D190E和G225D两个氨基酸的改变能够引起1918 H1N1流感病毒宿主特异性发生改变：由“人型”转为“禽型”特异性受体，阻止其在雪貂体内复制。研究发现，虽然北美H7亚型流感病毒对唾液酸α-2，6唾液酸受体的结合能力增强，而对唾液酸α-2，3半乳糖受体的结合能力减弱，但该病毒仍然无法通过呼吸道飞沫在哺乳动物间传播。而且，一些H9N2病毒即使能够优先识别唾液酸α-2，6唾液酸受体，却不能通过呼吸道飞沫在雪貂中有效传播。因此，这些研究说明禽流感病毒具有的“人型”受体特异性可能是病毒通过呼吸道飞沫在雪貂中传播的必需而非充分条件。

研究H5N1亚型禽流感病毒A/Indonesia/5/2005在哺乳动物中传播能力时，发现病毒HA蛋白182位的N突变为K、222位的Q突变为L、224位的G突变为S后，病毒对雪貂和人的上呼吸道细胞的吸附方式与人流感病毒非常相似，将这些位点与PB2蛋白上的E627K同时突变后，救获的病毒仍然不能在雪貂间发生空气传播，但是将突变后的病毒与野生病毒同时在雪貂体内连续传10代后，突变病毒获得了经过空气在雪貂间传播的能力，进一步进行序列分析发现，HA上的H103Y、T156A、Q 222L和G224S点突变与病毒获得空气传播能力关系密切。此外HA蛋白上不同位点进行人工突变，当突变为158D/224K/226L、196R/226L/228S或110Y/160A/226L/228S组合时，H5N1亚型禽流感病毒获得识别结合α-2，6唾液酸受体的能力，病毒转而获得在雪貂间传播的能力。

（二）利用流感病毒反向遗传操作技术研究NA对传播能力的影响

流感病毒的对不同宿主的感染能力还与神经氨酸酶（NA）蛋白有关，研究表明NA在A型流感病毒从一种宿主跨越到另一种宿主的适应过程中发挥着重要作用。利用流感病毒反向遗传操作技术，将来源于人流感病毒的*NA*基因与鸭源的其他7个基因进行人工重组，救获得的病毒不能够在鸭体内复制。究其原因，发现禽流感病毒主要在禽类消化道内复制，而人流感病毒主要在人的呼吸道内复制。二者复制环境的pH差别巨大，而NA蛋白对pH变化非常敏感，不同的pH影响了NA功能的发挥。进一步研究发现，1957年的H2N2和1968年的H3N2流感病毒的*NA*基因在低pH下均保持稳定；而1971年以后分离到的H3N2亚型流感病毒，其*NA*基因在低pH下不能稳定存在。导致这一差别主要是344位的精氨酸突变为赖氨酸、466位的苯丙氨酸突变为亮氨酸造成的，NA蛋白344位精氨酸和466位苯丙氨酸可以增强禽流感病毒在小鼠肺内复制能力和致病能力。

（三）利用流感病毒反向遗传操作技术研究其他基因对传播能力的影响

尽管HA蛋白在A型流感病毒感染宿主和在宿主间传播方面起决定性作用，但是病毒的PB2、PB1、PA、NP、M1、M2和NS1蛋白等都对流感病毒宿主特异性和传播能力起到重要的作用。

利用流感病毒反向遗传操作技术研究发现流感病毒PB2蛋白与病毒宿主特异性和传播能力的改变关系密切。禽流感病毒PB2蛋白第627位点为Glu，而人流感该位点为Lys，禽流感病毒的627位有Glu突变为Lys后，病毒对哺乳动物的致病性大幅度提高。Li等首次发现H5N1亚型禽流感病毒PB2蛋白第701位氨基酸的改变能够使病毒跨越宿主感染小鼠。将H5N1亚型禽流感病毒PB2蛋白第701位氨基酸由天冬氨酸突变为天冬酰胺，发现该位点的突变能够使病毒获得在小鼠体内复制的能力。随后，Chen等也发现H5N1亚型禽流感病毒PB2蛋白第701位氨基酸由天冬氨酸突变为天冬酰胺，使该病毒获得了感染豚鼠的能力。将2009年甲流大流行毒株A/New York/1682/2009的PB2蛋白第701位氨基酸由天冬氨酸突变为天冬酰胺，获得的病毒的复制速率和对小鼠的致病性明显提高，同时突变病毒在雪貂中的传播能力也明显高于亲本病毒。该研究结果表明，一旦甲型流感病毒的701位点由天冬氨酸突变为天冬酰胺，可能会在人群中迅速流行并引发严重疾病。相反地，将2009年的甲型流感病毒PB2蛋白上的271位由丙氨酸（A）突变为苏氨酸（T）后，导致该病毒失去了通过飞沫在豚鼠间的传播能力。

Gabriel等研究发现禽流感病毒聚合酶基因（*PB2*、*PB1*和*PA*）和*NP*基因的突变是流感病毒适应并感染新宿主的关键。H7N7亚型禽流感病毒PB2蛋白D701N，PB1蛋白S678N，PA蛋白K615N和NP蛋白N319K的突变能够使病毒宿主特异性发生改变，突变病毒能够适应并感染小鼠。PB1蛋白S678N突变，PB2蛋白S714R突变，PA蛋白K615N突变，NP蛋白N319K突变均与宿主特异性相关。流感病毒PB2蛋白D701N和NP蛋白N319K的突变能够促进PB2聚合酶蛋白和NP蛋白与哺乳动物细胞中核输入蛋白α1的结合，从而增强了病毒在哺乳动物体内复制的能力。这些发现说明病毒聚合酶蛋白和核输入机制对流感病毒跨宿主传播具有重要的作用。利用流感病毒反向遗传操作技术研究H5N1亚型禽流感病毒A/Indonesia/5/2005在哺乳动物中传播能力时，发现获得在雪貂间空气传播能力的突变病毒除了与HA蛋白上的突变有关外，还与PB2蛋白上的E627K、PB1蛋白上的H99Y和I368V、NP蛋白上的R99K和S345N突变有关。但是哪个氨基酸为主的突变起到了关键作用，尚待利用反向遗传学方法进行验证。

*M*基因在流感病毒获得空气传播能力中的作用也非常重要。将2009年甲型流感病毒A/California/04/09（H1N1）与另一株H1N1毒株A/Puerto Rico/8/34进行单基因或多基因人工重组，进行病毒在豚鼠中进行空气传播试验；同时用A/California/04/09的基因节段替换A/swine/Texas/1998（H3N2）病毒的相应节段进行验证，结果发现在A/Puerto Rico/8/34和A/

swine/Texas/1998病毒背景下，A/California/04/09的*M*基因替换相应基因后，能够明显提高重组病毒的空气传播能力。

NS蛋白C末端的PDZ结合序列可以影响2009年甲型流感的传播能力，将一株甲型流感病毒A/Korea/01/2009的*NS*基因用H5N1亚型禽流感感病毒人体分离株A/Vietnam/1203/2004的相应基因替换后，重组病毒的致病性和传播能力均降低，但将该重组病毒的NS1蛋白C末端插入PDZ结合序列后，重组病毒致病性恢复为亲本病毒A/Korea/01/2009相似的毒力，该病毒在豚鼠上的传播效率甚至高于其亲本病毒。

参考文献

Air GM, Laver WG. 1989. The neuraminidase of influenza virus [J]. Proteins: Structure, Function, and Bioinformatics, 6: 341–356.

Almond J. 1977. A single gene determines the host range of influenza virus [J]. Nature, 270: 617–618.

Belser JA, Blixt O, Chen L-M, et al. 2008. Contemporary North American influenza H7 viruses possess human receptor specificity: Implications for virus transmissibility [J]. Proceedings of the National Academy of Sciences, 105: 7558–7563.

Bridgen A, Elliott RM. 1996. Rescue of a segmented negative-strand RNA virus entirely from cloned complementary DNAs [J]. Proceedings of the National Academy of Sciences of the United States of America, 93: 15400–15404.

Buckler-White AJ, Naeve C, Murphy B. 1986. Characterization of a gene coding for M proteins which is involved in host range restriction of an avian influenza A virus in monkeys [J]. Journal of virology, 57: 697–700.

Bui M, Whittaker G, Helenius A. 1996. Effect of M1 protein and low pH on nuclear transport of influenza virus ribonucleoproteins [J]. Journal of virology, 70: 8391–8401.

Chen LM, Blixt O, Stevens J, et al. 2012. In vitro evolution of H5N1 avian influenza virus toward human-type receptor specificity [J]. Virology, 422: 105–113.

Chen W, Calvo PA, Malide D, et al. 2001. A novel influenza A virus mitochondrial protein that induces cell death [J]. Nature medicine, 7: 1306–1312.

Chen Z, Li Y, Krug RM. 1999. Influenza A virus NS1 protein targetspoly (A)-binding protein II of the cellular 3'-end processing machinery [J]. EMBO journal, 18: 2273–2283.

Chou YY, Albrecht RA, Pica N, et al. 2011. The M segment of the 2009 new pandemic H1N1 influenza virus is critical for its high transmission efficiency in the guinea pig model [J]. Journal of virology, 85: 11235–11241.

Chutinimitkul S, van Riel D, Munster VJ, et al. 2010. In vitro assessment of attachment pattern and replication efficiency of H5N1 influenza A viruses with altered receptor specificity [J]. Journal of virology, 84: 6825–6833.

Colman PM, Laver W, Varghese J, et al. 1987. Three-dimensional structure of a complex of antibody with influenza virus neuraminidase [J]. Nature, 326: 358–363.

Conenello GM, Palese P. 2007. Influenza A virus PB1-F2: a small protein with a big punch [J]. Cell host & microbe, 2: 207–209.

Conenello GM, Tisoncik JR, Rosenzweig E, et al. 2011. A single N66S mutation in the PB1-F2 protein of influenza A virus increases virulence by inhibiting the early interferon response in vivo [J]. Journal of virology, 85: 652–662.

Connor RJ, Kawaoka Y, Webster RG, et al. 1994. Receptor specificity in human, avian, and equine H2 and H3 influenza virus isolates [J]. Virology, 205: 17–23.

Couceiro JN, Paulson JC, Baum LG. 1993. Influenza virus strains selectively recognize sialyloligosaccharides on human respiratory epithelium; the role of the host cell in selection of hemagglutinin receptor specificity [J]. Virus research, 29: 155–165.

De Santis R, Faggioni G, Ciammaruconi A, et al. 2010. A FRET based melting curve analysis to detect nucleotide variations in HA receptor-binding site of H5N1 virus [J]. Molecular and cellular probes, 24: 298–302.

Deng T, Vreede FT, Brownlee GG. 2006. Different de novo initiation strategies are used by influenza virus RNA polymerase on its cRNA and viral RNA promoters during viral RNA replication [J]. Journal of virology, 80: 2337–2348.

Dudek SE, Wixler L, Nordhoff C, et al. 2011. The influenza virus PB1-F2 protein has interferon antagonistic activity [J]. Biological chemistry, 392: 1135–1144.

Enami M. 1997. [Structure and function of influenza virus NS1 and NS2 proteins]. Nihon rinsho [J]. Japanese journal of clinical medicine, 55: 2605–2609.

Fan S, Gao Y, Shinya K, et al. 2009. Immunogenicity and protective efficacy of a live attenuated H5N1 vaccine in nonhuman primates [J]. PLoS pathogens, 5: e1000409.

Ferko B, Stasakova J, Sereinig S, et al. 2001. Hyperattenuated recombinant influenza A virus nonstructural-protein-encoding vectors induce human immunodeficiency virus type 1 Nef-specific systemic and mucosal immune responses in mice [J]. Journal of virology, 75: 8899–8908.

Fodor E, Crow M, Mingay LJ, et al. 2002. A single amino acid mutation in the PA subunit of the influenza virus RNA polymerase inhibits endonucleolytic cleavage of capped RNAs [J]. Journal of virology, 76: 8989–9001.

Fodor E, Devenish L, Engelhardt OG, et al. 1999. Rescue of influenza A virus from recombinant DNA [J]. Journal of virology, 73: 9679–9682.

Fodor E, Smith M. 2004. The PA subunit is required for efficient nuclear accumulation of the PB1 subunit of the influenza A virus RNA polymerase complex [J]. Journal of virology, 78: 9144–9153.

Gabriel G, Dauber B, Wolff T, et al. 2005. The viral polymerase mediates adaptation of an avian influenza virus to a mammalian host [J]. Proceedings of the National Academy of Sciences of the United States of America, 102: 18590–18595.

Gabriel G, Herwig A, Klenk HD. 2008. Interaction of polymerase subunit PB2 and NP with importin alpha1 is a determinant of host range of influenza A virus [J]. PLoS pathogens, 4: e11.

Garten W, Klenk H-D. 1999. Understanding influenza virus pathogenicity [J]. Trends in microbiology, 7: 99–100.

González S, Ortín J. 1999. Distinct regions of influenza virus PB1 polymerase subunit recognize vRNA and cRNA templates [J]. The EMBO journal, 18: 3767–3775.

Goodman AG, Zeng H, Proll SC, et al. 2010. The alpha/beta interferon receptor provides protection against influenza virus replication but is dispensable for inflammatory response signaling [J]. Journal of virology, 84: 2027–2037.

Halperin SA, Smith B, Mabrouk T, et al. 2002. Safety and immunogenicity of a trivalent, inactivated, mammalian cell culture-derived influenza vaccine in healthy adults, seniors, and children [J]. Vaccine, 20: 1240–1247.

Hara K, Schmidt FI, Crow M, et al. 2006. Amino acid residues in the N-terminal region of the PA subunit of influenza A virus RNA polymerase play a critical role in protein stability, endonuclease activity, cap binding, and virion RNA promoter binding [J]. Journal of virology, 80: 7789–7798.

Harvey R, Martin AC, Zambon M, et al. 2004. Restrictions to the adaptation of influenza a virus h5 hemagglutinin to the human host [J]. Journal of virology, 78: 502–507.

Hatta M, Gao P, Halfmann P, et al. 2001. Molecular basis for high virulence of Hong Kong H5N1 influenza A viruses [J]. Science, 293: 1840–1842.

Hatta M, Hatta Y, Kim JH, et al. 2007. Growth of H5N1 influenza A viruses in the upper respiratory tracts of mice [J]. PLoS pathogens, 3: e133.

Hinshaw V, Webster R, Naeve C, et al. 1983. Altered tissue tropism of human-avian reassortant influenza viruses [J]. Virology, 128: 260–263.

Hoffmann E, Neumann G, Kawaoka Y, et al. 2000. A DNA transfection system for generation of influenza A virus from eight plasmids [J]. Proceedings of the National Academy of Sciences of the United States of America, 97: 6108–6113.

Honda A, Okamoto T, Ishihama A. 2007. Host factor Ebp1: selective inhibitor of influenza virus transcriptase [J]. Genes to Cells, 12: 133–142.

Hulse-Post D, Franks J, Boyd K, et al. 2007. Molecular changes in the polymerase genes (PA and PB1) associated with high pathogenicity of H5N1 influenza virus in mallard ducks [J]. Journal of virology, 81: 8515–8524.

Imai M, Watanabe T, Hatta M, et al. 2012. Experimental adaptation of an influenza H5 HA confers respiratory droplet transmission to a reassortant H5 HA/H1N1 virus in ferrets [J]. Nature, 486: 420–428.

Ito T, Couceiro JN, Kelm S, et al. 1998. Molecular basis for the generation in pigs of influenza A viruses with pandemic potential [J]. Journal of virology, 72: 7367–7373.

Jagger B, Wise H, Kash J, et al. 2012. An overlapping protein-coding region in influenza A virus segment 3 modulates the host response [J]. Science, 337: 199–204.

Jiao P, Tian G, Li Y, et al. 2008. A single-amino-acid substitution in the NS1 protein changes the pathogenicity of H5N1 avian influenza viruses in mice [J]. Journal of virology, 82: 1146–1154.

Kawaoka Y. 2006. Influenza virology: current topics [M]. Caister Academic Press.

Kim JI, Hwang MW, Lee I, et al. 2014. The PDZ-binding motif of the avian NS1 protein affects transmission of the 2009 influenza A(H1N1) virus [J]. Biochemical and biophysical research communications, 449: 19–25.

Klenk HD, Garten W. 1994. Host cell proteases controlling virus pathogenicity [J]. Trends in microbiology, 2: 39–43.

Kobasa D, Wells K, Kawaoka Y. 2001. Amino acids responsible for the absolute sialidase activity of the influenza A virus neuraminidase: relationship to growth in the duck intestine [J]. Journal of virology, 75: 11773–11780.

Lamb RA, Choppin PW. 1983. The gene structure and replication of influenza virus [J]. Annual review of biochemistry, 52: 467–506.

Lee CW, Senne DA, Suarez DL. 2004. Generation of reassortant influenza vaccines by reverse genetics that allows utilization of a DIVA(Differentiating Infected from Vaccinated Animals) strategy for the control of avian influenza [J]. Vaccine, 22: 3175–3181.

Li Z, Chen H, Jiao P, et al. 2005. Molecular basis of replication of duck H5N1 influenza viruses in a mammalian mouse model [J]. Journal of virology, 79: 12058–12064.

Li Z, Jiang Y, Jiao P, et al. 2006. The NS1 gene contributes to the virulence of H5N1 avian influenza viruses. Journal of virology，80: 11115–23.

Li Z, Watanabe T, Hatta M, et al. 2009. Mutational analysis of conserved amino acids in the influenza A virus nucleoprotein [J]. Journal of virology, 83: 4153–4162.

Lipatov AS, Andreansky S, Webby RJ, et al. 2005. Pathogenesis of Hong Kong H5N1 influenza virus NS gene reassortants in mice: the role of cytokines and B-and T-cell responses [J]. Journal of General Virology, 86: 1121–1130.

Liu C, Eichelberger MC, Compans RW, et al. 1995. Influenza type A virus neuraminidase does not play a role in viral entry, replication, assembly, or budding [J]. Journal of virology, 69: 1099–1106.

Loucaides EM, von Kirchbach JC, Foeglein Á, et al. 2009. Nuclear dynamics of influenza A virus ribonucleoproteins revealed by live-cell imaging studies [J]. Virology, 394: 154–163.

Maier HJ, Kashiwagi T, Hara K, et al. 2008. Differential role of the influenza A virus polymerase PA subunit for vRNA and cRNA promoter binding [J]. Virology, 370: 194–204.

Mak GC, Au KW, Tai LS, et al. 2010. Association of D222G substitution in haemagglutinin of 2009 pandemic influenza A (H1N1) with severe disease [J]. Euro surveillance: bulletin Europeen sur les maladies transmissibles=European communicable disease bulletin. 15.

Martinez-Romero C, de Vries E, Belicha-Villanueva A, et al. 2013. Substitutions T200A and E227A in the hemagglutinin of pandemic 2009 influenza A virus increase lethality but decrease transmission [J]. Journal of virology, 87: 6507–6511.

Massin P, Van der Werf S, Naffakh N. 2001. Residue 627 of PB2 is a determinant of cold sensitivity in RNA replication of avian influenza viruses [J]. Journal of virology, 75: 5398–5404.

Matrosovich M, Tuzikov A, Bovin N, et al. 2000. Early alterations of the receptor-binding properties of H1, H2, and H3 avian influenza virus hemagglutinins after their introduction into mammals [J]. Journal of virology, 74: 8502–8512.

Mishin VP, Nedyalkova MS, Hayden FG, et al. 2005. Protection afforded by intranasal immunization with the neuraminidase-lacking mutant of influenza A virus in a ferret model [J]. Vaccine, 23: 2922–2927.

Mitnaul LJ, Castrucci MR, Murti KG, et al. 1996. The cytoplasmic tail of influenza A virus neuraminidase (NA) affects NA incorporation into virions, virion morphology, and virulence in mice but is not essential for virus replication [J]. Journal of virology, 70: 873–879.

Mitnaul LJ, Matrosovich MN, Castrucci MR, et al. 2000. Balanced hemagglutinin and neuraminidase activities are critical for efficient replication of influenza A virus [J]. Journal of virology, 74: 6015–6020.

Muramoto Y, Noda T, Kawakami E, et al. 2013. Identification of novel influenza A virus proteins translated from PA mRNA [J]. Journal of virology, 87: 2455–2462.

Neumann G, Fujii K, Kino Y, et al. 2005. An improved reverse genetics system for influenza A virus generation and its implications for vaccine production [J]. Proceedings of the National Academy of Sciences of the United States of America, 102: 16825–16829.

Neumann G, Watanabe T, Ito H, et al. 1999. Generation of influenza A viruses entirely from cloned cDNAs [J]. Proceedings of the National Academy of Sciences of the United States of America, 96: 9345–9350.

Neumann G, Zobel A, Hobom G. 1994. RNA polymerase I-mediated expression of influenza viral RNA molecules [J]. Virology, 202: 477–479.

Ng AK-L, Wang J-H, Shaw P-C. 2009. Structure and sequence analysis of influenza A virus nucleoprotein [J]. Science in China Series C: Life Sciences, 52: 439–449.

Ng AK-L, Zhang H, Tan K, et al. 2008. Structure of the influenza virus A H5N1 nucleoprotein: implications for RNA binding, oligomerization, and vaccine design [J]. The FASEB journal, 22: 3638–3647.

Nicholls JM, Chan RW, Russell RJ, et al. 2008. Evolving complexities of influenza virus and its receptors [J]. Trends in microbiology, 16: 149–157.

Obenauer JC, Denson J, Mehta PK, et al. 2006. Large-scale sequence analysis of avian influenza isolates [J]. Science, 311: 1576–1580.

O'Neill RE, Talon J, Palese P. 1998. The influenza virus NEP (NS2 protein) mediates the nuclear export of viral ribonucleoproteins [J]. EMBO journal, 17: 288–296.

Palese P, Schulman JL. 1976. Mapping of the influenza virus genome: identification of the hemagglutinin and the neuraminidase genes [J]. Proceedings of the National Academy of Sciences, 73: 2142–2146.

Palese P, Zheng H, Engelhardt OG, et al. 1996. Negative-strand RNA viruses: genetic engineering and applications [J]. Proceedings of the National Academy of Sciences of the United States of America, 93: 11354–11358.

Pleschka S, Jaskunas R, Engelhardt OG, et al. 1996. A plasmid-based reverse genetics system for influenza A virus [J]. Journal of virology, 70: 4188–4192.

Plotch SJ, Bouloy M, Ulmanen I, et al. 1981. A unique cap(m7GpppXm)-dependent influenza virion endonuclease cleaves capped RNAs to generate the primers that initiate viral RNA transcription [J]. Cell, 23: 847–858.

Poole EL, Medcalf L, Elton D, et al. 2007. Evidence that the C-terminal PB2-binding region of the influenza A virus PB1 protein is a discrete α-helical domain [J]. FEBS letters, 581: 5300–5306.

Ramos I, Bernal-Rubio D, Durham N, et al. 2011. Effects of receptor binding specificity of avian influenza virus on the human innate immune response [J]. Journal of virology, 85: 4421–31.

Reinhardt J, Wolff T. 2000. The influenza A virus M1 protein interacts with the cellular receptor of activated C kinase (RACK) 1 and can be phosphorylated by protein kinase C [J]. Veterinary microbiology, 74: 87–100.

Ritchey MB, Palese P, Schulman JL. 1976. Mapping of the influenza virus genome. III. Identification of genes coding for nucleoprotein, membrane protein, and nonstructural protein [J]. Journal of virology, 20: 307–313.

Rogers GN, D' Souza BL. 1989. Receptor binding properties of human and animal H1 influenza virus isolates [J]. Virology, 173: 317–322.

Schnell MJ, Mebatsion T, Conzelmann KK. 1994. Infectious rabies viruses from cloned cDNA [J]. The EMBO journal, 13: 4195–4203.

Selman M, Dankar SK, Forbes NE, et al. 2012. Adaptive mutation in influenza A virus non-structural gene is linked to host switching and induces a novel protein by alternative splicing [J]. Emerging Microbes & Infections, 1: e42.

Seo SH, Hoffmann E, Webster RG. 2002. Lethal H5N1 influenza viruses escape host anti-viral cytokine responses [J]. Nature medicine, 8: 950–954.

Seo SH, Hoffmann E, Webster RG, et al. 2004. RETRACTED: The NS1 gene of H5N1 influenza viruses circumvents the host anti-viral cytokine responses [J]. Virus research, 103: 107–113.

Sha B, Luo M. 1997. Structure of a bifunctional membrane-RNA binding protein, influenza virus matrix protein M1 [J]. Nat Struct Biol, 4: 239–244.

Snyder M, Buckler-White A, London W, et al. 1987. The avian influenza virus nucleoprotein gene and a specific constellation of avian and human virus polymerase genes each specify attenuation of avian-human influenza A/Pintail/79 reassortant viruses for monkeys [J]. Journal of virology, 61: 2857–2863.

Song M-S, Pascua PNQ, Lee JH, et al. 2009. The polymerase acidic protein gene of influenza a virus contributes to pathogenicity in a mouse model [J]. Journal of virology, 83: 12325–12335.

Stevens J, Blixt O, Tumpey TM, et al. 2006. Structure and receptor specificity of the hemagglutinin from an H5N1 influenza virus [J]. Science, 312: 404–410.

Suarez DL, Senne DA. 2000. Sequence analysis of related low-pathogenic and highly pathogenic H5N2 avian influenza isolates from United States live bird markets and poultry farms from 1983 to 1989 [J]. Avian diseases, 44: 356–364.

Subbarao E, London W, Murphy B. 1993. A single amino acid in the PB2 gene of influenza A virus is a determinant of host range [J]. Journal of virology, 67: 1761–1764.

Suzuki Y, Kato H, Naeve CW, et al. 1989. Single-amino-acid substitution in an antigenic site of influenza virus hemagglutinin can alter the specificity of binding to cell membrane-associated gangliosides [J]. Journal of virology, 63: 4298–4302.

Swayne D, Suarez D. 2000. Highly pathogenic avian influenza [J]. Revue scientifique et technique (International Office of Epizootics), 19: 463–482.

Takahashi T, Suzuki T, Hidari KI, et al. 2003. A molecular mechanism for the low-pH stability of sialidase activity of influenza A virus N2 neuraminidases [J]. FEBS letters, 543: 71–75.

Talon J, Horvath CM, Polley R, et al. 2000. Activation of interferon regulatory factor 3 is inhibited by the influenza A virus NS1 protein [J]. Journal of virology, 74: 7989–7996.

Tauber S, Ligertwood Y, Quigg-Nicol M, et al. 2012. Behaviour of influenza A viruses differentially expressing segment 2 gene products in vitro and in vivo [J]. The Journal of general virology, 93: 840–849.

Tong S, Li Y, Rivailler P, et al. 2012. A distinct lineage of influenza A virus from bats [J]. Proceedings of the National Academy of Sciences, 109: 4269–4274.

Treanor JJ, Snyder MH, London WT, et al. 1989. The B allele of the NS gene of avian influenza viruses, but not the A allele, attenuates a human influenza A virus for squirrel monkeys [J]. Virology, 171: 1–9.

Tumpey TM, Maines TR, Van Hoeven N, et al. 2007. A two-amino acid change in the hemagglutinin of the 1918 influenza virus abolishes transmission [J]. Science, 315: 655–659.

Twu KY, Noah DL, Rao P, et al. 2006. The CPSF30 binding site on the NS1A protein of influenza A virus is a potential antiviral target [J]. Journal of virology, 80: 3957–3965.

van Doremalen N, Shelton H, Roberts KL, et al. 2011. A single amino acid in the HA of pH1N1 2009 influenza virus affects cell tropism in human airway epithelium, but not transmission in ferrets [J]. PloS one, 6: e25755.

Vasin A, Temkina O, Egorov V, et al. 2014. Molecular mechanisms enhancing the proteome of influenza A viruses: An overview of recently discovered proteins [J]. Virus research, 185: 53–63.

Vines A, Wells K, Matrosovich M, et al. 1998. The role of influenza A virus hemagglutinin residues 226 and 228 in receptor specificity and host range restriction [J]. Journal of virology, 72: 7626–7631.

Wagner R, Matrosovich M, Klenk HD. 2002. Functional balance between haemagglutinin and neuraminidase in influenza virus infections [J]. Reviews in medical virology, 12: 159–166.

Wan H, Sorrell EM, Song H, et al. 2008. Replication and transmission of H9N2 influenza viruses in ferrets: evaluation of pandemic potential [J]. PloS one, 3: e2923.

Wang C, Takeuchi K, Pinto L, et al. 1993. Ion channel activity of influenza A virus M2 protein: characterization of the amantadine block [J]. Journal of virology, 67: 5585–5594.

Webby RJ, Perez DR, Coleman JS, et al. 2004. Responsiveness to a pandemic alert: use of reverse genetics for rapid development of influenza vaccines [J]. Lancet, 363: 1099–1103.

Weber F, Haller O. 2007. Viral suppression of the interferon system. Biochimie, 89: 836–842.

Wise HM, Foeglein A, Sun J, et al. 2009. A complicated message: Identification of a novel PB1-related protein translated from influenza A virus segment 2 mRNA [J]. Journal of virology, 83: 8021–8031.

Wise HM, Hutchinson EC, Jagger BW, et al. 2012. Identification of a novel splice variant form of the influenza A virus M2 ion channel with an antigenically distinct ectodomain [J]. PLoS pathogens, 8: e1002998.

Wu Y, Wu Y, Tefsen B, et al. 2014. Bat-derived influenza-like viruses H17N10 and H18N11 [J]. Trends in microbiology, 22: 183–191.

Xu R, Wilson IA. 2011. Structural characterization of an early fusion intermediate of influenza virus hemagglutinin [J]. Journal of virology, 85: 5172–82.

Yang H, Chen L-M, Carney PJ, et al. 2010. Structures of receptor complexes of a North American H7N2 influenza hemagglutinin with a loop deletion in the receptor binding site [J]. PLoS pathogens, 6: e1001081.

Yassine HM, Al-Natour MQ, Lee C-W, et al. 2007. Interspecies and intraspecies transmission of triple reassortant H3N2 influenza A viruses [J]. Virology journal, 4: 422–424.

Ye Q, Krug RM, Tao YJ. 2006. The mechanism by which influenza A virus nucleoprotein forms oligomers and binds RNA [J]. Nature, 444: 1078–1082.

Zamarin D, Ortigoza MB, Palese P. 2006. Influenza A virus PB1-F2 protein contributes to viral pathogenesis in mice [J]. Journal of virology, 80: 7976–7983.

Zhang X, Kong W, Ashraf S, et al. 2009. A one-plasmid system to generate influenza virus in cultured chicken cells for potential use in influenza vaccine [J]. Journal of virology, 83: 9296–9303.

Zhang Y, Zhang Q, Gao Y, et al. 2012. Key molecular factors in hemagglutinin and PB2 contribute to efficient transmission of the 2009 H1N1 pandemic influenza virus [J]. Journal of virology, 86: 9666–9674.

Zhang Y, Zhang Q, Kong H, et al. 2013. H5N1 hybrid viruses bearing 2009/H1N1 virus genes transmit in guinea pigs by respiratory droplet [J]. Science, 340: 1459–1463.

Zhou B, Pearce MB, Li Y, et al. 2013. Asparagine substitution at PB2 residue 701 enhances the replication, pathogenicity, and transmission of the 2009 pandemic H1N1 influenza A virus [J]. PloS one, 8: e67616.

第六章

猪流感流行病学

第一节 国内外流行现状

目前猪流感（Swine influenza，SI）已遍布美洲、亚洲、欧洲和非洲，是规模化养猪场普遍存在且难以根除的群发性疾病。猪在流感病毒的种间传播和遗传进化中起着重要的作用，可被禽流感病毒和人流感病毒感染，被认为是人、禽和猪流感病毒通过基因重组产生新的亚型流感病毒的“混合器”。SIV不仅危害猪群，而且具有感染人的潜力。世界范围内已经从猪体内分离出来的流感病毒至少有H1N1、H1N2、H1N7、H2N3、H3N1、H3N2、H3N3、H3N8、H4N1、H4N6、H5N1、H6N6、H9N2、H10N5 14种不同血清亚型，其中广泛流行于猪群中的主要亚型有3种：H1N1、H3N2和H1N2，其中包括古典H1N1、禽源H1N1、人源H3N2、基因重组的H3N2和多基因型的H1N2亚型。

一、古典H1N1亚型SIV

H1N1亚型引起的SI已有近百年的历史，1918年在美国的猪群中观察到SI时，人群中正流行着H1N1亚型引起的20世纪最具灾难性的大流感（西班牙大流感），全球约20亿人感染此病毒，至少2 000万人死亡，而猪群所表现的临床症状和病理变化与当时人群中流行的流感有许多相似之处，因此SI备受人们的关注。1918年大流感中流感病毒在猪体内出现的报道以后，SI很长一段时间都在美国北部和中西部存在，这是SI第一次出现的地方，而且每年的冬季都暴发。这些SIV和与其关系较近的病毒被称作古典SIV。由于呼吸道疾病的其他病原参与使疫情形势经常复杂化，其他地方观察到SI都要晚很多。然而，古典H1N1亚型SIV或其抗体的报道从世界各地纷纷传来，包括加拿大、比利时、中国香港、日本、印度、中国台湾、肯尼亚和伊朗。在欧洲，1940—1960年间英国和捷克斯洛伐克分离到了SIV，而学者们则收集了这段时期的有H1N1流感病毒抗体的血清。这次暴发之后，这些古典H1N1亚型SIV好像在这些国家销声匿迹，有将近20年时间没有证据表明这些病毒在欧洲猪群存在感染。直到1976年，古典H1N1亚型SIV又从意大利北部暴发的病猪中分离出来。这些SIV分离株与美国当时流行的古典H1N1亚型SIV关系很近，很有可能是从美国进口猪引入的。1979年以前，本病仅限于意大利北部，并没有在欧洲其他国家传播开，而随后比利时和法国相继报道古典H1N1亚型SIV引发的感染，随后这种病毒迅速传到了欧洲其他国家，荷兰、德国、丹麦、瑞典和英国。这种病毒在整个欧洲引发流行，血清阳性率达到20%～25%。禽源H1N1亚型SIV出现以后，它在整个欧洲的流行情况就不得而知了。Easterday等认为SI的自然感染历史至少持续了60年，这段时期SIV的抗原性和遗传性都维持没变。美国血清学研究表明古典猪H1N1亚型SIV在所有猪群流行，大约有25%的育肥猪感染，而种猪群这个数字达到45%。Chambers等证实了流行过程中有显著的地区变化，而美国中北部有51%的平均感染率。在亚洲，古典H1N1亚型SIV在流感感染猪群中也占据主要位置。

1970年以前，我国的SI研究基本处于空白。自1977年开始，郭元吉等一直在寻找SIV在我国猪群里存在的线索，无论是在血清学上还是在病原学的调查，均无法查到SIV在我国猪群中存在的证据。他们根据1976年调查资料，发现我国人群中不同年龄组对SIV的抗体水平与欧美人群相似，这表明SIV在我国人群中流行过。而在1988年进行全国性人群中流感抗体普查时，发现我国青少年中查到了SIV抗体，说明在我国20世纪80年代仍存在SIV的活动。1991年，郭元吉等对我国首次从猪体内分离到的20株H1N1亚型流感病毒研究发现，新分离毒株8个基因片段均来源于古典H1N1亚型SIV，而不是来自禽和人流感病毒，也不是由猪和禽或人流感病毒重组而来的。新毒株的*NP*基因与美国同期猪群中流行的SIV分离株很相似，推测是从美国引种引入我国的。而2002年分离到的H1N1流感病毒则是由1991年病毒演化而来的。2005年，祁贤等从上海猪群中分离到了经典H1N1亚型SIV，随后2009年在广东猪群中也分离到了经典H1N1亚型SIV，表明经典H1N1亚型SIV仍在我国广泛流行。

二、人源SIV

自然条件下猪可以感染人流感病毒流行株。1938年，Shope用血清学证据证实了人流感病毒能感染猪，但是直到1968年中国台湾学者从猪体内分离到了第一株人源H3N2亚型SIV，研究人员才转向检测人流感病毒感染猪的情况。随后几年内不断有H3N2病毒和抗体被检测或分离的报道，并从世界各地猪群里分离出了人源H3N2亚型SIV或得到抗体的证实。大量的血清学调查结果表明，1968年中国香港H3N2流感毒株与其变异株迅速传到了欧洲、美洲的猪群中，并且在世界范围内的猪群中存在了数年之久，但都没有引起呼吸道疾病的暴发和流行。研究发现，在欧洲，1973年流行于人的H3N2在人群中消失很长时间后在猪身上仍可检测到。从1984年开始，H3N2流感病毒导致的猪流感的临床流感暴发，抗原与20世纪70年代中前期人流感病毒关系较近，通过血清学调查在整个欧洲都可以观察到，这次欧洲异乎寻常的H3N2亚型流感病毒感染与美洲猪流感的低水平流行形成鲜明的对比，表明H3N2亚型流感病毒还没有在美洲的猪群里建立起来，但仅发生人流感病毒的零星引入。后来美国的猪群里很少能分离到这个病毒，而1990年开始加拿大猪群里可以分离到，这也许反映了世界不同地区不同的动物流行病学模式。1998年，Peiris等从外观健康的中国内地供港猪群中分离到人源H3N2病毒。此后，国内不断有学者报道分离到人源H3N2病毒或从猪血清中检测到人源H3N2病毒抗体。2006年，于海等从广东猪群中进一步分离到人源H3N2亚型SIV，并对国内猪群中H3N2亚型SIV的遗传演化进行了系统的分析。

人H1N1亚型流感病毒也可以感染猪，但是在试验条件下可以通过猪—猪传播，现实中大部分毒株不能在猪群里传播。世界范围内的血清学监测研究表明人H1N1流行株传染给猪比较容易，偶尔也可以分离到病毒，但是不依赖人群这些病毒很难在猪群里维持下去。我国早期发现H1N1亚型流感病毒的存在，也是先在人群里发现的。2006年，于海等在广东的猪群里分离到了人源H1N1亚型流感病毒，研究证明该病毒完全是人流感病毒，没有在猪体内发生重组。

三、禽源SIV

从1979年开始，欧洲猪群里的H1N1流感病毒就是禽源H1N1亚型SIV，其抗原性和遗传性都不同于以往北美的古典H1N1亚型SIV，但是与鸭体内分离到的H1N1流感病毒关系密切。所有的基因片段都是禽源的，表明整个禽流感病毒传给了猪，这很可能是下一次人类流感大流行的前兆。这些类禽源H1N1亚型SIV比起抗原上相近的古典H1N1亚型SIV有明显的选择优势，因为在欧洲它们替代了古典亚型SIV。英国猪群里引入禽源H1N1亚型SIV后两年内，古典H1N1亚型SIV基本消失了。中国南方地区H1N1亚型流感病毒独立地从禽类进入猪内，这些病毒从1993年在东南亚地区猪群里可以检测到，当前与古典H1N1亚型SIV一起流行。这些病毒基因片段的系统进化分析显示它们形成了一个欧亚禽流感系的亚洲分支。另外，一些20世纪70年代在亚洲猪群里分离的H3N2亚型SIV也是禽源的，它们来自鸭，其与猪的呼吸道疾病的关系还没有证实。1999年，加拿大发生H4N6亚型禽流感病毒跨越物种传染给猪。随后又在猪群里发现了禽源H3N3和H1N1亚型SIV。2007年，于海、刘金华等先后从国内猪群中分离到了禽源H1N1亚型SIV，其8个基因片段与欧洲猪群中流行的禽源H1N1亚型SIV有很高的同源性。近年来，禽源H9N2、H6N6、H4N1、H5N1及H4N1亚型SIV在国内猪群分离到了，这些禽流感病毒在猪群的出现，使SI的形势更加复杂。

四、甲型H1N1流感病毒

2009年3月底至4月中旬，墨西哥、美国等多国人群中暴发了猪源H1N1流感疫情，随后迅速蔓延到全球200多个国家和地区。甲型H1N1流感病毒是一种新型重组流感病毒。基因同源性分析和遗传演化分析表明，甲型H1N1流感病毒的8个基因片段都与猪流感病毒有最高的同源性，其中*PB2*、*PB1*、*PA*、*HA*、*NP*和*NS*基因与北美地区的三源重组H1N2亚型猪流感病毒密切相关，*NA*和*M*基因与欧亚地区的禽源H1N1亚型猪流感病毒关系密切。甲型H1N1流感病毒具备感染猪群的能力，目前在国内外猪群中广泛流行，并产生了甲型H1N1流感病毒与其他SIV的新型重组病毒。

五、重组SIV

从20世纪末期开始，世界范围内的SI暴发频繁，SIV发生重组的频率也越来越高。在猪体内也发现了大量的重组SIV，成为SI病原学的新特点。早在1985年，从意大利猪群里首次分到的二源重组H3N2亚型SIV就带有禽流感病毒的内部基因，此SIV至今仍在流行。从1930年第一次分离到SIV开始，古典H1N1亚型SIV一直是美国和加拿大SI的唯一病原，在这长达60年的时间里，SI的总体流行病学没有发生实质性的改变。1991—1998年间，古典H1N1亚型SIV抗原开始漂移。另外，H3N2亚型SIV则出现了人、猪和禽基因的重组，三源重组的SIV成为北美洲SI的主要病原。随后，从猪群里还分离到了三源重组的H3N2亚型病毒与古典H1N1亚型流感病毒重组而成的H1N2亚型SIV。其实源自古典H1N1亚型SIV和H3N2亚型人流感病毒的H1N2亚型SIV早就在日本和法国分离到了。现在H1N2亚型SIV已经是SI主要病原之一，遍布世界各地，中国、韩国、德国、法国、比利时、日本、美国、加拿大、西班牙等都出现了H1N2亚型SIV。1998年，中国台湾学者首次在猪群里分离到了H3N1亚型

SIV，分析发现该病毒是古典H1N1亚型SIV和人源H3N2亚型SIV的重组病毒。2004年，在美国的猪群中分离了两株新的H3N1亚型SIV，一株分离自密执根州南部一猪场7周龄病死猪的肺组织，另一株分离自印第安纳州中部一猪场，14周龄猪的鼻拭子。系统进化分析显示该病毒的HA来自一种H3N2亚型火鸡流感病毒，*NA*基因来自人的H1N1亚型流感病毒，其他内部基因则来自时下流行的SIV，其抗原性与火鸡流感病毒接近。同年，又从美国明尼苏达州一猪场分离到了1株重组的H3N1流感病毒。2006年，美国猪群中又出现H2N3亚型重组的SIV。所有的这些重组的SIV再次证实了流感病毒在猪体内基因重组的理论，使SI的防控形势复杂化。

第二节　流行规律

猪流感流行有较明显的季节性，大多发生在天气骤变的深秋和早春及寒冷的冬季，特别是在并发细菌感染时，疾病传播迅速，往往在2～3d内全群发病，常呈地方性流行或大流行，病程较短，如无并发症，病猪可在7～10d康复，如继发感染，可使病势加重，导致出血性支气管肺炎而死亡。本病发生突然，全群体温突然升高（40～42℃），食欲减退或废绝，精神极度萎靡，常卧地不愿起立，呼吸急促，呈腹式呼吸并夹杂阵发性咳嗽，从眼和鼻流出黏性分泌物。

各种不同年龄、性别和品种的猪对猪流感病毒均有易感性。猪流感病毒潜伏期1～3d，病毒和带毒猪是本病的主要传染源，病毒存在于病猪或带毒猪的鼻液或气管、支气管渗出液及肺。猪流感病毒可通过隐性感染或慢性感染的猪在猪群中长期存留，当猪群遭遇阴雨、寒冷、运输等应激因素的影响，使猪体抵抗力下降，均可以诱导猪流感的流行和暴发。

本病的主要传播途径是呼吸道，病毒可通过空气中被猪流感病毒污染的飞沫和粉尘颗粒被吸入并沉积在下呼吸道气管表面而感染，也可与病猪或带毒猪直接接触，或接触其分泌物和渗出物而被感染。研究表明，猪感染流感病毒后，大多呈现间质性肺炎，可以持续21d，淋巴结出血。通常正常和被感染的肺脏之间有一条明显的分界线，感染区域大多发紫和变硬。肺毛细血管扩张和炎性细胞浸润，使肺泡中隔增厚，细支气管黏膜上皮细胞变性，局灶性扩张不全和坏死，并伴发肺气肿；鼻、咽、喉、气管及支气管黏膜充血肿胀，血管内充满大量的无色并带有泡沫的黏稠液体。

第三节 跨界传播

一般而言，流感病毒具有宿主特异性，从一种动物传到另一种动物相当困难。越来越多的资料表明，猪作为流感病毒的“混合器”，在流感病毒跨种属障碍感染新宿主的过程中，起着重要的作用。此外，SIV HA受体结合位点具有与两种流感病毒受体相同的结合特异性，决定了SIV不仅可感染猪，同时也具有感染禽和人类的能力。

猪不仅在流感病毒重组过程中扮演重要角色，而且普通的SIV也频频发生感染人并致人死亡事件。

1958年，用血清学证据证明了人感染猪流感病毒，当时在捷克斯洛伐克地区的一位实验室工作人员与猪群接触后感染，他的5个家庭成员也同样出现了流感样症状，血清学表明这些家庭成员感染了H1N1 SIV，而他们均没有接触过猪群，提示SIV可能在人与人之间传播。

1974年，美国明尼苏达州猪场一名16岁男性工作人员最后死于肺炎，从其肺组织中分离得到经典H1N1猪流感病毒。

1976年，发生在美国的Fort Dix事件是人类历史上最大规模的SIV致人发病病例，在此次事件中，1名新兵因感染猪源H1N1病毒而死于肺炎，继而从其他12名士兵的身上也分到同样的病毒，从血清学调查结果看，至少有500人已受到该病毒的感染。这次事件首次证实了SIV确实可从猪传播给人，赋予SI以全新的公共卫生意义，从而将SI提升到了人兽共患传染病的研究高度。

1983年，在俄罗斯发现3人感染欧洲类禽SIV，其中一名为65岁老人，有接触猪群的暴露史，感染SIV后死亡。另外两名感染者无猪群暴露史，感染后均恢复。此次事件表明，欧洲类禽SIV具有感染人的能力。

1992年和1993年，在欧洲两个居住在不同地区的儿童，无猪群暴露史，临床症状表现为轻微的呼吸道症状，后均分离到欧洲猪群中流行的二源重组H3N2 SIV。血清学和遗传学鉴定表明，这些病毒是产生于欧洲猪群并且当前仍在流行的人禽重组株，这说明了猪在禽流感病毒基因传播给人的过程中起重要作用和具备产生新的人的大流感毒株的潜力。

1998年以后，由于基因重组的频繁发生，北美地区的猪群中不断出现新的亚型或新的基因型重组病毒，其中基因片段来源于“人、猪、禽”的三源重组病毒成为优势流行株。这些三源重组病毒均由相同的内部基因构成，被称之为“三源重组内部基因盒”（TRIG盒），这样的基因盒能与新的表面基因*HA*和*NA*，尤其是人流感病毒的*HA*和*NA*高效组合。与不含TRIG盒的SIV相比，含有TRIG盒的SIV具有显著的选择优势。因此，1998年以后北美地区报道的感染人的SIV亚型均为三源重组株。尤其在2009年甲型H1N1流感大流行以后，猪群中重组了甲流病毒*M*基因的三源重组H3N2变异株以及三源重组H1N2变异株感染人的病例剧增，高达300人以上。

1999年，中国香港一名10个月大的女婴感染H3N2流感病毒。基因特性和抗原性分析表明：病原与欧洲猪群中流行的SIV紧密相关；毒株对金刚烷胺有一定抗性，暗含新耐药流感毒株的出现。

2004年，通过对居住在美国艾奥瓦州803人调查，结合血清学分析、病毒分离和临床症状资料，表明猪场工作人员和他们的家人感染SIV的风险增大。

2005年，在美国威斯康星州一株新型三源重组H1N1亚型SIV从一名感染者的上呼吸道分离到，敲响了新型H1N1亚型SIV病毒感染人的警钟。

2007年8月，在美国俄亥俄州一次农贸会期间，猪和人群均感染H1N1病毒发病，试验证明此病毒可在猪群间传播。基因特性分析表明，这种病毒与猪群中流行的三源重组H1N1流感病毒紧密相关。

2009年2月，甲型H1N1流感病毒在人群中暴发以后，迅速在全球范围内传播，造成了21世纪的第一次流感大流行，本次流感大流行的病原为猪源的三源重组病毒，该病原很快回传至猪群，并进一步与猪群中的流感病毒发生重组。

2009年甲型流感暴发至今，除了2009年甲型H1N1流感病毒感染病例以外，人感染SIV的报道共有337例，其中2009年5例，2010年12例，2011年13例，2012年307例，其中除了2011年发生在中国的一例人感染欧洲类禽SIV以外，其他病例均发生在北美地区，该地区感染人的SIV均为三源重组病毒。

参考文献

殷震，刘景华. 1997. 动物病毒学 [M]. 第2版. 北京：科学出版社.

Brown IH, Harris PA, McCauley JW, et al. 1998. Multiple genetic reassortment of avian and human influenza A viruses in European pigs, resulting in the emergence of an H1N2 virus of novel genotype [J]. J Gen Virol, 79(Pt12): 2947–2955.

Brown IH. 2000. The epidemiology and evolution of influenza viruses in pigs [J]. Vet Microbiol, 74: 29–46.

Chutinimitkul S, Thippamom N, Damrongwatanapokin S, et al. 2008. Genetic characterization of H1N1, H1N2 and H3N2 swine influenza virus in Thailand [J]. Arch Virol, 153: 1049–1056.

Fouchier RA, Osterhaus AD, Brown IH. 2003. Animal influenza virus surveillance [J]. Vaccine, 21: 1754–1757.

Gourreau JM, Kaiser C, Valette M, et al. 1994. Isolation of two H1N2 influenza viruses from swine in France [J]. Arch Virol, 135: 365–382.

Guan Y, Shortridge KF, Krauss S, et al. 1996. Emergence of avian H1N1 influenza viruses in pigs in China [J]. J Virol, 70: 8041–8046.

Ito T, Couceiro JN, Kelm S, et al. 1998. Molecular basis for the generation in pigs of influenza A viruses with pandemic potential [J]. J Virol, 72: 7367–7373.

Ito T, Kawaoka Y, Vines A, et al. 1998. Continued circulation of reassortant H1N2 influenza viruses in pigs in Japan [J]. Arch Virol, 143: 1773–1782.

Jo SK, Kim HS, Cho SW, et al. 2007. Genetic and antigenic characterization of swine H1N2 influenza viruses isolated from Korean pigs [J]. J Microbiol Biotechnol, 17: 868–872.

Jung K, Chae C. 2004. Phylogenetic analysis of an H1N2 influenza A virus isolated from a pig in Korea. Brief Report [J]. Arch Virol, 149: 1415–1422.

Karasin AI, Olsen CW, Anderson GA. 2000. Genetic characterization of an H1N2 influenza virus isolated from a pig in Indiana [J]. J Clin Microbiol, 38: 2453–2456.

Kawaoka Y, Krauss S, Webster RG. 1989. Avian-to-human transmission of the PB1 gene of influenza A viruses in the 1957 and 1968 pandemics [J]. J Virol, 63: 4603–4608.

Landolt GA, Karasin AI, Phillips L, et al. 2003. Comparison of the pathogenesis of two genetically different H3N2 influenza A viruses in pigs [J]. J Clin Microbiol, 41: 1936–1941.

Maldonado J, Van Reeth K, Riera P, et al. 2006. Evidence of the concurrent circulation of H1N2, H1N1 and H3N2 influenza A viruses in densely populated pig areas in Spain [J]. Vet J, 172: 377–381.

Moreno A, Di Trani L, Faccini S, et al. 2011. Novel H1N2 swine influenza reassortant strain in pigs derived from the pandemic H1N1/2009 virus [J]. Vet Microbiol, 149: 472–477.

Ouchi A, Nerome K, Kanegae Y, et al. 1996. Large outbreak of swine influenza in southern Japan caused by reassortant (H1N2) influenza viruses: its epizootic background and characterization of the causative viruses [J]. J Gen Virol, 77(Pt8): 1751–1759.

Peiris JS, Guan Y, Markwell D, et al. 2001. Cocirculation of avian H9N2 and contemporary "human" H3N2 influenza A viruses in pigs in southeastern China: potential for genetic reassortment? [J]. J Virol, 75: 9679–9686.

Qi X, Lu CP. 2006. Genetic characterization of novel reassortant H1N2 influenza A viruses isolated from pigs in southeastern China [J]. Arch Virol, 151: 2289–2299.

Saito T, Suzuki H, Maeda K, et al. 2008. Molecular characterization of an H1N2 swine influenza virus isolated in Miyazaki, Japan, in 2006 [J]. J Vet Med Sci, 70: 423–427.

Scholtissek C, Rohde W, Von Hoyningen V, et al. 1978. On the origin of the human influenza virus subtypes H2N2 and H3N2. Virology, 87: 13–20.

Schrader C, Suss J. 2003. Genetic characterization of a porcine H1N2 influenza virus strain isolated in Germany [J]. Intervirology, 46: 66–70.

Schultz U, Fitch WM, Ludwig S, et al. 1991. Evolution of pig influenza viruses [J]. Virology, 183: 61–73.

Shortridge KF, Stuart-Harris CH. 1982. An influenza epicentre? [J]. Lancet, 2: 812–813.

Shortridge KF, Webster RG. 1979. Geographical distribution of swine (Hsw1N1) and Hong Kong (H3N2) influenza virus variants in pigs in Southeast Asia [J]. Intervirology, 11: 9–15.

Webby RJ, Swenson SL, Krauss SL, et al. 2000. Evolution of swine H3N2 influenza viruses in the United States [J]. J Virol, 74: 8243–8251.

Xu C, Fan W, Wei R, et al. 2004. Isolation and identification of swine influenza recombinant A/Swine/Shandong/1/2003(H9N2) virus [J]. Microbes Infect, 6: 919–925.

Yu H, Hua RH, Wei TC, et al. 2008. Isolation and genetic characterization of avian origin H9N2 influenza viruses from pigs in China [J]. Vet Microbio, 131: 82–92.

Yu H, Hua RH, Zhang Q, et al. 2008. Genetic evolution of swine influenza A (H3N2) viruses in China from 1970 to 2006 [J]. J Clin Microbiol, 46: 1067–1075.

Yu H, Zhang GH, Hua RH, et al. 2007. Isolation and genetic analysis of human origin H1N1 and H3N2 influenza viruses from pigs in China [J]. Biochem Biophys Res Commun, 356: 91–96.

Yu H, Zhou YJ, Li GX, et al. 2009. Further evidence for infection of pigs with human-like H1N1 influenza viruses in China [J]. Virus Res, 140: 85–90.

Yu H, Zhou YJ, Li GX, et al. 2011. Genetic diversity of H9N2 influenza viruses from pigs in China: a potential threat to human health? [J]. Vet Microbiol, 149: 254–261.

第七章

猪流感临床诊断

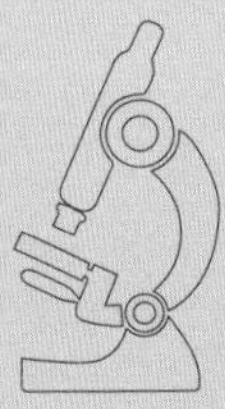

第一节 临床症状

一、猪群发生猪流感后的一般临床症状

目前，猪流感呈地方性流行，世界性分布。猪群发生猪流感后常呈现出暴发性、传播迅速等特点。该病一年四季均可发生，随着集约化、高密度养猪生产方式的普及，该病的季节性已不太突出。由病猪和带毒猪引入易感猪群中，通过猪之间接触，由鼻咽途径进行传播。在感染的急性发生期，病猪鼻腔分泌物带毒。在密集的易感猪群中，空气传播可引起大范围的暴发流行。另外，活畜贸易活动频繁，也为SIV随生猪的迁移而扩散创造了极佳的条件。

血清学和病毒学检测显示，我国猪群存在H1和H3亚型猪流感病毒的感染，尤其是在养猪业密集地区。血清学证据显示，大部分猪在六个月的饲养期结束之前都感染过流感，并且许多猪都感染过两种甚至三种亚型的猪流感病毒，或同时感染，或先后感染，猪流感全年都有流行。多数情况下，猪群中出现暴发后，流感病毒会从猪群中消失，数日到几年可能再次传入病毒，使血清阴性的种猪和育肥猪感染发病。在多日龄共存的猪场，一旦SIV传入猪群，就可能在不同日龄的易感猪中间循环传播，长期流行。病毒在特定猪群流向过程中很容易发生变异，所以猪流感常在血清学阴性的繁殖猪群或育肥猪群中又突然暴发。对于真正实现全进全出的饲养场，由于猪群的淘汰和设施不断地进行消毒，SIV不易持续存在。

二、猪只发生猪流感后的一般临床症状

SIV是少见的能独自导致发病和肺部病变的猪呼吸道病原体之一。猪只发生猪流感后，其特征为突发、咳嗽、呼吸困难、发热、精神沉郁、食欲废绝、反复发作、衰竭、高发病率、低死亡率及迅速转归。通常，易感猪会在接触病毒后一或数天内被感染，但康复也同样迅速，并且无并发症的猪流感很少导致死亡。

猪流感多数在潜伏1～3d后突然发病，猪群中大多数猪同时出现症状，表现厌食、迟钝、蜷缩、衰竭等现象。病猪挤在一起不愿走动，反应迟钝，出现张口、腹式呼吸。强迫走动时，病猪张口呼吸更加明显且伴有严重的阵发性咳嗽和痛苦的尖叫声（图7－1）。病猪先呈现流水样鼻液，4～5d后流脓性鼻液，眼有黏性分泌物，眼睑浮肿，结膜潮红。体温迅速升高至40.5～41.7℃，精神萎靡，食欲废绝，病猪体重明显下降，衰弱。有时喝几口清水，肌肉和关节疼痛、跛行，后腿行走无力，严重的猪后躯瘫痪、呼吸急促，呈现明显的腹式呼吸，阵发性、痉挛性咳嗽，呼吸和心跳次数增加，最后严重气喘。个别猪可能转化为慢性、持续性咳嗽，消化不良，消瘦体弱，病程长者发生死亡。粪便硬结或便秘，排尿少、呈黄色。少数病猪后期耳部、腹下大腿内侧皮肤发绀。病程一般为1周。发病率高，可达100%，但死亡率低，通常不到1%。如果没有其他疾病继发感染或者混合感染，一般都能耐过。暴发SI通常只在血清阴性的易感猪场发生。单纯的SI发病5～7d，随后迅速康复。但在存在PRCV、PRRSV、PCV2、CSFV和PRV

图7－1　猪流感发病时精神沉郁，行动无力，常堆挤一处

等病原的猪场，发生SI时，其结果是症状不典型，但病情严重。如继发巴氏杆菌病、肺炎链球菌病等，死亡率可高达10%以上。

哺乳仔猪通常不会患猪流感，初乳可在哺乳期为仔猪提供母源抗体，除非病毒是第一次侵入猪群，哺乳仔猪才会发病，表现咳嗽、肺炎、发烧等症状。偶有报道暴发SI时，母猪出现繁殖障碍，妊娠母猪出现流产、死胎、弱小仔等现象。母猪表现为体温升高，咳嗽，肺炎。当病毒首次侵入猪群时，病情会迅速蔓延，急性呼吸困难的症状会持续7～10d（持续时间与母猪群大小有关）。母猪断奶后到发情的天数延长。流产率升高，尤其是晚期流产；死产率和分娩过程缓慢的情况增多；产木乃伊胎数量偶尔也会增多。流产后的配种正常，但常不育；假妊娠的母猪增多。急性发病育肥猪患病后突然倒卧不起，这是个典型症状。呼吸沉重，剧烈咳嗽。多数猪只看起来病情严重，但是除非有其他呼吸道疾病并发，否则大部分不经治疗会自行康复。

临床上除显性感染外，经常发生亚临床感染，如育肥猪未发生明显的呼吸道症状，但血清抗体呈阳性。包括免疫状况、年龄、感染压力、气候条件及畜舍环境等因素决定病毒感染的临床表现。在疾病暴发之外期间，病毒是如何维持和生存这个这个问题一直未有很好解释。没有发现长期的带毒状态，大多数猪只在2周之内会清除病毒，病毒可能是通过亚临床感染传染给无免疫力或低免疫力的猪只来维持其在猪群中的生存的。疫苗研究发现，疫苗并不能对猪流感感染提供绝对的免疫保护，即使猪获得了足够的免疫力能够阻止临床发病，但是仍然能够被病毒感染并排出病毒，只是在病程上有所缩短，滴度上有所降低。

三、早期断奶隔离饲养（SEW）生产系统下的猪流感症状

（一）早期断奶隔离系统

早期断奶隔离饲养（Segregated early weaning，SEW）技术是净化或

控制猪场疫病最经济有效的技术途径。SEW技术已于20世纪90年代开始在北美洲养猪发达国家广泛应用，现正向全球迅速推广，我国目前也有部分条件具备的现代化猪场应用该技术。实施SEW技术应具备的条件有：① 有项目和资金支持。如浙江省农业科学院畜牧兽医研究所在国家“引智”项目支持下，从2000年起率先投资建设年产2万头的SEW猪场。② 有专业技术支撑。场内有专职的高级畜牧师和高级兽医师，并邀请国外专家论证和指导。③ 有规范的SEW操作规程和管理制度。④ 有设备齐全的化验室和动物保健室。⑤ 有科学的猪场规划设计。猪场布局和设施设备应符合国际先进的SEW技术要求。⑥ 水质好，符合国家有关饮用水的卫生标准。⑦ 有适合各种类型猪的一系列全价配合饲料。⑧ 猪源来自无特定病原体（Specific pathogen free，SPF）的猪群。⑨ 实行全进全出的流水式生产工艺。

SEW技术体系下的养猪生产工艺流程与传统的一条龙模式不同，为多点式生产模式。即将猪群分开隔离在不同的地点（猪场）饲养。目前流行的有两种生产模式：① 二场式。繁殖猪群在一个场地，保育猪群和生长育肥猪群在另一场地。这种饲养方式在美国越来越受到重视。这种二场式不同于传统的二场式，前者在仔猪早期断奶后立即将其转移隔离到另一猪场饲养，而后者的保育舍与育肥猪群在同一猪场，直到保育舍出栏后，才将猪隔离到另一猪场进入生长育肥阶段。② 三场式。繁殖、保育和育肥三个阶段的猪群，分别在三个互相隔离的不同猪场饲养。妊娠和分娩母猪饲养在繁殖场，10～21日龄仔猪断奶后转到保育场培育，当体重达到25kg左右转至育肥场育肥，直至出栏。该方法特别适用于母猪养殖数量大的猪场。

SEW系统下认定母猪是最危险的传播源，因为绝大多数成年母猪以及很多进入繁殖年龄的后备母猪对某些传染病的血清学检验都呈现阳性。母猪对许多疾病本身是安全的、有免疫力的，这些疾病在母猪都无临床症状表现，但当初乳的免疫力在仔猪出生后10～20d逐渐消失时，传染性病原传播给它的仔猪。为了预防几种特定的传染病，建议的相应的最佳断奶时间大致见表7－1。

表 7-1 SEW 猪场不同疾病的建议断奶日龄

传染病名称	建议断奶日龄（d）
伪狂犬病	21
猪蓝耳病	10 ~ 21
猪轮状病毒病	21
猪流感	14
传染性胃肠炎	10 ~ 21
喘气病	10 ~ 20
猪霍乱沙门菌病	12
猪痢疾	21
传染性胸膜肺炎	16 ~ 21
多杀性巴氏杆菌病	10 ~ 12
嗜血杆菌感染	14
钩端螺旋体病	10
非进行性萎缩性鼻炎	8 ~ 12

种猪和哺乳仔猪、保育猪、生长育肥猪分段饲养，严格隔离。转群后猪栏必须有1周时间清空，用于清洗和消毒。对猪、人员和车辆的移动要严格管理控制，猪群只能单向移动，互不往来。猪群转移时严格贯彻“全进全出”制，减少疾病在不同批次和不同猪群间传染。这些措施是有效防止传染因子（来自SEW猪场外部的水平传入，SEW猪场三区之间的垂直传播，SEW猪场三区内部的水平传播）传入或传播的关键。此外，还应防止老鼠和鸟类等进入猪舍。为了实施SEW操作规程，新猪场要重视繁殖区、保育区和育肥区的安全距离。各区实行严格自治，避免车辆、人员、工具和设备的交换，以防交叉感染。理论上，各种特定传染病的安全距离，参考表7－2。

表 7-2 不同疾病的安全隔离距离

传染病名称	安全距离（km）
喘气病	3.5
猪蓝耳病	3.5
链球菌病（蝇传播）	2
猪流感	5.0 ~ 7.0
伪狂犬病	42
口蹄疫	42
传染性胃肠炎（鸟传播）	70

（二）早期断奶隔离系统与猪流感

目前许多有条件的现代化猪场都是在隔离饲养系统下，母猪、育肥猪、妊娠猪相互隔离，仔猪一直饲养到出栏上市出售。在早期断奶隔离系统中，小猪分娩之后只和母猪待在一起3周，就开始断奶并移到另外的饲养区。在二场式饲养系统中，仔猪会在断奶转移后一直饲养到上市出售，在三场式饲养系统中，仔猪会先在保育区饲养到10 ~ 12周，然后再被转移到第三区即生长育肥区饲养直至上市出售。不论在哪一区，都要严格执行全进全出，目的是为了进行疾病控制，最大程度地避免感染从成年免疫猪群传染到年幼无免疫力仔猪群上。若是在一个持续流动的系统中，由于定期加入的易感宿主，病毒和细菌更有机会维持污染水平。这种以年龄划分的隔离系统以及猪群的流动，在猪流感发病的临床症状方面，存在一些新的特征：一旦发病，在几乎所有的隔离单元都能够分离到病毒，或者有之前暴露过的血清学证据。

现在几乎在全群中都存在一定程度的抗SIV的普遍免疫力，猪群中循环着各种亚型及抗原种类的SIV，还会发生重组，变异差别很大。SI暴发仍会有发生，但是感染发生时更多见的是发病更为局限，临床症状更温和，且常常与共存的其他呼吸道感染一起发病，临床症状更为复杂。所有年龄猪群均可以感染，不同区域均会发生，兽医必须能够判断是之前循环存在的病毒又引发了临床疾病，或者是可能进入了新的病毒使得现有猪群仅有部分的免疫力，以便及时采取预防控制措施。

在隔离饲养条件之下，SI的疾病表现通常有以下一些特点：

（1）急性，即暴发性SIV。由于只有很少或者不存在任何特异性的抗体来抵抗感染，所以感染一旦发生，在猪群中会出现很快速的高热、厌食、呼气性呼吸困难、死亡等症状，病程短促。死亡往往发生在猪的肺部迅速充满液体的猪只上，出现典型的“泡沫溢出”现象，肺的支气管中的液体通过猪的鼻孔流出体外。感染会在不同饲养区和不同年龄的猪只上非常迅速地传播。即使是护理区的猪也会严重受到影响，但是仍然会存活，恢复起来也很快，并且很彻底，很少出现二次感染和转为慢性感染的猪，感染之后的猪都能获得很高水平的特异性免疫力。这点很少会与其他病原混淆。

（2）可以根据猪群年龄结构对猪流感的感染情况进行预测。母源抗体能对哺乳仔猪进行被动保护来抵抗疾病，但是这种免疫保护随着母源抗体的减少而减弱。当母猪群的母源抗体水平一致时，仔猪大致获得同等水平的被动保护，在临床上若遇到病毒感染则会明显出现滞后的症状表现，直至猪群遭遇同源或者变异的毒株能够突破其被动免疫防线。经典的情况是强壮的猪在保育区的10～12周一般会安全度过，而当转移至生长育肥区后，遇到更大龄的猪排出病毒，则会开始感染发病。在移入生长育肥区后大约2周时间，有的猪只会开始咳嗽，沉郁，但症状并不蔓延，只有当猪群中的猪只的被动抗体减少达到被病毒能够攻克的界限时才会群体发病，这种被动免疫的抵抗大概能够与病毒感染抗衡2～3周。这种由猪流感病毒SIV引起的临床发病表现通常并不严重，有的症状严重的一般是由于在猪群内存在其他共感染情况。

（3）仔猪群发生流感症状。在保育区和刚断奶的仔猪都会发现持续性的猪流感感染症状，猪群虽然体内存在被动保护免疫力，但是不断出现变异的SIV变异株，所以在2～3周龄这些即将断奶的猪仔上会开始表现出咳嗽。但是在一个局限空间内，咳嗽只是偶尔在某些猪只上出现（大概10%的猪会出现散发性咳嗽），所以很难发现，也不能够及时提供疫情警报。当这些发病的猪转移到保育区时，应激和活动加剧了临床症状的表现。同样，疾病的临床严重程度很大程度上取决于体内被动免疫抗体的水平和特异性。被感染的猪在转移期间更换固体食物时会表现出厌食，在转移后36～48h会发病，进食变得比较困难。当一群猪中只有一小部分猪感染时，可能不易发现，但是许多猪场中5%～10%的猪发生感染时，会带来经济损失。正因为上述原因，免疫母猪群的目的并不是保护母猪，而是为了传递被动免疫保护给仔猪，使得仔猪能够成功抵抗感染。

四、SIV试验感染后猪的临床症状

人工试验感染的猪流感临床症状很少能够达到临床病例所观察到的严重程度，临床症状所表现出的发热、沉郁、厌食、气喘、鼻流浆液、眼睛分泌物，在大多人工攻毒感染后只会表现出其中一些症状，还会因为攻毒的剂量而表现不一。在绝大多数试验感染模型下，呼吸急促是一个较为明显的症状，但是咳嗽通常不明显，只是在出现其他临床症状之后偶尔有些轻微咳嗽症状。发热也是相当不一致的临床表现。通常，接种了高滴度的病毒（如每只猪接种>10^6～$10^7$$TCID_{50}$、$EID_{50}$或PFU的病毒）和气管内接种时，疾病出现的会更早（接种后24～36h），而且临床症状更为明显。较少的病毒接种（如每只猪10^3～10^5 $TCID_{50}$、EID_{50}或PFU的病毒）和鼻内接种时，往往看不到临床发病，或者在2～4d后开始表现出一些临床症状。大多数试验感染的临床病程通常在2～4d。

五、人群发生猪流感的一般临床症状

猪流感不仅是养猪业的问题，而且还能够对人类健康产生威胁。早

在1974年起，全球就有SIV感染人的报道，并导致部分病例死亡。1957年、1968年以及2009年的流感大流行毒株均推测与猪流感病毒有关。2011年8月，在美国造成300多人感染的猪流感三源重组H3N2/H1N1亚型变异株，经分析是由北美猪群中已有的H3N2亚型流感病毒进一步与2009年甲型H1N1病毒（A，H1N1 pdm9）重组所产生的新型SIV，再次表明猪群在甲型流感病毒的遗传和进化过程中扮演的角色不容忽视。鉴于其重要的公共卫生意义，建议加强全球范围的猪流感病毒监测，对于全球流感大流行的应对是至关重要的。

飞沫传播是流感传播的最基本和主要途径。通过病毒污染的茶具、食具、毛巾等间接传播也有可能。传播速度和广度与人口密度有关。人群对未曾感染过的流感病毒普遍易感，感染后对同一抗原型可获得不同程度的免疫力，产生的抗体可维持1～2年，易感性无男女差别，新生儿和婴幼儿易感性较高，感染后症状较重，病死率高，老年人易感性一般较低，但对于新变异毒株，成人与婴幼儿的易感性相同。人发生猪流感病毒感染之后与其他流感症状类似，如高热、咳嗽、乏力、厌食等。2009年，美国和墨西哥等国家相继发生甲型H1N1流感疫情，该病毒部分基因与猪流感病毒有关，美国发现病例的主要表现为突然发热、咳嗽、肌肉痛和疲倦，其中一些患者还出现腹泻和呕吐症状；墨西哥发现病例还出现眼睛发红、头痛和流涕等症状。这种新型猪流感病毒可能在人体潜伏7d后才表现出病症。世界卫生组织强调，通常情况下，儿童和老人更容易遭受流感病毒感染，但此次墨西哥发现的猪流感病毒感染者大多为年轻人，这需要引起特别关注。美国疾控中心证实，美国的病例比较温和，无死亡病例，但在墨西哥导致数十人死亡的猪流感病毒与在美国导致数十人染病的病毒都是A/H1N1型。加拿大一些猪场由于工人感染甲型H1N1病毒而使200多头猪感染发病。除了这些国家发生过人感染猪流感之外，还有印度、波兰等地亦有报道，每年1～3月份是波兰流感的高发季节，2013年据波兰卫生监察部门透露，波兰的流感患者或者疑似流感患者的人数曾达到了8万左右，应引起世界各地公共卫生防疫主管部门的高度重视。

目前虽尚无疫苗预防人感染猪流感，但人感染猪流感是可防、可控、可治的。目前通常使用的有4种抗流感药物，有变异病毒对其中2种具有抗药性，专家因此建议使用瑞士罗氏制药公司生产的“达菲”胶囊和英国葛兰素-史克公司生产的喷雾式药剂“乐感清”。

一旦需要前往猪流感发病国家或地区时，建议应了解当地疫情进展情况，做好个人防护。若从上述地区归国入境时，如出现流感样症状（发热、咳嗽、流涕等），应主动向出入境检验检疫机构说明，应及时与当地卫生疾控部门联系。

第二节 病理变化

一、剖检病变

剖检病变死猪主要在呼吸器官，可见到胸腹膜下皮肤出血斑疹，鼻镜和两耳发紫，鼻、咽、喉、气管和支气管黏膜充血肿胀，内有黏液性分泌物。颌下淋巴结肿大，出血多汁，切面呈大理石外观，有的淋巴结呈大理石外观，有的淋巴结坏死或化脓。心包及胸腔积液混浊，有絮状纤维性渗出，与内脏器官粘连，肺门淋巴结充血水肿，肺呈化脓性支气管肺炎病变，整个肺脏呈灰红色，肺纹理增粗，肺水肿切面脓样，挤压从细支气管内流出脓性分泌物。大肠黏膜、盲肠黏膜、膀胱黏膜出血，脾脏肿大出血（图7-2）。

单纯SI主要的病理变化为病毒性肺炎，常见于肺的尖叶和心叶。一般正常肺组织与病变肺组织界线明显，病变严重区有大量散在的紫色硬结，肺叶间质明显水肿。喉头、气管及支气管等呼吸道内含有血色的纤维素性渗出物。支气管淋巴结、纵隔淋巴结肿大。如并发或继发感染时，其病理变化常很复杂。

流感病毒感染最常见的肉眼病变是支气管肺炎，常见于肺的尖叶和心叶，不论是试验接种感染还是单纯性的天然感染，症状相似（图7–3）。病毒经呼吸道而非经血液进入体内感染的情况下，症状往往都是如此。在温和型感染中，肺的多叶呈暗红色出血聚集，病变组织和周围正常组织界限明显，严重的病灶区肺门区会出现硬结，更多的硬结出现在膈叶的背部和肺的中叶。更严重的感染涉及更大范围的叶间叶、膈叶的背腹部和肺中叶及尖叶病变，大约40%的肺体积均受到影响。在自然感染病例中，病变往往涉及共感染的细菌性支气管肺炎症状，导致病变更加严重。

自然感染的病变并不常见，试验攻击感染也不能复制出来，严重的急性流感病毒感染会导致肺水肿，弥散性充血，气管和支气管等呼吸道内充满大量的泡沫，在急性感染的肺中，由于弥散性炎症，肺小叶的硬结病变往往不明显。

试验感染时肺的病变程度也是各种各样，通常用肺的病变占整个肺的比例来表示，或者用肺小叶病变的平均数来表示，通常在1% ~ 58%范围。猪流感发病的临床表现、病毒的分布及排毒、病变的严重程度都与接种途径和病毒接种滴度有关。10^6TCID$_{50}$以上滴度的病毒经气管途径感染能够导致10% ~ 30%的肺病变；若10^3 ~ 10^4TCID$_{50}$或EID$_{50}$的病毒经鼻内途径接种，可能导致10%以下的肺病变。在一些试验感染中，肺尖叶和腹叶也都有病变，这种情况一般在人工接种感染才可见，在自然感染病例中并不多见。

二、显微病变

关于猪流感发病后的显微病变报道不多，最为详细的可能要数1965

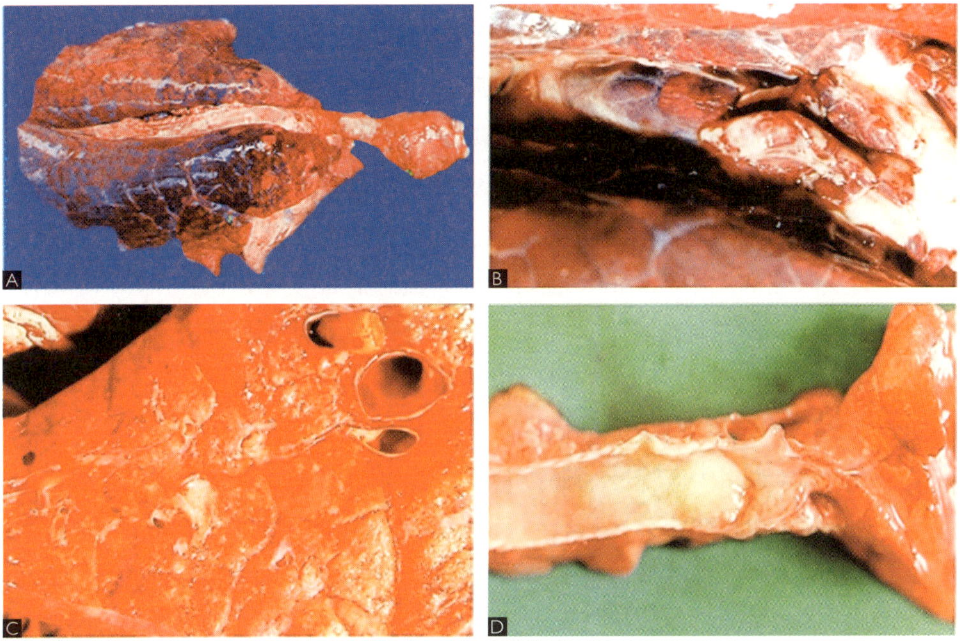

图 7-2　猪流感发病时剖检病变

A. 肺弥漫性炎性水肿间质增宽　　B. 肺门淋巴肿大切面炎性充血

C. 肺切面间质增宽，支气管内有炎性分泌物　　D. 气管内有多量分泌物

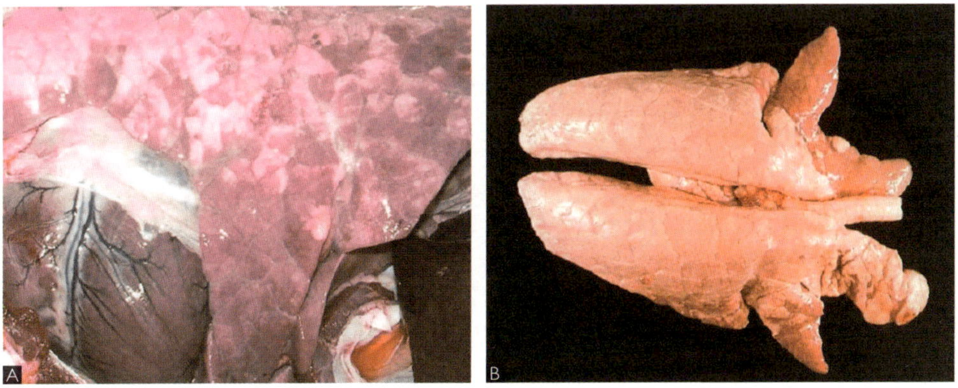

图 7-3　支气管肺炎

A. 一例生长育肥猪自然感染的肺剖检病变，肺叶和肺小叶发生固化硬结，病变占据了肺腹侧和中部的很大比例

B. 试验接种 H3N2 猪流感病毒的 6 周龄猪，接种后 5d 剖杀的，肺的中间及腹部有多处有固化硬结病变

年Nayaket等人在试验感染经典猪流感H1N1病毒后的对猪的呼吸道所做的一些组织病理和免疫荧光的研究报道，1986年Winkler和Cheville还做了相关的超微结构电镜的研究。虽然报道不多，但是关于猪流感感染引起的显微病变的描述类似，一些有并发症病理的免疫组织化学（immunohistochemical，IHC）研究发现病毒在组织中有分布，许多研究在鉴定分离株时都有这样的报道。其他许多有关猪流感感染猪后的显微病变研究都见于与人的比较研究和禽流感病毒接种猪或在疫苗研究的报道中。流感的特征性显微病变是持续性的坏死性支气管炎和细支气管炎（图7-4）。间质性肺炎有时候也很明显，但是不论是自然感染还是试验感染，不同猪个体之间的病变程度还不太一致。

感染最早的应答是出现中性粒细胞浸润，感染后4～8h，中性粒细胞在呼吸道上皮层集中并在肺泡毛细血管管腔积聚。毛细血管内成排的内皮细胞出现水肿，血管壁边缘明显积聚着中性粒细胞。血管壁由于血管充血和淋巴管扩大而变宽。虽然绝大多数呼吸道仍很正常，但是这些在细支气管的病变在感染早期的8～16h就可以被观察到，一些表皮细胞出现肿胀退化，胞质出现空泡化，这些病变都是轻微的、偶发的。

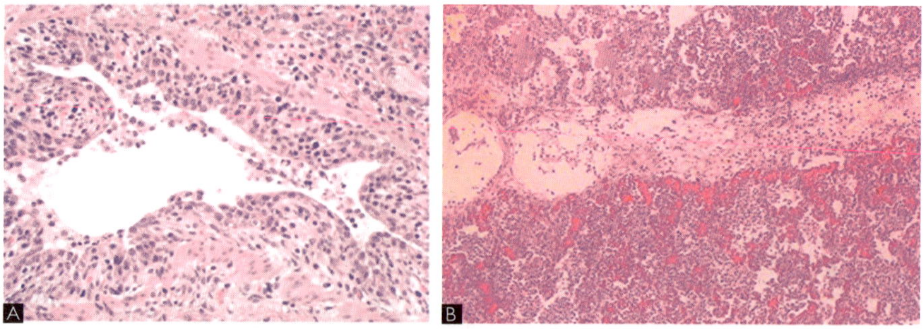

图7-4 猪流感发病时肺部HE染色的病理切片

A. HE染色发现肺部发生亚急性坏死性细支气管肺炎，支气管上有明显的大量上皮细胞坏死和脱落，HE，40×

B. 肺泡壁毛细血管扩张肺泡腔内有炎性细胞，HE，20×

感染后24h，呼吸道的上皮细胞能够用IHC法检测到不同部位的感染，在一些病例中，呼吸道表皮会发生坏死，但在大部分病例中的呼吸道的表皮层还不会被破坏。少量的中性粒细胞聚集在呼吸道内，还伴随着轻度的支气管淋巴细胞浸润。肺泡壁由于充血、水肿和淋巴细胞浸润而明显增厚，尤其是细支气管周围的淋巴细胞浸润特别明显。

感染后48h，出现上皮细胞大面积的坏死、脱落进入呼吸道管腔内，并伴有明显的中性粒细胞的聚集。呼吸道感染周围都浸润着淋巴细胞，但还是轻微的、未脱落的上皮细胞出现水肿或者受损，表皮层细胞排列变得不规则。肺泡壁增厚，弥漫性增厚时更为明显。肺泡细胞会发生水肿，还有些会脱落掉入呼吸道管腔内。

被感染的呼吸道内大量的上皮细胞，包括未脱落和脱落的都能用IHC法检测到病毒抗原，但是在肺泡内只是一小部分的感染细胞被检测到（图7–5A）。这些细胞明显水肿，有的仍附着在肺泡壁，有的脱落进入了呼吸道管腔内（图7–5B），肺泡壁的其他一些松散的细胞可能是巨噬细胞。仔细观察会发现，有些坏死的细胞成分在肺泡壁上，但是肺中隔仍然是完好的。在一些严重病例中，肺泡中成簇的坏死细胞积聚成团。和肉眼剖检所见一样，肺叶的不同部位病变程度随着疾病的严重程度而改变，肺叶严重病变时经常会

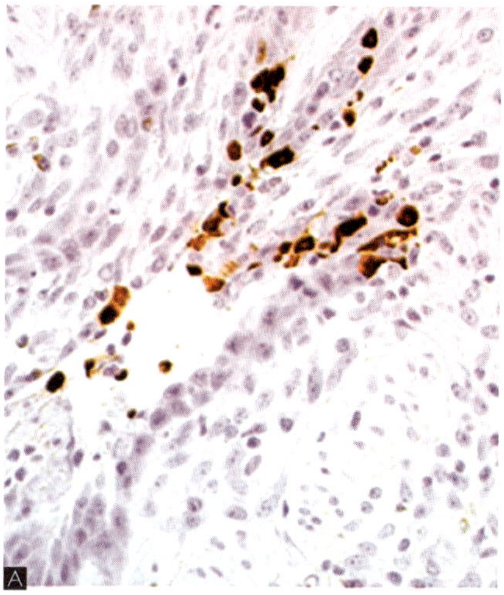

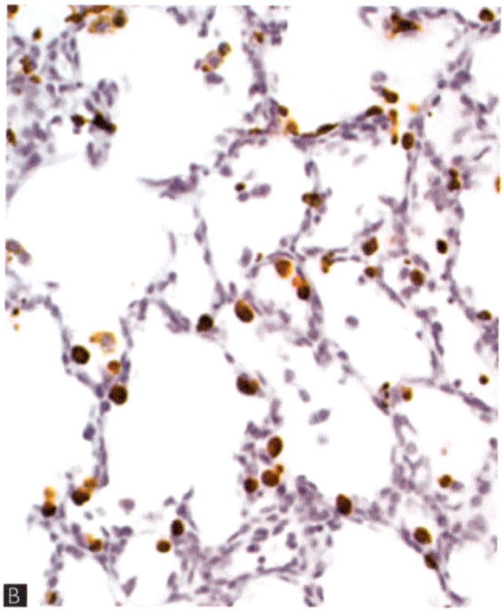

图7–5　猪流感发病时肺部免疫组织化学法检测病毒抗原定位

A. 上述人工感染H3N2后的猪的支气管经免疫组织化学法（IHC）染色，发现病毒感染的上皮细胞脱落进入腔道内，IHC，40×

B. 6周龄猪雾化接种H1N1猪流感病毒后24h后剖杀，肺泡经免疫组织化学法（IHC）染色后发现病毒深入到肺部，许多肺泡壁排列着被病毒感染的肺泡细胞，IHC，40×

出现肺萎陷。

不论是自然感染还是试验感染，受感染影响的呼吸道范围都不一致，很有可能是由于气流的动力学影响到液滴的悬浮和沉降或者影响到受体的分布，导致最大的无软骨的呼吸道（主要是细支气管）的病变最为严重和一致。在大的肺叶和部分支气管可能病变只有轻微的表现。相反的是，在一些温和型感染中，反而是这些大的部位受到感染，末端的细支气管可能会幸免，也可能坏死，肺泡的病变程度是不一致的。除了一些严重的病例之外，病灶是多发性的，未受影响的肺叶与严重感染的肺叶紧邻连成一片。

感染后72h，一些呼吸道内都是坏死的细胞，但许多的呼吸道都排列着完整的增生上皮细胞，在支气管的周围围绕着淋巴细胞。肺泡壁就如前面说的会增厚，在肺泡的腔道内混杂着一些脱落的肺细胞、巨噬细胞和淋巴细胞。淋巴细胞群主要转化为单核细胞。此时用IHC法很少能检测到呼吸道上皮细胞的感染，但能检测到一些肺叶肺泡中零星感染的细胞。在一些感染中，肺泡几乎都不受影响。

感染后96h及以上，呼吸道开始修复，排列着增生或者几乎正常的上皮细胞，围绕着中等大小的淋巴细胞，肺泡的炎症也消失了。此时，用IHC法只能在肺泡的一些零星细胞中检测到很少的病毒。在自然感染病例中，一些严重受损的支气管恢复时会产生纤维化和支气管内膜息肉（闭塞性细支气管炎），而这些病变很少在试验感染中观察到。之后，上皮增生得到恢复，支气管周围的淋巴细胞和部分萎陷的肺泡和大量的淋巴细胞依然存在，恢复的情况依赖于受损的程度，一般在感染后2周，肺基本恢复正常。

在气管中受到感染的上皮细胞用IHC法通常鉴定到的数量较少，分布较广泛的病毒感染细胞，气管上皮细胞感染后排列受损，表皮层退化或者出现鳞状表皮，这些病变常为单点或者多点发生。很少有病毒会导致大面积的上皮损伤，但是也不是所有的猪都是如此。虽然猪可以通过鼻分泌物来排出病毒多天，但是在鼻内甲骨排列的上皮细胞只有轻度的退化，只有少量的感染细胞能够被组织切片的IHC法检测鉴定到。有扁桃体和气管、支气管被感染的报道，但是往往只能在淋巴结中用IHC法检测到少量的感染的细胞，扁桃体中则很少能检测到。

第三节　鉴别诊断

1918年，在美国首次发生了猪流感，但直到1931年Shope才分离并鉴定了第一株SIV，即古典H1N1 SIV。1991年郭元吉在中国内地首次分离到古典H1N1亚型SIV。SI血清学流行病学调查结果表明，H1、H3亚型SIV在我国东北、华北、华中、华东和华南的猪群中普遍存在，并且某些地区猪群已呈现地方性流行。这表明，SI已经对我国养猪业的发展构成严重威胁。

一、猪流感的临床诊断

猪呼吸道疾病综合征（PRDC）是集约化养猪场普遍存在且难以根除的猪呼吸道疾病之一，其病原复杂，呈双重或多重病原感染，对养猪业造成了极大危害。SIV是PRDC的重要原发性病原之一，猪流感发病率高，急性发病，潜伏期为2～7d，但病程很短，一般1～3周可完全恢复。发病期间若管理不当，则可继发或并发感染猪蓝耳病、猪瘟、猪圆环病毒病、传染性胸膜肺炎、链球菌病、肺炎支原体病、多杀性巴氏杆菌病、附红细胞体病、弓形体病等，从而加重病症，增加病死率。

在临床上，由于SIV对呼吸道上皮具有高度特异亲嗜性而使呼吸道上皮管壁受损，常常与胸膜肺炎放线杆菌、副猪嗜血杆菌、猪巴氏杆菌、猪2型链球菌、猪呼吸道冠状病毒（PRCV）、猪繁殖与呼吸综合征病毒（PRRSV）、猪圆环病毒2型（PCV2）、猪瘟病毒（CSFV）和猪伪狂犬病毒（PRV）等其他细菌和病毒继发或混合感染，使疫情更为复杂，病情加重，死亡率增高。存在上述病原的猪场，发生SI时，其结果是症状不典型，但病情严重。如继发巴氏杆菌病、肺炎链球菌病等，死亡率可高达10%以上。

二、猪流感的鉴别诊断

根据猪流感流行的特点、发生的季节、临床症状及病理变化特点，可初步诊断，确诊尚需进行分离病毒及血清学试验。当某猪群大部分或全部猪暴发急性呼吸道病，特别是在寒冷的冬、春季节时，可怀疑猪流感，但要与猪的许多呼吸道病进行区别，下面列举了几种重要的可引起呼吸道症状的病原，与猪流感的临床鉴别诊断的要点如下。

（一）猪流感

该病发生于天气骤变的晚秋、早春及冬季，气温的突然变化是该病的诱因，发病突然，传播快。病猪高热、流泪、鼻液增多，发生支气管炎、肺炎、呼吸困难。SIV能在鼻黏膜、扁桃体、气管、支气管淋巴结及肺脏中繁殖，其中肺脏是主要靶器官，现在分离的猪流感病毒有H4N6、H3N2、H1N2与H1N1等亚型，在死亡病例中还常分离到链球菌、多杀性巴氏杆菌和肺炎支原体等。单纯的猪流感，应用解热镇痛药、抗病毒药再结合抗继发感染的抗菌药治疗，疗效很好。

（二）猪繁殖与呼吸综合征

该病于1987年首次在美国暴发，之后在许多国家迅速传播。我国在1995年引种时传入该病并迅速蔓延全国，妊娠母猪感染后发生流产、死胎或产弱仔；仔猪感染后发生呼吸道炎症、食欲不振、发热、腹式呼吸、免疫力低下等。该病导致机体免疫抑制后，对其他疫苗的免疫不能产生较好的免疫效果。猪流感与该病的鉴别要点是PRRSV能够导致妊娠母猪发病等方面的差别。

（三）猪肺炎支原体病

支原体病原感染即为通常所说的猪气喘病。猪肺炎支原体为黏膜病原，黏附于气管、支气管、细支气管的纤毛，损害呼吸道上皮黏液纤毛系统，降低巨噬细胞的吞噬杀伤作用，从而引起免疫抑制。症状表现为体温、精神及采食正常，生长缓慢，一般患猪在清晨、夜间或运动时有咳嗽和气喘症状，无痰干咳，呼吸急促，一般不打喷嚏，不出现疼痛反应，病程长。单纯的猪肺炎支原体感染只是造成轻度肺炎，肺呈肉样病变，死亡率较低，应用支原体敏感药物之后易缓解气喘症状。最近几年的发病情况来看，很少单一发生支原体肺炎，通常会与PRRSV共同感染，成为呼吸道综合征发生的重要原因。猪肺炎支原体病的病变特征是融合性支气管肺炎；于尖叶、心叶、中间叶和膈叶前缘呈“肉样”或“虾肉样”实变，可与猪流感区别。

（四）猪伪狂犬病

该病是由猪伪狂犬病毒（PRV）引起，该病毒能损伤猪的防御体系，抑制肺泡巨噬细胞的功能。猪只感染PRV后呼吸困难、发热、有肺炎病变，并发猪流感时病变更加严重，若与多杀性巴氏杆菌或猪胸膜肺炎放线杆菌合并感染，则猪只会发生死亡。

（五）猪传染性胸膜肺炎

该病由胸膜肺炎放线杆菌引起，急性和亚急性病例通常以纤维素性、坏死性胸膜肺炎为主要特征。外界环境因素对该病的发生影响很大，在气温骤变、潮湿、通风不良、饲养密度大等多种不良条件下，都可诱发该病，主要经咳嗽、喷嚏的飞沫和分泌物通过呼吸道感染。从感染猪的肺、扁桃体、鼻腔分泌物可分离到胸膜肺炎放线杆菌。控制该病最有效的方法是接种地方流行的血清型疫苗和敏感药物防治。

（六）猪2型圆环病毒病

猪2型圆环病毒（PCV2）病是近年来新发的一种猪病毒病，主要引起5～12周龄的断奶仔猪多系统衰竭，临床上主要表现为消瘦、皮肤苍白、呼吸困难、厌食、精神沉郁等，有20%左右的病猪出现黄疸症状。在通风不良、密度过大、空气污浊、混养以及并发其他感染时，病情会显著加重，一般病死率达到10%～30%。病理剖检时可见肠系膜淋巴结和腹股沟淋巴结异常肿大，外观为灰白色或深浅不一的暗红色，切面为灰白色，若有继发并发感染，则切面可见到出血、化脓病变；肺部有灰褐色炎症变化；肝、脾、肾、胰、小肠结肠常有肿大及坏死病变。该病尚无有效疫苗，一般使用广谱抗生素来防止继发感染，同时采用抗病毒制剂如黄芪多糖、新感清等药物治疗，可提高疗效。

（七）猪肺疫

猪肺疫是由于猪感染多杀性巴氏杆菌引起的一种急性流行病，常与猪瘟、猪丹毒等其他流行病一起伴发，引起肺炎败血症等症状，可以使用疫苗接种免疫。咽喉型猪肺疫临诊表现为咽喉部肿胀，呼吸困难，犬坐姿势，流涎；胸膜肺炎型猪肺疫临诊表现为咳嗽，流鼻液，犬坐、犬卧姿势，呼吸困难，叩诊肋部有痛感，并引起咳嗽。剖检皮下有大量胶冻样淡黄色或灰青色纤维性浆液，肺有纤维素炎，切面呈大理石样，胸膜与肺粘连，气管、支气管发炎且有黏液。用淋巴结、血液涂片，镜检可见有革兰阴性卵圆形两极呈浓染的短杆菌，与猪流感不同。猪流感同猪肺疫一样，都有发病急、传播快的特点，但猪肺疫可见脖子粗肿，或在耳根处有鲜红色的出血点，急性猪肺疫病例的病死率极高，发病初期即以气喘、口吐白沫为主，可以鉴别。

（八）猪呼吸道冠状病毒病

猪呼吸道冠状病毒（PRCV）于1984年首次分离于比利时，是传染性胃肠炎病毒（TGEV）的一个变异株，是一种非肠道致病性冠状病毒。Pensaert等1986年首次报道，PRCV感染于1984年出现后，迅速传遍整个欧洲。PRCV大多数为亚临床感染，不会引起TGE的临床症状、病变，也没有引起临床型呼吸道病或肠道病变。在试验感染研究中发现，感染后10d，大约60%的猪只肺部发生病变，为支气管间质性肺炎，感染后15d，大多数炎症消退（Halbur，1993）。若PRCV发生临床感染，会有致死性支气管肺炎，病猪咳嗽、发热、食欲减退、精神沉郁，若与PRRSV、PRV或PCV2混合感染，会明显加重疾病的呼吸道症状。PRCV感染后产生IFN-α、TNF-α、IL-1，可抑制体内流感病毒H1N1的繁殖，PRCV感染可使流感病毒感染减少99%。

（九）猪肺炎型链球菌病

该病主要侵害刚断奶仔猪，发病率时高时低，与天气变化有一定联系。不及时治疗，一般会死亡。育肥猪发病率和病死率都较低。由革兰阳性菌引起，镜检可见到革兰阳性圆形或卵圆形的细菌，多成对排列，两菌体宽端相对，尖端相背，也有呈单个或3～5个链状排列。用恩诺沙星等药物治疗有一定效果。用青霉素治疗效果不好。病猪精神沉郁、头垂、喜卧、食欲减退或不食。眼结膜潮红，流泪、眼角有脓性分泌物，有的布满整个眼睛。呼吸困难、咳嗽，呈腹式呼吸，严重时张口伸舌，呈犬坐姿势，呼吸极度痛苦，伴有呻吟或喘鸣声。听诊肺部有音，心跳增速。鼻流出黏性或脓性分泌物。被毛粗乱，耳、胸、腹部及四肢皮肤稍见苍白或发绀。少数病猪四肢跛行，行走蹒跚。病猪体温为40～41.5℃，呈稽留热。后期呼吸极度困难，最后抽搐惊厥死亡。病程稍长者，病猪体温正常或稍高，食欲减少，消瘦。病猪有时有明显的关节炎，明显疼痛，跛行或不能站立。部分经治疗可康复。

病理剖检发现血液凝固不良，气管、支气管内充满泡沫性痰液，喉头及气管黏膜有少量出血点。胸膜有出血点，肺充血、出血，有的局部肺膜与胸膜粘连。肺泡间质增宽，切面弥散着多量黄豆大小的化脓灶（或脓肿），有的肺部出现大面积的坏死灶。胸腔有淡黄色积液。心耳、心冠脂肪有出血斑点，心内、外膜有斑点状出血；肝肿大呈暗红色，表面有出血斑点，柔软易碎，局部肝表面有黄白色纤维素分泌物覆盖；胆囊肿大；脾稍肿大，暗褐色，质脆；肾肿大；胃底部弥漫性出血；腹腔积红色液体；小肠黏膜有出血点。全身淋巴结有不同程度的充血、出血、肿大，切面呈大理石样。若是关节炎病猪，切开关节腔，可见灰白色干酪样的脓汁流出。

猪流感同肺炎型链球菌病的区别在于结膜充血发红但是不流泪，感染肺炎型链球菌猪的颈部、肩部的背侧毛孔常见出血，部分感染肺炎型链球菌猪群，尚可见到关节囊肿病例。

（十）猪瘟

猪瘟由黄病毒科猪瘟病毒属的猪瘟病毒（CSFV）引起的一种急性、发热、接触性传染病。具有高度传染性和致死性。其特征是：急性，呈败血性变化，实质器官出血，坏死和梗死；慢性呈纤维素性坏死性肠炎，后期常有副伤寒及巴氏杆菌病继发。主要通过直接接触，或由于接触污染的媒介物而发病。消化道、鼻腔黏膜和破裂的皮肤均是感染途径。一年四季都可发生，以春、夏多雨季节为多。

最急性型较少见，病猪体温升高，常无其他症状，1～2d内死亡。急性型最常见，体温可上升到41℃以上，食欲减退或消失，可发生眼结膜炎并有脓性分泌物，鼻腔也常流出脓性黏液，间有呕吐，有时排泄物中带血液，甚至便血。初期耳根、腹部、股内侧的皮肤常有许多点状出血或较大红点。病程一般为1～2周，最后绝大多数死亡。亚急性型常见于本病流行地区，病程可延至2～3周；有的转为慢性，常拖延1～2个月。表现黏膜苍白，眼睑有出血点。皮肤出现紫斑，病猪极度消瘦。死亡以仔猪为多，成年猪有的可以耐过。非典型病猪临诊症状不明显，呈慢性，常见于断奶仔猪和“架子猪”，表现症状轻微，不典型，病情缓和，病理变化不明显，病程较长体温稽留在40℃左右，皮肤无出血小点，但有瘀血和坏死，食欲时好时坏，粪便时干时稀，病猪十分瘦弱，致死率较高，也有耐过的，但生长发育严重受阻。剖检时急性型以出血性病变为主，常见肾皮质和膀胱黏膜中有小点出血；肠系膜淋巴结肿胀，常出现出血性肠炎，以大肠黏膜中的纽扣状溃疡为典型。我国的猪瘟兔化弱毒疫苗免疫期可达一年以上，被公认安全性良好、免疫原性优越、遗传性稳定。

猪流感与猪瘟比较，猪流感没有全身潮红症状，也没有公猪尿鞘积尿症状。

（十一）猪副嗜血杆菌

近年来猪副嗜血杆菌发病率持续走高，该病可导致猪的免疫能力下降。临床上以体温升高、关节肿胀、呼吸困难、多发性浆膜炎、关节炎和高死亡率为特征的传染病，严重危害仔猪和青年猪的健康。目前，副猪嗜血杆菌病已经在全球范围影响着养猪业的发展，给养猪业带来巨大的经济损失。属革兰阴性短小杆菌，形态多变，有15个以上血清型，其中血清型5、4、13最为常见（占70%以上）。一般条件下难以分离和培养，尤其是应用抗生素治疗过病猪的病料，因而给本病的诊断带来困难。据报道称猪副嗜血杆菌的真实发病率可能为实际确诊的10倍之多。

该病通过呼吸系统传播，也可以通过消化道传染。当猪群中存在繁殖与呼吸综合征、流感或地方性肺炎的情况下，该病更容易发生。猪副嗜血杆菌只感染猪，可以影响从2周龄到4月龄的青年猪，主要在断奶前后和保育阶段发病，通常见于5～8周龄的猪，发病率一般在10%～15%，严重时死亡率可达50%。急性病例，往往首先发生于膘情良好的猪，病猪发热（40.5～42.0℃），精神沉郁，食欲下降，呼吸困难，腹式呼吸，皮肤发红或苍白，耳梢发紫，眼睑皮下水肿，行走缓慢或不愿站立，腕关节、跗关节肿大，共济失调，临死前侧卧或四肢呈划水样，有时会无明显症状突然死亡；慢性病例多见于保育猪，主要是食欲下降，咳嗽，呼吸困难，被毛粗乱，四肢无力或跛行，生长不良，直至衰竭而死亡。

胸膜炎明显（包括心包炎和肺炎），关节炎次之，腹膜炎和脑膜炎相对少一些。以浆液性、纤维素性渗出为炎症（严重的呈豆腐渣样）特征。肺可有间质水肿、粘连，心包积液、粗糙、增厚，腹腔积液，肝脾肿大、与腹腔粘连，关节病变亦相似。腹股沟淋巴结呈大理石状，颌下淋巴结出血严重，肠系膜淋巴变化不明显，肝脏边缘出血严重，脾脏有出血边缘隆起米粒大的血泡，肾乳头出血严重，猪脾边缘有梗死，肾可能有出血点，肺间质水肿，最明显是心包积液，心包膜增厚，心肌表面有大量纤维素渗出，喉管内有大量黏液，后肢关节切开有胶冻样物。

SI仅依据临床症状和流行病学特点很难做出确诊，确诊还需借助实验室诊断技术。目前，用于猪流感病原和抗体检测的方法主要有病毒的分离与鉴定、血凝和血凝抑制试验、神经氨酸酶抑制试验、中和试验、琼脂凝胶扩散试验、免疫荧光法、酶联免疫吸附试验、聚合酶链式反应（PCR）、实时荧光定量PCR和NASBA法等方法。

参考文献

艾军民. 2013. 猪副嗜血杆菌病的诊断与治疗 [J]. 中国畜牧兽医文摘, 29（12）: 149.

查红波. 2003. 猪呼吸道冠状病毒感染 [J]. 中国动物保健, 11: 53–54.

杜宁, 杨霄星, 蓝雨, 等. 2009a. 1968年香港流感（H3N2）病原学概述 [J]. 病毒学报, 25（增刊）: 17–20.

杜宁, 杨霄星, 杨磊, 等. 2009b. 1957年亚洲流感（H2N2）病原学概述 [J]. 病毒学报, 25（增刊）: 12–16.

杜宁, 王大燕, 舒跃龙. 2009c. 2009新甲型H1N1流感病毒病原学概述 [J]. 病毒学报, 25（增刊）: 479–484.

邵洪泽, 邵显波, 石春军. 2009. 猪流感的流行特点、临床表现及诊断方法 [J]. 兽医导刊, 141（5）: 35–37.

覃广胜，蒋小红. 2002. 猪肺炎链球菌病的诊治 [J]. 广西畜牧兽医, 18（4）: 21–23.

余海波，李洪涛，胡成儒，等. 2013. 早期断奶隔离饲养技术在现代养猪生产中的应用 [J]. 当代畜禽养殖业, 3: 8–10.

De Vleeschauwer A, Atanasova K, Van Borm S, et al. 2009. Comparative pathogenesis of an avian H5N2 and a swine H1N1 influenza virus in pigs [J]. PLoS ONE, 4(8): e6662.

Halbur PG, Paul PS, Vaughn EM, et al. 1993. Experimental reproduction of pneumonia in gnotobiotic pigs with porcine respiratory coronavirus isolate AR310 [J]. J Vet Diagn Invest, 5(2): 184–188.

Jung K, Ha Y, Chae C. 2005. Pathogenesis of swine influenza virus subtype H1N2 infection in pigs [J]. J Comp Pathol, 132: 179–184.

Kitikoon P, Vincent AL, Janke BH, et al. 2009. Swine influenza matrix 2 (M2) protein contributes to protection against infection with different H1 swine influenza virus (SIV) isolates [J]. Vaccine, 28(2): 523–531.

Landolt GA, Karasin AI, Phillips L, et al. 2003. Comparison of the pathogenesis of two genetically different H3N2 influenza A viruses in pigs [J]. J Clin Microbiol, 41: 1936–1941.

Ma W, Vincent AL, Lager KM, et al. 2010. Identification and characterization of a highly virulent triple reassortant H1N1 swine influenza virus in the United States [J]. Virus Genes, 40: 28–36.

Myers KP, Olsen CW, Gray GC. 2007. Cases of swine influenza in humans: a review of the literature [J]. Clin Infect Dis, 44(8): 1084–1088.

Nayak DP, Twiehaus MJ, Kelley GW, et al. 1965. Immunocytologic and histopathologic development of experimental swine influenza infection in pigs [J]. Am J Vet Res, 26: 1271–1283.

Richt JA, Lekcharoensuk P, Lager KM, et al. 2006. Vaccination of pigs against swine influenza virus by using an NS1-truncated modified live-virus vaccine [J]. J Virol, 80(22): 11009–11018.

Sminth TF, Burgert EO Jr, Dowdle WR, et al. 1976. Isolation of swine influenza virus from autopsy lung tissue of man [J]. N Engl J Med, 294(13): 708–710.

Solorzano A, Garcia-Sastre A, Richt JA, et al. 2005. Mutations in the NS1 protein of swine influenza virus impairs anti-interferon activity and confers attenuation [J]. J Virol, 79: 7535–7543.

Sreta D, Kedkovid R, Tuamsang S, et al. 2009. Pathogenesis of swine influenza virus (Thai isolates) in weanling pigs: an experimental trial [J]. Virol J, 6: 34.

Thacker EL, Thacker BJ, Janke BH. 2001. Interaction between Mycoplasma hyopneumoniae and swine influenza virus [J]. J Clin Microbiol, 39: 2525–2530.

Thai Brown IH, Done SH, Spencer YI, et al. 1993. Pathogenicity of a swine influenza H1N1 virus antigenically distinguishable from classical and European strains [J]. Vet Rec, 132: 598–602.

Van Reeth K, Labarque G, De Clercq S, et al. 2001. Efficacy of vaccination of pigs with different H1N1 swine influenza viruses using a recent challenge strain and different parameter of protection

[J]. Vaccine, 19: 4479–4486.

Van Reeth K, Nauwynck H, PensaertM. 1996. Dual infections of feeder pigs with porcine reproductive and respiratory syndrome virus followed by porcine respiratory coronavirus or swine influenza virus: a clinical and virological study [J]. Vet Microbiol, 48(3–4): 325–335.

Vincent AL, Lager KM, Janke BH, et al. 2008. Failure of protection and enhanced pneumonia with a US H1N2 swine influenza virus in pigs vaccinated with an inactivated classical swine H1N1 vaccine [J]. Vet Microbiol, 126: 310–323.

Vincent AL, Lager KM, Ma W, et al. 2006. Evaluation of hemagglutinin subtype 1 swine influenza viruses from the United States [J]. Vet Microbiol, 118: 212–222.

Vincent AL, Ma W, Lager KM, et al. 2009. Characterization of a newly emerged genetic cluster of H1N1 and H1N2 swine influenza virus in the United States [J]. Virus Genes, 39(2): 176–185.

Vincent AL, Ma W, Lager KM, et al. 2007. Efficacy of intranasal administration of a truncated NS1 modified live influenza virus vaccine in swine [J]. Vaccine, 25: 7999–8009.

Vincent AL, Swenson SL, Lager KM, et al. 2009. Characterization of an influenza A virus isolated from pigs during an outbreak of respiratory disease in swine and people during a county fair in the United States [J]. Vet Microbiol, 137: 51–59.

Winkler GC, Cheville NF. 1986. Ultrastructural morphometric investigation of early lesions in the pulmonary alveolar region of pigs during experimental swine influenza infection [J]. Am J Pathol, 122: 541–552.

第八章

猪流感实验室诊断

猪流感是一种急性呼吸系统疾病。猪流感是否严重往往是由多种因素决定的，包括猪的年龄、病毒株种类以及是否继发感染等。大多数流感病毒感染猪是温和的，只有短暂的临床症状。诊断猪流感可以通过临床诊断或实验室诊断。临床诊断有时候不确切，因为猪流感的呼吸道症状并不是猪流感特异的。然而，临床症状可以帮助实验室诊断进行疾病的确诊。实验室诊断可分为直接的（抗原）和间接（抗体）的检测。

抗原检测主要通过采集生前或死后相应的样本进行检测。生前A型流感病毒（Influenza A virus，IAV）的诊断可通过棉拭子收集鼻腔分泌物或口水。收集样品后，就可以进行反转录聚合酶链反应（RT–PCR）检测病毒RNA或者通过病毒分离检测。最近，开发了一种新的技术，该技术应用后能够允许不同区域收集的样本在国际上进行运输，却没有病毒引入的风险。该产品主要由棉花系膜和灭活试剂组成，采集的样本被放到棉花系膜里，里面的试剂可以灭活样品中的微生物。这种技术已用于禽流感病毒的检测。尸检样本采集类型主要包括组织（鼻甲、扁桃体、气管、肺）和通过气管或支气管灌洗液收集呼吸道分泌物。尸检样品不仅可用于直接检测IAV而且也可以用于组织病理学检测。通过光学显微镜检查IAV组织病理学病变可作为血清学和分子检测试验的证明试验（Confirmatory test）。此外，免疫组织化学（Immunohistochemistry，IHC）也可用于检测存在于呼吸道上皮细胞的病毒，并已被证明是一种可靠的流感病毒感染诊断技术，但固定条件可能会影响IHC诊断的特异性和灵敏度。

血清学检查包括间接荧光抗体试验（Indirect fluorescent antibody test，IFAT）、血清中和（Serum neutralization，SN）、血凝抑制（Hemagglutination inhibition，HI）和酶联免疫吸附试验（Enzyme–linked immunosorbent assay，ELISA）等，最常用的是HI和ELISA。比较这两个检测方法，从灵敏度角度来看HI比ELISA检测方法稍高。如今，由于多种流感病毒株在猪群中共流行使得猪流感病毒的诊断更加复杂。本章节将介绍实验室诊断猪流感的原理和方法。

第一节 样品采集

成功检测猪流感病毒、病毒抗原、核酸或抗体，与收集样品的类型、样品的质量以及贮存和处理样品密切相关。在采集样品之前应该考虑采用什么样的诊断方法。血清可作为ELISA、琼脂糖凝胶沉淀试验的样本，但不适用于实时RT–PCR（Real–time RT–PCR，rRT–PCR）；而拭子和/或组织可以作为rRT–PCR和病毒分离的样本。本节将阐述如何收集不同的标本类型及选取适当的程序处理标本。

美国国家兽医服务实验室（National veterinary services laboratories，NVSL）使用不含抗生素的脑心浸出液收集气管和泄殖腔拭子，也可以使用含有蛋白质缓冲液的其他病毒运输介质（如胰蛋白、营养盐或蛋白胨肉汤）。在处理和运输到实验室的过程中，病毒运输介质中蛋白质的存在将有助于防止活病毒的降解，但细菌等微生物会在含有蛋白质的运输介质中生长，如果样本不用于细菌等微生物的鉴定，病毒运输介质中可添加抗生素防止微生物生长。

流感病毒在环境中不稳定，容易被高热或干燥灭活。如果运输干拭子到实验室将会降低分离出流感病毒的可能性。采集的拭子应该立即放到病毒传输介质中。收集标本放到含有蛋白质的溶液中冷藏会增加病毒的稳定性。采集后的标本应保持在冷藏条件下（2～8℃）尽快运到实验室。如果样品多次冻融，病毒效价将会降低，可能会导致低含量的病毒检测失败。为了避免反复冻融，不要在0℃以下的温度储存标本。

采集拭子样本应该使用塑料手柄的聚酯棉签（拭子）而不应该使用木质手柄的棉签。木质手柄经常被灭活病毒的物质处理，从而抑制病毒核酸的分离。此外，证明藻酸钙处理的棉签能够灭活病毒，48h可以减少病毒滴度高达1/1000。

一、材料

1. Hank's液，最少必需培养基，或其他液体病毒传输介质。

2. 带有塑料手柄无菌聚酯或涤纶拭子的管子，含有病毒的液体传输介质。

3. 三股扭棉绳。

4. 可密封的塑料袋。

5. 50mL塑料离心管，螺旋盖。

二、方法

（一）收集鼻拭子

流感病毒主要在猪呼吸道上皮复制。尽管流感感染的临床症状与病毒存在于呼吸道上皮相一致，可病毒存在的时间是短暂的，当病毒消退时通过病毒培养金标准的方法分离或采用RT–PCR检测病毒是困难的。疫苗攻毒试验研究表明病毒消退时间为24～72h。拭子样本可用于病毒分离、核酸类的试验以及抗原免疫试验。为了种群监测而收集的拭子样本应当采集临床生病或死亡的动物，此时有大量病毒存在。搜集活猪的鼻拭子，大于20kg猪可以通过鼻子套圈进行固定。不足20kg猪可人工保定。然后，鼻拭子插入每个鼻孔5.1～7.6cm并转动。

（二）收集口水

口水（oralfluids）主要由唾液腺分泌物与血清和炎症细胞、细菌、真菌、病毒、支气管和鼻腔分泌物、牙龈上皮细胞和食物残渣组成。猪的口水为IAV的检测提供方便、有效、安全的收集方法，用于快速检测IAV，如rRT–PCR。

为了收集一围栏猪的口水样本，将70cm长三股无捻扭绳固定在猪嘴里，使猪能啃绳20 ~ 30min。当移除绳索时，将口水拧在塑料袋中。袋子密封，用剪刀剪开袋子底部拐角，将袋子的内容物倒入50mL离心管中。将管4200或3850 × *g*离心30min以去除碎片。样品可以储存于4℃直到病毒分离和用rRT－PCR方法进行检测。

（三）收集支气管液体

支气管（Bronchoalveolar，BAL）液体可以从死亡动物胸腔摘除完整的肺叶和气管中获得。手术镊子夹住气管，用无菌解剖刀在气管环割一小口，在无菌条件下注入大约100mL病毒运输介质。也可以用其他方法注入液体。然后轻轻按摩肺叶，并尽可能多地将液体取出来，然后将样品分到无菌管中。

（四）收集肺和气管组织样本

肺组织样本及气管可以在收集BAL液体后收集。样品应优先从左侧中叶或有紫色病变损伤的部分采集。采集的肺叶和气管部分应放在密封的无菌袋或容器中，并在4℃下冷却运送以便进行核酸检测或病毒分离。剩余组织样品可以固定在中性福尔马林缓冲液中，并在室温下运输用于组织病理学和免疫组化。

（五）采集血清样本

将猪固定后，用5mL无菌注射器通过前腔静脉采集3 ~ 4mL血液至采血管。血液在室温下凝固。凝血后，血清从凝块中分离并转移到一个单独的管里，然后在4℃或－20℃存储。血清可以用于抗IAV抗体检测。当怀疑是IAV但不能直接通过抗原试验检测到时，血清抗体检测是必需的。检测血清中特异的免疫球蛋白能间接鉴定IAV感染。感染后1 ~ 2周能够检测到免疫球蛋白（Immunoglobulins，主要是IgG），4 ~ 7周是高峰。由于这个原因，血清样本采集建议在感染时和感染后3 ~ 4周，用来比较急性与恢复期反应。因为疫苗接种或自然感染都会产生IAV抗体，血清学试验能够解释被检测动物处于疫苗接种或暴露的状态。用于检测流感病毒抗体的方法包括：血凝抑制，血清中和和酶联免疫吸附试验。

（六）标本处理和储存

采集的拭子标本应立即放在4℃下保存直到48h。如果48h不能检测则应置–70℃或以下保存。没有放到病毒运输介质的新鲜组织标本可以立即冷冻，处理的时候进行组织捣碎。新鲜组织也可以放在病毒传输介质中，不用组织捣碎而是反复冻融三次来破坏组织细胞。

为了避免多次反复冻融，标本不要保存到0℃。拭子标本在–20℃或更低可保持数周至数月，在4℃最多保持一周。组织标本48h以内存放在4℃，长期保存则在–70℃或更低的温度。血清标本可在4℃存放一周，长期保存置–20℃或以下。

（七）标本的运输

样品收集后应尽快运送到实验室。标本应当放在冰袋或湿冰中运输。为了防止病毒的降解，标本不应该在低温情况下保存超过48h。如果标本在运输前必须被保存，样品应当被冻起来（–70℃更好）。标本在运输过程中应当保证有足够多的冰袋确保标本保持冷冻状态，直到标本运送到实验室进行检测。样品不应该用干冰运输，除非干冰是在密封的容器、袋子或双层塑袋包裹，因为干冰升华成的CO_2气体会灭活流感病毒。

第二节 病毒分离

流感病毒分离是指获得活的具有传染性的病毒，可用于抗原性、致病性和疫苗的研究。传统的鸡胚接种方法被认为是用于流感病毒分离和繁殖的“金标准”。目前，许多原代细胞和连续传代细胞系也被应用于检测或开展流感病毒分离和复制的研究。猪流感病毒的分离和扩增已经在鸡胚、一些原代猪细胞和一些连续传代细胞系进行尝试并进行了比较。目前Madin–Darby犬肾（Madin–Darby canine kidney，MDCK）细胞仍然是最常用的分离、扩增和滴定SIV的细胞。当SIV病毒在MDCK细胞分离不成功时，可在鸡胚或其他细胞系中进行病毒分离。鼻拭子、肺组织和口水是SIV病毒分离的三大标本类型。在这一节中，我们将描述样本处理程序、MDCK细胞和鸡胚分离SIV，以及用于确定病毒分离结果的方法。

流感病毒分离是一个耗时的过程，但却是抗原特性、发病机制调查和疫苗生产的关键和必要条件。不同种类及亚型流感病毒通常在鸡胚中（Embryonated chicken eggs，ECE）复制，但是，ECE也有一些局限性。第一，有大量证据表明A和B亚型流感病毒在鸡胚中培养，可导致抗原性和血凝素（HA）分子结构发生变化，而在哺乳动物细胞培养物中生长的病毒HA仍然与临床样本病毒相同。第二，不是所有的流感病毒株都可以很容易地在ECE中分离出来。第三，稳定供应足量的高品质鸡胚是不容易的。此外，鸡胚的成本增加，以及更复杂的程序也是在ECE中进行病毒分离的局限性。

为了寻找合适的原代细胞和传代细胞用于从临床样本中分离流感病毒以及病毒的传代，许多方法已经被尝试。起初，人们已验证MDCK细胞系可以支持A和B型流感病毒的分离和生长。也有研究发现其他细胞系，如非洲绿猴肾（Vero）、人胚胎肺（MRC–5）、水貂肺上皮细胞（Mv1Lu）和人结肠腺癌细胞（Caco–2），同样可以进行流感病毒分离以及繁殖。然而，在这些细胞系或鸡胚中进行流感病毒分离和扩增的比较中发现了一些差异；没有一种分离方法永远优于另一个。近日，研究者建立了雪貂气管分化的原代上皮细胞培养系统，提供了用于研究流感病毒的细胞趋向性、感染性以及流感病毒发病机制的体外模型。但它作为流感病毒分离的细胞培养效率还没有被研究。

SIV分离和扩增已经在ECE、初级胎猪肾细胞、新生猪肾（Newborn swine kidney，NSK）、MDCK、Mv1Lu和Caco-2细胞系进行尝试和比较。一些猪细胞系如NSK、新生猪气管（Newborn pig trachea，NPTr）、猪小肠上皮细胞系（Porcine intestinal epithelial cell line，SD-PJEC）和一些源于猪呼吸道或骨髓的猪上皮细胞已被建立。迄今，这些细胞已显示允许SIV复制，但还未见有将其作为SIV病毒的主要分离细胞的相关报道。目前，MDCK细胞是最常用的分离、繁殖和滴定SIV的细胞系，虽然源于原代猪肾、猪睾丸、猪肺或猪气管细胞可被使用。为了获得分离SIV的最大灵敏度，除了MDCK，推荐使用鸡胚和/或另一种细胞系。

在细胞培养物或鸡胚上进行病毒分离（Virus isolation，VI）有6个步骤，包括：① 样品的处理；② 细胞培养物的制备和/或鸡胚的订购和检查；③ 细胞培养接种和/或鸡胚接种；④ 观察病毒接种细胞的细胞病变（Cytopathic effects，CPE）和/或检查接种鸡胚的状态；⑤ 收获细胞培养液和/或收获鸡胚尿囊液；⑥ 证明VI结果。

一、材料

声明：本章提到的商品名称或商品仅仅作为提供具体信息的目的，并不意味着推荐或认可。

（一）样品处理

1. 生物安全柜　Ⅱ类，HEPA过滤。
2. 冰箱　(4 ± 0.3)℃。
3. 冷冻　(-20 ± 5)℃和-70℃以下。
4. 组织处理装置。
5. 涡旋或类似的混合器。
6. 冷冻离心机。
7. 无菌剪刀和镊子。

8．吸取枪（Pipet）和无菌、过滤、连续、多量程的移液枪。

9．各种尺寸与对应的单道无菌移液器，气溶胶防护吸管头。

10．含有1×抗生素的Earle's平衡盐溶液　结合100mL10×Earle's平衡盐的浓缩溶液，10mL青霉素/链霉素（10000 U/mL青霉素和10000 U/mL链霉素），10mL 200mmol L–谷氨酰胺，1mL庆大霉素（50mg/mL）和4mL潮霉素B（250μg/mL），并且以碳酸氢钠溶液调节pH至7.2～7.4。添加高压灭菌去离子水至1L。

11．注射器（3，5和10mL）和灌胃针（至少18 ½ G）。

12．0.22μm滤器。

13．消毒剂　70%乙醇，10%的次氯酸钠或卫可片剂（见生产商的说明书）。

（二）准备细胞培养

1．生物安全柜　Ⅱ类，HEPA过滤。

2．培养箱　37℃，5%CO_2。

3．倒置显微镜。

4．MDCK细胞。

5．各种大小尺寸的组织培养瓶（25和75cm^2）和板（如24孔板）。

6．无菌磷酸盐缓冲盐水（PBS），0.01mol/L，pH7.2。

7．1×胰蛋白酶–EDTA溶液。

8．含有1×抗生素的MDCK培养基　875mL DMEM（Dulbecco's modify ed Eagle's medium），加入100mL胎牛血清，10mL的青霉素–链霉素（10 000 U/mL青霉素和10 000μg/ mL链霉素），10mL 200mmol L–谷氨酰胺，1mL庆大霉素（50mg/mL）和4mL潮霉素B（250μg/mL）。

9．吸取枪和无菌、过滤、连续、多量程的移液枪。

（三）接种细胞培养

1．单层MDCK细胞。

2．TPCK－胰蛋白酶储存溶液（1mg/mL）。

3．SIV接种培养基　973mL DMEM，10 mL青霉素－链霉素（10000 U/mL青霉素和10 000 μg/ mL链霉素），10mL 200mmol L－谷氨酰胺，1mL庆大霉素（50mg/mL）和4mL潮霉素B（250 μg/mL）。加入2mL TPCK－胰蛋白酶储存溶液。

4．SIV阳性对照。

（四）接种鸡胚

1．无特定病原体（Specific pathogen－free，SPF）鸡胚　9～11日龄。

2．鸡蛋孵化器。

3．照蛋灯。

4．鸡蛋打孔器。

5．钢笔或铅笔标记蛋壳的孔。

6．Elmer的胶水或等效的密封鸡蛋壳接种孔。

7．注射器　1mL结核菌素注射器接种；3和5mL注射器、18G的针头收获尿囊液。

8．70%乙醇。

9．SIV阳性对照。

二、方法

（一）样本处理

1．鼻拭子

（1）如果提交的拭子是干燥或潮湿的棉签，转移至2mL含有1×抗生素的Earle's平衡盐溶液，涡旋震荡混合。拭子悬液在1800×*g* 4℃下离心15min。收集上清液并保持在4℃，直至接种。如果上清液在4℃保持超过48h，则应该被储存在－70℃下。

（2）如果被提交的拭子在病毒运输液中，则棉签悬浮液剧烈震荡混合，然后在1800 × g 4℃下离心15min，收集上清液并保持在4℃，直至接种。如果上清液在4℃保持超过48h，则应该被储存在–70℃下。

（3）为了减少细菌污染，鼻拭子上清液应该通过0.22 μm滤膜过滤后再接种。

2. 肺组织（或气管组织或肺泡灌洗液）

（1）用无菌剪刀切碎肺或气管组织，然后捣碎处理，以在含有1 × 抗生素的Earle’s平衡盐溶液中产生组织匀浆，终浓度为10% ~ 20 %（重量/体积）。

（2）组织匀浆或肺泡灌洗液在4℃下1800 × g离心15min，收集上清液并在4℃下保存，直到接种。如果上清液在4℃保持超过48h，则应该被储存在–70℃下。

（3）为了减少细菌污染，组织匀浆上清液应该通过0.22 μm滤膜过滤后再接种。

3. 唾液

（1）唾液在4℃下1800 × g离心15min，收集上清液并在4℃下保持，直到接种。如果上清液在4℃保持超过48h，则应该被储存在–70℃下。

（2）为了减少细菌污染，组织匀浆上清液应该通过0.22 μm滤膜过滤后再接种。

（二）准备细胞培养

1. MDCK细胞常规传代，并保持在75cm^{2}培养瓶中。

2. 当MDCK细胞在75cm^{2}培养瓶中长成单层，可以按需要传到25cm^{2}的细胞培养瓶或24孔板中。一般地，以1：5的分配比，2d能够长到所需要的密度，接种病毒。

（三）接种细胞培养

1. 当25cm^{2}或24孔板的MDCK细胞长至80% ~ 90%铺满，标记好培养瓶或24孔板的名称（例如，P0、P1、P2）和接种日期。

2．弃去培养基，并用SIV接种培养基冲洗细胞单层3次。过滤的临床样本接种到细胞。一定要包括阳性和阴性接种对照。

3．在37℃孵育接种的细胞培养物1～2h，偶尔摇动，以确保将细胞覆盖。

4．弃掉接种物，用SIV接种培养基洗细胞单层3次。

5．加入适当的SIV接种培养基（25cm^{2}培养瓶为5mL或24孔板每孔1mL），在37℃，5%CO_2培养箱中孵育5～7d。每天检查CPE。

6．如果观察到MDCK细胞呈现明显的细胞病变（CPE），冻融培养瓶或培养板。收获细胞培养上清液并以1800×*g*离心15min以去除细胞碎片。上清液进行血凝素活性测定，也可以用于反转录聚合酶链反应（RT–PCR）验证流感病毒。

7．如果第一次传代结束后没有观察到病毒CPE，将培养瓶或培养板在–70℃下冻结，然后融化，按1～5的步骤进行盲传。如果没有观察到CPE，至少要在细胞上盲传两代。如果在第二次传代时有CPE，则按6步骤进行。如果第二次传代结束后还没有观察到CPE和血凝素活性，则认为样本是阴性。

8．如果有证据怀疑样品中有活的流感病毒存在，但在细胞培养中结果是阴性的，则可以尝试在鸡胚中进行病毒分离。

（四）接种鸡胚

1．用照蛋灯照9～11日龄的鸡胚。丢弃死胚。用铅笔在壳膜和气室之间作标记（图8–1）。

2．接种部位喷洒70%乙醇，风干，并在壳上打一个小孔。

3．用1mL结核菌素注射器接种0.2mL处理的样品至尿囊腔。用胶水密封接种部位。一般情况下，每个样品接种三个鸡蛋。包括阳性和阴性的接种对照。

4. 在37℃下孵化器里孵育3～4d，每天照胚。丢弃在24h内死亡的鸡胚。

5. 24h以后死亡鸡胚放置4℃。接种4d后将所有的鸡胚放置4℃，收获尿囊液。

6. 离心尿囊液在4℃ 1800×*g*离心15min，并转移至另一管。

7. 分别测试每个鸡胚尿囊液的血凝活性。

8. 如果血细胞凝集测定结果是阴性，则至少应在鸡胚上再传一代。同一样品的三个鸡胚尿囊液可以汇集，并可进行第二次传代接种。如果从第二次传代获得的尿囊液凝集活性还是阴性，则认为该标本在鸡胚中SIV分离阴性。

9. 如血凝试验是阳性，应该用流感病毒特异的RT－PCR方法证实尿囊液中病毒的类型。

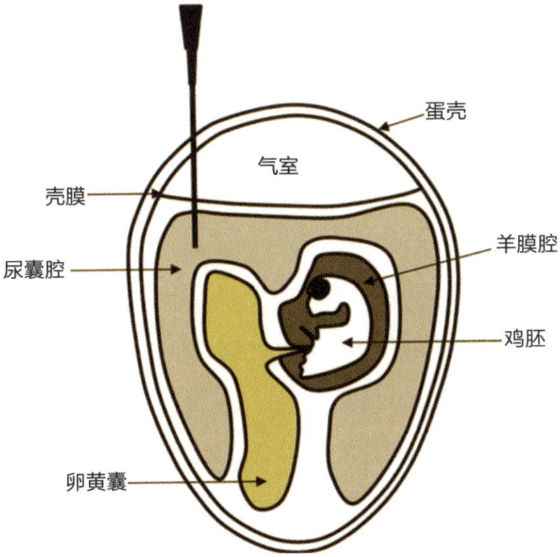

图 8-1　鸡胚和尿囊接种部位的结构

第三节 核酸检测

rRT–PCR测定是目前许多实验室首选的检测SIV的方法。传统上，鼻拭子，肺组织（有时采用肺泡灌洗液及气管组织）是主要的样本；然而，现在唾液越来越普遍应用到SIV的诊断。在本节中，将从共同的临床标本简单阐述RNA提取程序和rRT–PCR方法检测猪的分型IAV。

病毒RNA的有效提取和纯化是下游工作的关键，无论是敏感和特异的检测临床样本、病毒基因的克隆和表达或采用分子生物学方法定量检测试验感染猪的流感病毒，都需要高质量的RNA样本。样本通常可以分为两种类型：含病毒丰富的样本（例如，病毒储液）和临床样本。临床样本（组织或拭子材料）由于其复杂的样品组成和可能低的病毒滴度，是最难处理的。测试样本的类型不同，RNA抽提和纯化的方法不同。例如，RNA可以直接从感染的鸡胚尿囊液、细胞培养上清、肺泡灌洗液（Bronchoalveolar lavage fluids，BALF）、唾液等样品中抽提。然而，对于某些临床诊断样本，前期处理是必要的。组织样本如肺，首先要用平衡盐溶液或者病毒培养液做成10%的匀浆，而鼻拭子通常在测试管里用平衡盐溶液或者病毒培养液震荡悬浮。市场上有大量的商品化病毒RNA抽提试剂盒，有一些已经应用到SIV的RNA抽提。这些试剂盒包括磁珠或固相吸附柱，使用起来更敏感并且稳定。如RNeasy和QIAamp RNA试剂盒（Qiagen，CA）和PureLink™ RNA试剂盒（Invitrogen，CA）商品化试剂盒，是基于二氧化硅膜的固相吸附柱。磁珠提取的商品化试剂盒，如MagMAX™（Applied Biosystems，CA）和EZ1（Qiagen，CA）用于具有低病毒浓度或含有PCR抑制剂的液体样品，如唾液、精液、尿液、粪便和血液。

采用荧光定量RT–PCR可以检测任何物种的A型流感病毒。A型流感检测的靶基因是保守的基质（M）或核衣壳蛋白。本节将介绍以*M*基因为靶基因的方法，该方法检测的灵敏度可以低至10^{-1}半数鸡胚感染量（EID_{50}）。

荧光定量RT–PCR扩增病毒RNA来检测DNA与标准的PCR的原则是相同的。这两种方法之间所不同的是PCR产物是如何检测的。在实时PCR，PCR产物被荧光探针或核酸结合染料标记从而实时可视（即，每个PCR循环期间，许多化学物质可用于实时PCR。这里报告的流感类型检测使用的是水解探针，也被称作双重标记的探针或TaqMan探针）。

在水解/双标记探针系统中，除了特异的靶基因的PCR引物，具有序列互补的扩增靶基因的DNA探针一端标记有荧光报告染料（通常是5′末端），而在另一端标记猝灭剂染料（通常是3′末端）。报告染料在特定波长被激发光（通过实时PCR仪）激发，然后通过实时检测PCR仪检测不同的波长。如果淬灭染料与报告染料很近，它会吸收报告染料产生的任何光，从而实时PCR仪器检测不到任何信号（这被认为背景荧光水平）。在PCR反应的延伸过程中，如果探针与PCR扩增子发生退火，报告染料被Taq聚合酶从探针的5′末端裂解（由于5′外切核酸酶活性），机械性地将它与淬灭染料分离。当足够多的报告染料被裂解，产生的荧光信号将直接与扩增子浓度相关。由于每个循环荧光信号都被监测，记录PCR产物的增加，并且荧光信号可以实时地被报告。在该方法中，由于一个特异性探针的使用，使得该试验的特异性高，因为只有它可以结合序列，特异性探针产物才能可视。因此，在反应中即使引物与模板之间有非特异性反应，此副反应也不会被记录（传统的PCR方法所有的反应产物通过电泳检测）。

使用Qiagen一步法RT–PCR试剂盒优化了流感病毒基质基因检测方法；也可以使用其他的试剂盒。然而，为了获得最大的性能，其他试剂盒将需要单独优化酶量、镁浓度、循环条件。不是所有的RT–PCR试剂盒都能够进行本试验，它们必须包含一个具有5′外切核酸酶活性的聚合酶。使用两步RT–PCR程序，其中，反转录和PCR反应分别单独运行，因为每个反应可分别进行优化，可以潜在地导致灵敏度的增加。然而，由于增加交叉污染的可能和额外操作步骤，两步RT－PCR法是不被推荐的。最后，强烈建议将PCR引物和探针高度纯化（即高效液相色谱法纯化）。

在本节中提及的商品名称或产品完全是为了提供特定的信息，并没有暗示推荐或认可。

一、材料

（一）RNA抽提

1. 样品准备

（1）生物安全柜　Ⅱ类，HEPA过滤。

（2）PCR工作站。

（3）冰箱　（4 ± 0.3）℃。

（4）冷冻冰箱　（－20 ± 5）℃，低于－70℃。

（5）组织匀浆。

（6）漩涡或类似的混合器。

（7）平板振动器。

（8）离心机。

（9）Earle's的平衡盐溶液　加入去离子水使得100mL 10 × Earle's的平衡盐溶液至800mL，高压灭菌。用碳酸氢钠将pH调节至7.2 ~ 7.4。加灭菌去离子水至1升。

（10）0.01mol/L的无菌磷酸盐缓冲盐水（PBS），pH为7.2 。

（11）消毒剂　70%乙醇，10%的次氯酸钠或卫可消毒剂。

2. 硅酸结合柱

（1）无核酸酶的水。

（2）无核酸酶离心管。

（3）RNeasy Mini试剂盒（Qiagen）或同等作用的试剂盒。

（4）100%乙醇、70%乙醇（用无核酸酶的水制备）。

（5）2–β巯基乙醇（β–ME）。

（6）样品材料　鼻或咽拭子材料，尿囊液，细胞培养物。

3. 有机萃取

（1）无核酸酶水。

（2）无核酸酶离心管。

（3）Trizol LS试剂（Invitrogen）或同等作用的试剂盒。

（4）氯仿。

（5）异丙醇。

（6）糖原5mg/mL。

（7）70%乙醇（用无核酸酶的水制备）。

（8）样品材料　气管或泄殖腔拭子材料，AAF，细胞培养材料，组织。

（二）rRT–PCR检测SIV

（1）实时荧光定量PCR检测系统。

（2）移液器　规格分别为0.5～10μL、20～200μL和100～1 000μL各一支。

（3）防回吸吸头。

（4）核酸提取Kit　QIAGEN公司RNeasy Mini Kit。

（5）Real–time RT–RTPCR Kit　QIAGEN公司QuantiTectTM Probe RT–PCRKit。无核酸酶水。

（6）TE缓冲液（用于探针溶解）。

（7）RT–PCR试剂　本节中的程序提供两个商品化试剂盒的优化配方：一步RT–PCR试剂盒（Qiagen），它提供了逆转录酶，Taq酶聚合酶，dNTPs和反应缓冲液和AgPath一步法RT–PCR试剂盒（Life Technologies），它提供逆转录酶，Taq聚合酶，dNTPs浓度，反应缓冲液（2×组合），以及“检测增强剂”。任何同等试剂可适当优化。

（8）引物及探针　包括甲型通用引物及探针，序列见表8-1。

表 8-1　美国农业部验证 IAV 使用的实时 RT-PCR 引物和探针序列

引物 / 探针	序列（5′-3′）
M25 forward primer	AGA TGA GTC TTC TAA CCG AGG TCG
M64 probe	[FAM]a-TCA GGC CCC CTC AAA GCC GA-[BHQ-1] b
M124 reverse primer	TGC AAA AAC ATC TTC AAG TCT CTG
M124 modified reverseprimer (M124R Mod)	TGC AAA GAC ACT TTC CAG

二、方法

（一）RNA抽提

1. 样品准备

（1）鼻拭子　对于干棉签，加入500μL的PBS至2 mL离心管中，然后将棉签尖端插入管，剧烈震荡7～10s，以12000×*g*离心5min，从上清液中提取RNA。

（2）组织　组织按10%（W/V）PBS或1×Earle's平衡盐溶液匀浆。12000×*g*离心10min，从上清液中提取RNA。

（3）唾液　剧烈震荡7～10s，以12000×*g*离心5min，从上清液中提取RNA。

（4）AAF和细胞培养物　使用250μL的AAF或细胞培养上清液，或用750μL的Trizol LS直接裂解细胞。

2. RNA提取

（1）硅酸结合柱方法　RNA的提取按Qiagen RNAeasy RNA提取试剂

盒操作手册，采用RNeasy mini handbook试剂盒中的《从细胞培养物中分离RNA方案》提取RNA。在使用前，RLT buffer每毫升需要加10μL β-巯基乙醇（β-ME），此时可稳定保存1个月，RLT buffer在保存时可形成沉淀，必要时加热溶解，室温保存。RPE buffer使用前加4倍体积的无水乙醇。具体步骤如下：

① 收获鸡胚的尿囊腔液，震荡混匀测试样品3～5s，然后样品5000×g离心5min，沉淀大的碎片。抽出500μL的上清液，并放置在1.5mL微量离心管中。AAF和细胞培养物可直接加RLT缓冲液中。取300μL到一个空的微量离心管中。

② 加600μL RLT缓冲液（在加RLT之前，震荡沉淀），充分混匀。

③ 10 000r/min离心30s。

④ 收集上清到去DNA柱中，10 000r/min离心30s，弃掉柱子保留液体。

⑤ 加入等体积70%乙醇于液体中，混匀。

⑥ 700μL/次，分2次加入RNeasy吸附柱，10 000r/min离心15s。

⑦ 加500μL的RPE到吸附柱中，10 000r/min离心15s；重复一次。

⑧ 将吸附柱放入新收集管中，10 000r/min离心1min。

⑨ 将吸附柱放入新收集管中，加30μL无RNA酶的去离子水洗脱，10 000r/min离心1min。

⑩ RNA样品储存在4℃不超过一周，超过一周需要储存在-70℃或更低。避免反复冻融。

所有步骤在室温进行，操作须快速。

（2）有机萃取

① 将250μL的上清液（上述描述的方法制备）加入750μL的Trizol LS试剂或者相同功能的试剂，混旋，瞬间离心使管盖液体离心下来。

② 加200μL 100%氯仿到样品/ Trizol匀浆中，混旋15s，在室温下孵育7min。

③ 在室温下12000×g离心15min。

④ 转移400～450μL水层至一个单独的微量管，做好标记。如转移水层时携带有机相将降低RNA产量，并抑制RT－PCR反应，应避免吸取任何有机相或干扰物质。

⑤ 加入500μL 100%的异丙醇。加入1μL5mg/mL的糖原帮助异丙醇沉淀RNA。颠倒管数次混匀，在室温下孵育10min。

⑥ 10000×g，4℃离心10min。

⑦ 倒出液体。应当小心，以确保RNA沉淀不被干扰。加入1.0 mL的70%或80%的乙醇。轻轻混匀。

⑧ 在4℃下10000×g离心5min。

⑨ 倒出乙醇而不移出沉淀。将管倒置放在一个干净的纸巾上，允许风干10min或直到水分散尽。不要让RNA沉淀过干，因为这会降低RNA的可溶性。

⑩ 将沉淀溶解在50μL不含RNA酶的水中，在4℃下进行孵育1h或者过夜。

⑪ RNA样品可以储存在4℃下不超过1周；存放的时间超过1周应该在－70℃或更低的温度。应避免反复冻融。

（二）荧光定量RT－PCR

（1）引物和探针处理和稀释

① 冻干引物和探针在打开和溶解之前必须短暂离心以确保该DNA沉淀是在管的底部。无核酸酶的水或TE缓冲液（TE缓冲液中正确的pH依染料而定）应该用于冻干的引物和探针的初始溶解。浓缩原液应贮存于－70℃。引物储存浓度应该是200pmol/μL；探针储存浓度是120pmol/μL。

② 用手弹管子轻轻混匀，溶解10min后再进行工作浓度的稀释。

③ 准备工作浓度引物和探针　用无核酸酶水稀释引物1：10（20pmol/μL终浓度），用无核酸酶水稀释探针1：20（6pmol/μL终浓度）。不要使用TE缓冲液稀释到工作浓度。工作浓度的储液应保存在4℃。在

该浓度下的探针在4℃下将近1个月左右是稳定的。

（2）rRT－PCR反应

① 设置实时PCR仪反应条件　该反转录步骤：50℃ 30min一个循环，94℃ 15min。此反转录步骤是Qiagen一步法RT－PCR试剂盒特定的，它采用了热启动Taq DNA聚合酶，需要94℃下15min的活化。对于流感引物和探针的PCR反应条件是45个循环：94℃ 1s，60℃ 20s。荧光数据在60℃循环（表8－2）收集。PCR反应的循环时间可能因不同的实时PCR仪器略有不同。特定的信息可根据不同的特定PCR仪器使用手册而不同。

表 8－2　实时 RT－PCR 热循环条件为 A 型流感（*M* 基因）探针和引物组合

阶段	步骤	循环数	时间	温度（℃）
反转录[a]	反转录	1	30min	50
	热激活聚合酶		15min	94
PCR	变性	45	1s	94
	退火／延伸[b]		20s	60

注：a. 提供的反转录条件是 Qiagen 一步 RT－PCR 试剂盒所特异的。
　　b. 在退火步骤中获得荧光信号。

② 将反应管放置到冷却块中，小心不要损坏反应管上的光学表面。

③ 在一个干净的1.5mL无核酸酶的微量离心管中准备反应预混液。整个过程使用防回吸的吸头。反应成分（每个反应体积）按以下顺序：6.95μL的H_2O，5μL试剂盒提供的5×反应缓冲液，0.8μL的dNTP混合（Qiagen试剂盒提供），1.25μL25mmol/L的氯化镁，0.5μL上游引物，0.5μL下游引物，0.5μLRNA酶抑制剂，1μL试剂盒提供的酶（表8－3）。最后添加探针（每个反应0.5μL）。一旦探针被添加，减少反应混合物暴露在光线下。如果使用内部阳性对照，它应该在此步骤中加入。

表 8-3　A 型流感（*M* 基因）荧光 RT-PCR 反应混合液体系和条件

	反应体积（μL）	终浓度
H_2O	6.95	
5× 反应缓冲液	5	1×
25 mmol/L $MgCl_2$	1.25	3.75 mmol/L
Enzyme mix	1	
上游引物	0.5	10pmol/μL
下游引物	0.5	10pmol/μL
dNTPs	0.8	每 dNTP 320 μmol/L
探针	0.5	0.12μmol/L
Rnase 抑制剂	0.5	13U
模板	8	

④ 涡旋混合3～5s，并短暂离心去掉任何混合管盖上的液体。

⑤ 加入17μL反应混合物至每个反应管中。

⑥ 模板加入到反应管（每个反应8μL），顺序如下：阴性对照模板（H_2O）加入到合适的管子，但尚不密封该管；然后添加每个样本模板，边添加模板边封管（如可以）；然后添加阳性对照模板到适当的管并密封管；最后，密封阴性对照管。

⑦ 全病毒RNA或体外转录的RNA可用于阳性对照模板。无核酸酶的水被用作阴性对照模板。

⑧ 短暂离心反应管，按表8-2程序运行实时RT-PCR。

（3）结果分析

① 检查阳性和阴性对照，以确保反应条件是正确的。在仪器上单独评估每个样本的原始数据，以确保没有不规则或软件错误，大多数仪器都有校正和归一化功能。

② 结果用循环阈值（C_t）记录，这是荧光水平到达阴－阳性临界值的PCR循环数。可达到的是45，阴性样本C_t值是0.00。一般在诊断情况

下，可疑的样品应进行复检。如果第二个测试结果还是不满意，如果可能，应考虑再次采样。

③ 具体分析结果的标准可根据实时PCR仪不同而略有不同。当不知道具体情况时，按仪器说明书操作或咨询制造商。

（4）注意事项

① 实时定量RT–PCR方法本质上是定量的。因此，标本绝对定量可以通过添加标准曲线（已知滴度病毒的连续稀释的RNA）。

② FAM（6–羧基荧光素）和BHQ–1（Black hole quencher–1）是仪器建议使用的染料，并与大多数仪器兼容。如果使用不同的实时PCR仪，则需要检查是否需要使用替代染料。

③ 探头是光敏感的。将它们存储在避光管中（如果有）或用铝箔包装，最大限度减少其暴露在光线下。

④ 为了避免引物和探针反复冻融，储备液分装冻结在多个小批量管（可以用于1个月的工作液所需要的量）。

⑤ 帮助防止交叉污染，建议：只使用防回吸移液器吸头；离心后才使用所有试剂，尤其是冷冻干燥材料；处理和制备样品的整个程序在生物安全柜中进行；每个阶段使用的地方是分开的（例如，单独的生物安全柜用于RNA提取和RT–PCR反应准备）；尽量减少样品处理和操作过程；频繁更换手套。

第四节　血凝试验

血凝试验是用于筛选细胞培养物或鸡胚尿囊液中能凝集红细胞的物质的工具，如A型流感。HA试验不是一个鉴别试验，如其他病原或物质

（Agent）也具有血细胞凝集特性。HA试验可检测活的和灭活的病毒。从临床样本中观察HA活性之前，通常需要通过鸡胚或者细胞培养进行病毒的扩增。在一定程度上，该试验是定量的，即1个血凝单位（HAU）等于5～6 log病毒。该试验成本不高、操作也相对简单。每次操作该试验时，有几个因素（鸡红细胞质量、实验室温度、试验设备、操作人员的专业技术）可能会轻微地影响结果。

流感病毒粒子表面的血凝素蛋白能够结合禽类及哺乳动物类红细胞上的N–乙酰神经氨酸蛋白。如果高浓度流感病毒存在，就会存在凝集反应，红细胞连接在一起形成一个弥漫性的扩散晶格。HA试验不是流感病毒的鉴定试验，因为其他类型的病毒（例如，副黏病毒和腺病毒）和某些细菌也有血凝特性。要通过HI试验来确定具有HA活性病毒的型或亚型。HA试验并不一定表示活病毒的存在，它也能够检测已经降解或者灭活的不再有感染性的病毒颗粒。

通常，要通过病毒分离扩增获得足够多的病毒来检测HA，病毒在实验室反复传代增加了交叉污染的机会。一般而言，10^5～10^6的50%鸡胚感染量（EID_{50}）/mL才能可以进行HA测定。在收集时，AAF不应该包含红细胞，因为红细胞有可能吸附病毒，降低病毒的滴度或者抑制HA试验检测病毒的能力。

一、材料

1. 无菌带盖的瓶（大小足够容纳血液和抗凝剂）。

2. 抗凝剂　Alsever溶液或柠檬酸葡萄糖。

（1）Alsever溶液　0.55g柠檬酸酸，0.8g柠檬酸钠，2.05g D–葡萄糖和0.42g氯化钠。溶于蒸馏水，补足体积为100mL。分装到10mL无菌瓶中，以高压蒸气在116℃下进行10min杀菌。冷却后，贮存于4℃。

（2）柠檬酸葡萄糖　4g柠檬酸，11.3g柠檬酸钠，11g D–葡萄糖。溶解在300mL蒸馏水中，然后用蒸馏水补充至500mL。分装100 mL。不要拧紧。在116℃下高压灭菌10min。冷却后，拧紧盖子贴上标签，贮存于4℃。

3．50mL的锥形管。

4．U或V形底微量板，封板膜。

5．单一和多通道的移液器，能够吸取50μL吸头。

6．液体试剂水槽。

7．0.1mol/L磷酸盐缓冲盐水　8.5g氯化钠，1.33g磷酸氢二钠和0.22g磷酸二氢钠。溶解在蒸馏水中，定容至1 L，混匀，调pH为7.2 ± 0.1。

8．鸡红细胞，0.5%PBS。

9．阳性对照抗原。

10．从接种的鸡胚中收获AAF　应该收获足够数量的AAF以提供足够的材料来进行HA试验及后续定性分析试验。

二、方法

（一）制备鸡红细胞

1．在HA测定中，最好选择无特定病原体公鸡的红细胞。从母鸡收集的红细胞可能包含激素干扰血凝。通常使用鸡红细胞，因为与其他种类相比，处理的时间更快，处理的方式更清晰。某些猪流感病毒在鸡胚上适应生长之前可能不能凝集鸡红细胞；这些病毒可能对火鸡红细胞或豚鼠红细胞更敏感。

2．定期准备新鲜的红细胞。5～7d后红细胞将开始溶血，造成HA测定不准确。在使用红细胞前应轻轻混合，以保证在每个测试孔中均匀分布红细胞。

3．准备一个含有抗凝剂的无菌瓶，柠檬酸葡萄糖（ACD）或Alsever溶液。1倍体积的ACD和3倍体积的血液，或1体积的Alsever溶液和1体积的血液。

4．采集血液前，吸取少量抗凝剂到注射器中。这将阻止血液在注射器中凝固。

5．翅静脉收集3～5mL的血液，或按照动物保护和使用程序通过心脏穿刺的方法收集。动物不宜接种新城疫病毒或其他病原体的疫苗，因为这可能干扰某些血凝抑制试验。血中加入抗凝剂。轻轻旋转使其彻底混合均匀。始终轻轻地拿放，避免红细胞溶血。

6．将红细胞悬液加入到50mL的离心管中，并加入PBS至50mL。轻轻旋转混合。

7．800×*g*离心10min，沉淀红细胞。

8．吸弃上清，不要干扰红细胞的沉淀。

9．重复步骤6～8，在PBS中洗涤红细胞共3次。

10．1mL浓缩红细胞加入199mL的PBS中，使得最终红细胞浓度0.5%。

（二）血凝试验

1．微量滴定板（U–底或V–底），使得样品将稀释8孔或12孔。标记好每个板的行，使每行被唯一地标识。

2．加入50μL PBS至每孔。

3．加入50μL的AAF或细胞培养液至每行的第一孔，然后按1∶2倍比稀释试验材料。每次做HA试验，阳性对照抗原和阴性对照（PBS及红细胞孔）必须被设立。如果同时测试多块板子，在每5块板中至少要设立一个阳性对照抗原和一个阴性对照。

4．稀释试验材料　吹吸混合第一孔，从第一孔吸50μL至第二孔，继续2倍稀释病毒悬液至整行，丢弃最后一孔多余的50μL，所有的孔的终体积为50μL。

5．加入50μL0.5%红细胞悬液至每孔。轻轻混合微量板。

6．用封口膜密封每块板。一旦封口，则板可以从生物安全柜中移除。

7．等待20～30min，观察结果。

（三）结果解读

1．当对照孔红细胞沉淀在孔底形成一个纽扣似的圆圈（血凝阴性）时，应该读HA值。当板倾斜至约45°，沉淀的红细胞将像“流泪”一样流下来。血凝阴性孔的测试液也将形成和阴性孔一样纽扣似的沉淀，这些纽扣应该与对照孔以相同的速度“流泪”。由于病毒含量在10^5～10^6 EID_{50}/mL或以上才能发生血凝，所以病毒含量低的样品应该在鸡胚中扩增才能不被漏掉。

2．在一个或多个测试孔显示完整血凝的样品应被认为是血凝阳性。血凝阳性标本进一步特征确定则应使用单克隆特异性抗体进行血凝抑制试验。

3．可以观察到不完全的血凝：纽扣不流泪，具有模糊边界，或者在孔底部形成一个环形（如果使用V－底板可观察到不完全血凝）。不完全的血凝通常表示红细胞和病毒颗粒没有混匀，从而使红细胞部分沉降。

4．病毒滴定的终点是导致完全血凝的最高稀释度（初始稀释为1∶2）。终点稀释被认为是1个血凝集单位（HAU），HAUs/50μL的数值是最高稀释度的倒数。例如，6孔完全的血凝与终点稀释1∶64相对应，也就是有64 HAU/50μL。

（四）注意事项

1．故障排除

（1）在阴性对照孔20～30min的红细胞不沉淀：① 红细胞悬液质量差或溶血；② PBS质量差或不正确的pH；③ 发生其他病毒抗原的污染。

（2）阳性对照为阴性　① 阳性对照抗原没有添加到对照孔，② 红细胞静置已超过30min。

（3）在第一孔测试样品是血凝阴性，但在后面孔是阳性（低浓度孔）。这可能由前带效应引起的。前带现象是由于高剂量的病毒有可能在第一孔反应弱或阴性，而在较高的稀释度则反应更强。如果系列稀释没有足够的高，可以解释该反应为假阴性。

2．操作感染性或潜在感染性材料的所有步骤必须在生物安全二级试验台进行。读取结果之前测定板不应该放置太久。在流感病毒表面存在神经氨酸酶蛋白质，会破坏病毒与细胞间的结合，最终可能会解离由病毒和红细胞形成的晶格。有些病毒株有非常高的神经氨酸酶活性，并不允许适当的血凝。当遇到这些病毒，测定应在4℃下进行以降低神经氨酸酶的活性，并在诱导时间增加到45～60min再读板。

第五节 抗原检测

免疫组织化学（Immunohistochemistry，IHC）和免疫荧光（Immunofluorescence，IFA）用不同的抗体来检测冰冻或福尔马林固定组织中的抗原。核蛋白（NP）是A型流感病毒中高度保守的。因此，抗NP抗体可以用于检测所有A型流感病毒。然而，血凝素（HA）蛋白是型特异性的，因此被用于检测型特异性流感病毒。NP抗原位于感染细胞的细胞核和细胞质，而HA位于细胞质和细胞表面。

直接免疫染色方法使用抗体有生物素、荧光团、酶或胶体金标记。间接免疫染色方法虽然技术难、费时，但却具有较高的灵敏度，所以经常用于诊断检测。通常，这种方法先使用未标记的一抗，接下来应用标记的二抗，然后使用底物使得标记到二抗上的酶信号放大。在间接方法中，免疫组化的抗生物素蛋白—生物素复合物（ABC）的方法已被广泛用于检测SIV。然而，这种方法在组织中有内源性生物素可能会有背景染色。因此，在二抗上使用酶聚合物的IHC方法，而不是抗生物素蛋白—生物素复合物。

大多数商品化的以酶联免疫吸附试验（ELISA）为基础的检测试剂盒，可以检测出临床样本中流感病毒抗原。这些检测试剂盒大多数应用于人和禽，被检测的流感病毒蛋白主要是HA、神经氨酸酶（NA）或NP。经认证的5个应用于人的试剂盒检测A型流感病毒的敏感性为67%~71%，特异性为99%~100%。对于禽流感样品，已知的RT-PCR的灵敏度低于使用鸡胚方法病毒分离，抗原检测试剂盒的灵敏度与RT-PCR相似；病毒所需的最低量为5×10^4 $TCID_{50}$/mL。本节简单介绍IFA方法检测流感病毒抗原（参考《国家流感中心标准操作规程》）。

一、材料

（一）实验室材料准备

1. 荧光显微镜。
2. 37℃恒温箱。
3. 离心机。
4. 湿盒。
5. 特富龙涂层的12孔显微载玻片。
6. 玻片缸。
7. 玻片架。
8. 移液器　规格分别为0.5~10μL、20~200μL和100~1 000μL各一支。
9. 磷酸盐缓冲液（PBS）　0.01mol/L，pH 7.2。
10. 缓冲甘油　分析纯无荧光的甘油9份+ pH9.2 0.2mol/L碳酸盐缓冲液1份配制。
11. 0.1%伊文氏蓝（Evans Blue）　0.01mol/L，pH 7.2的PBS稀释。
12. 其他　1.5mL eppendorf管、一次性15mL离心管、10μL规格吸

头、200 μL规格吸头、1 000 μL规格吸头、一次性无粉乳胶手套、工作服、N95口罩、一次性防护眼镜、帽子、一次性鞋套、一次性工作服、一次性隔离服。

（二）细胞准备

1. 细胞生长液　含10%胎牛血清，终浓度分别为每毫升含100U、100 μg的青霉素、链霉素的DMEM，用5.6% $NaHCO_3$将pH调至（7.3 ± 0.1）。

2. 细胞维持液　同细胞生长液，但含胎牛血清，浓度为2%。

3. 病毒维持液　同细胞生长液，但不含胎牛血清，含终浓度为5 μg/mL的胰酶。

（三）抗体

1. 抗流感H5N1 HA的特异性单克隆抗体　以0.1%伊文氏蓝进行稀释。

2. FITC标记的兔抗鼠IgG抗体　Santa cruz公司（或类似公司的产品）。用0.01mol/L pH7.4的PBS进行稀释。

二、方法

（一）标本处理

按照BSL－3实验室的防护要求依次穿好一次性工作服和一次性隔离服，戴上双层一次性无粉乳胶手套，穿上一次性鞋套，戴上N95口罩和一次性防护眼镜后，依次经过一级缓冲间、二级缓冲间进入BSL－3工作间。将疑似流感病例标本从物品传输窗拿入工作间，打开外包装后放入经紫外线消毒的100%外排式生物安全柜内，在生物安全柜内打开内包装后，对标本进行如下处理：

1. 取500μL标本（最好是负压抽取法收集的呼吸道分泌物），在标本中加入细胞维持液至总体积为2mL，使用吸管吹打悬浮液数次，2 000r/min离心5min，保留上清液做培养。

2. 加入2mL pH7.2 PBS重悬沉淀，2 000r/min离心5min，弃上清。

3. 加0.2mL pH7.2 PBS重悬沉淀，在特富龙涂层的12孔显微载玻片的每个孔上加入10μL细胞悬浮液，共加两张玻片，每张加4孔。用干燥器干燥载玻片或室温自然干燥，用事先在4℃冰箱预冷的100%丙酮室温固定10min，室温晾干后作为待检抗原片放在玻片架上置物品传输窗。

4. 在二级缓冲间内脱去一次性防护眼镜、N95口罩、隔离服和外层乳胶手套，放入医用垃圾袋中。

5. 进入一级缓冲间，将放在玻片架上的待检抗原片连同玻片架一起从物品传输窗中取出至普通实验室进行间接免疫荧光检测。

（二）对照设置

1. 阳性对照　为预先或与标本同时滴加于12孔显微载玻片上的H5N1感染的MDCK细胞。

2. 阴性对照　为预先或与标本同时滴加于12孔显微载玻片上的正常MDCK细胞。

（三）间接免疫荧光法检测抗原

1. 将待检抗原片放在玻片缸中用PBS洗涤3次，每次3min，吸去多余水分。

2. 将待检抗原片放在加有PBS湿盒中，每孔加10μL合适浓度（常用为1∶50～200）的人禽流感H5N1 HA特异性单克隆抗体。

3. 盖上湿盒盖，并将湿盒放在37℃恒温箱中，孵育45min。

4. 将湿盒从恒温箱中拿出，打开湿盒盖，将待检抗原片放在玻片缸中用PBS洗涤3次，每次3min，甩去多余水分。

5. 将待检抗原片再次放入湿盒中，每孔加入10μL合适浓度（1：100）的FITC标记的抗鼠IgG抗体（二抗）。

6. 盖上湿盒盖，并将湿盒放入恒温箱，37℃孵育45min。

7. 待检抗原片放在玻片缸中用PBS洗涤3次，每次3min，甩去多余水分。

8. 以10～20μL/孔加缓冲甘油于玻片上，盖上盖玻片进行封片。

9. 将荧光显微镜滤光片位置调致单色光波长在520～550nm，在400×镜头下进行结果观察。

（四）结果判断

阳性信号为细胞质内或细胞膜上苹果绿色荧光，阴性细胞显示为深红色的细胞质部分。（－）无荧光；（±）极弱的可疑荧光；（+）荧光较弱，但清楚可见；（++）荧光明亮；（+++～++++）荧光闪亮。在阳性对照为“++”，阴性对照为“－”的情况下，待检标本观察到三个以上荧光阳性即可判为阳性。

（五）注意事项

1. 荧光染色后一般在1h内完成观察，或于4℃保存4h，时间过长，会使荧光减弱。在荧光显微镜下应尽快观察拍照，避免激光照射时间过长造成荧光淬灭。

2. 待检抗原标本片，须在操作的各个步骤中始终保持湿润，避免干燥。

3. 所滴加的抗体或荧光标记物，应始终保持在待检抗原标本片上，避免因放置不平使液体流失，从而影响结果。

4. 阴性对照不应有绿色荧光出现。若有绿色荧光，或阳性对照未出现荧光，说明检测无效，试验应重做。阴性对照、阳性对照与待检标本应在相同条件下拍摄。

第六节 抗体检测

用于检测流感抗体的血清学试验包括：血凝抑制，血清中和和酶联免疫吸附试验。

血凝抑制（Hemagglutination inhibition，HI）：HI试验的原理是流感病毒表面具有的血凝素蛋白能和含有唾液酸的受体物质特异结合，红细胞浆膜上含有这类物质，当一定量病毒和适当比例的红细胞混合后发生凝集，此为血凝现象。而用流感病毒特异性抗体和病毒作用，干扰了病毒和红细胞的结合从而抑制了血凝，此为血凝抑制现象。在进行HI试验前，必须除去血清中存在的病毒血细胞凝集的非特异性抑制物。抑制物可通过由霍乱弧菌分离的受体破坏酶（Receptor destroying enzyme，RDE）、热灭活或高碘酸钾处理。相似地，非特异性凝集素可以通过鸡或火鸡红细胞预处理血清去除。OIE目前推荐的除去抑制物的方法是RDE和56℃热灭活。

在HI试验中，在96孔微量滴定板上2倍系列稀释测试血清（从1：10开始到1：640或1：1280结束），然后加4～8单位的HA流感病毒到每一个血清稀释孔。在室温下温育1h，然后加入0.5%的红细胞悬浮液到每个孔中。当没有特异的抗体存在时，病毒就会结合到RBC从而导致血凝。然而，如果血清中存在抗血凝的抗体，例如在暴露或疫苗接种后，抗体会结合流感病毒的表面上的HA，从而抑制该病毒凝集红细胞的能力。最高抑制HA的血清稀释倒数被认为是HI的效价。通常认为HI效价大于或等于1：40是有保护性的。

HI试验是一种对具有血凝活性的病毒进行分类或分型的经典实验室方法。为了证明流感病毒HA亚型，抗16种不同的HA亚型血清被用在HI试验中。因为HI试验是定量的，它经常用于评估相同亚型不同流感病毒分离株之间的相关性。HI试验的基础是通过型特异性抗体抑制血凝。在标准的实验室，HI试验是相对便宜的，技术含量比分子检测低，并且容易在几小时内完成。至今对流感病毒鉴定最常用的方法为红细胞凝集抑制（HI）测定，因该法简便、易行、结果可信。HI试验分常量法和微量法两种。目前，微量HI法是国际普遍使用的方法，也是WHO流感监测中推荐使用的标准方法。

中和试验（Neutralization test）：以测定病毒的感染力为基础，以比较病毒受免疫血清中和后的残存感染力为依据，来判定免疫血清中和病毒的能力。中和试验由两个阶段组成：① 病毒—抗体中和反应阶段，即定量病毒与倍比稀释血清样品混合，并作用一定时间；② 病毒—抗体混合物孵育阶段，即将病毒—抗体混合物接种于敏感宿主（组织培养细胞、鸡胚或动物），并培养一段时间。中和试验是以测定病毒的感染力为基础，人或动物免疫血清中的病毒特异性中和抗体与病毒表面蛋白结合，从而使病毒失去吸附和感染宿主细胞的能力。结果的判定将依据定量病毒受倍比稀释免疫血清中和后的残余感染力。中和试验技术不仅表现在质的方面，即一种病毒或病毒亚型只能被相应的免疫血清所中和，而且表现在量的方面，即中和一定量病毒的感染力需要一定效价的抗体。

病毒中和试验技术是反映机体抵抗特定病毒感染能力的最可靠方法。流感病毒中和试验技术有以下优点：① 由于中和抗体作用于流感病毒表面血凝素蛋白（HA），使流感病毒失去感染能力，因此，流感病毒中和试验主要用于检测血清中的特异性抗血凝素蛋白抗体。② 流感病毒中和试验既能检测病毒株的功能性变化，又能反映机体的抗病毒水平。③ 该方法主要使用感染性病毒，不需要进行病毒或病毒蛋白质的纯化。因此，可以被迅速用于检测新病毒或猪群免疫状态。但是当诊断可疑病患时，则需要同时检测急性期和恢复期双份血清中的中和抗体滴度，若恢复期血清抗体水平高于急性期（不低于4倍）即可确诊。

传统的流感病毒中和试验主要基于对MDCK细胞病变抑制作用的观察，既费时又费力。结合感染细胞快速鉴定方法，改进后的中和试验可以在2d内完成，并可一次测定大量血清样品。流感病毒微量中和试验技术，是以血清中的病毒特异性中和抗体与流感病毒表面血凝素蛋白相结合，从而抑制病毒感染MDCK细胞为原理，系列稀释的血清与定量病毒（100$TCID_{50}$）混合，然后接种于MDCK细胞，过夜培养后，病毒核蛋白（NP）将表达于细胞内，再用ELISA检测。该实验分为三个步骤：① 病毒滴定，② 病毒中和试验，③ ELISA。

酶联免疫吸附试验（Enzyme-linked immunosorbent assay，ELISA）：流感病毒ELISA试验检测是用流感病毒抗原包被96孔板。血清样本孵育，之后，洗掉未结合的物质，然后加入酶偶联的流感单克隆抗体结合到抗原。未结合的偶联物洗掉，底物加入到孔中（酶的存在下产生颜色变化）。15min后终止颜色变化，分光光度计读取光学密度（Optical density，OD）值。OD值与样本中抗流感抗体的量是成反比的。商品化的ELISA检测试剂盒包括SIV H1N1和H3N2亚型的酶联免疫吸附试验。另一ELISA检测A型流感病毒抗体也可用于检测抗SIV抗体。

商业甲型H1N1-ELISA包被抗原是传统的甲型H1N1 SIV，因此只检测猪H1亚型有限的范围。虽然甲型H1N1流感测试的目的不是检测其他流感亚型，有时可能与H3N2发生交叉反应，因为H1N1和H3N2病毒之间有一些共同的抗原表位。此外，甲型H1N1流感试剂盒已经发现不能检测新感染的动物。MultiS-Screen ELISA（FlockChek™，IDEXX）试剂盒则使用A型流感的高度保守的核蛋白（NP）抗原表位。最初设计用于禽类，现在也可以检测猪的抗体亚型。

一、血凝抑制

（一）材料准备

（1）分离培养物（标本）。

（2）常规鉴定用标准血清，包括甲1、甲3和乙型流感代表株的至少

3种抗体。

（3）0.5%鸡红细胞。

（4）受体破坏酶（RDE）。

（5）PBS或生理盐水。

（6）96孔微量板。

（7）可调多通道移液器和单通道移液器及吸头。

（8）水浴箱等。

1. 4个血凝单位抗原的调制　病毒培养阳性的标本首先确定其HA滴度，在此基础上调制4个血凝单位抗原，用于HI试验。HA测定和4个血凝单位抗原的调制方法如下：

（1）HA测定

① 50μL的PBS或盐水加入96孔微量板A～H行的2～12孔。

② 被检病毒各50μL分别加入A～H行的第一孔，然后倍比稀释至第11孔，弃去50μL，12孔为阴性对照。

③ 加50μL的红细胞于每一孔，注意从低浓度至高浓度加入。

④ 混匀、室温静止30min（鸡血）。

⑤ 确定HA滴度。

判定：完全血凝的最高稀释度的倒数为血凝滴度。完全凝集为+，不完全凝集+/–，无凝集为–。

（2）4个血凝单位的调制和再确认（复核）

① 调制4个血凝单位　1个血凝单位指能引起等量红细胞凝集的病毒量。HI滴度是基于此测定的。试验中须调制4个血凝单位，首先根据HA滴度，用8除其商为8个血凝单位的稀释度。如某待检病毒的HA滴度为160，除8等于20。即1：20（某标准参比抗原病毒0.1mL加1.9mL PBS）稀释病毒即得到8个血凝单位。注意HI试验所需4个血凝单位指25μL病毒含4个血凝单位，而第二步确定所稀释病毒是否为4个血凝单位的HA试验用50μL体系，所以先调制为8个血凝单位。确认4个血凝单位试验的具体操作如下：

A. 50μL的PBS或盐水加入96孔板的第2～12孔。

B. 调制的8个血凝单位抗原100μL加入第1孔，然后倍比稀释至第6孔弃去50μL。

C. 各孔加红细胞50μL混匀，视细胞的不同静置30～60min观察结果。

② 结果判定　若第1、2、3、4孔完全凝集，第5孔不凝集，表明该稀释病毒准确，可用于HAI试验。如果第5孔也完全凝集说明该50μL病毒含16个血凝单位，须等量稀释病毒，如果只有前3孔凝集，说明该50μL病毒含4个血凝单位，病毒量须加倍。另外，注意4个血凝单位须每次用前新鲜配制。

2. 血清处理

（1）受体破坏酶处理血清　目的是去除非特异性血凝抑制素。因为人和动物血清中存在非特异性血凝抑制素，它们是游离在血清中类似病毒受体的唾液酸残基，能与病毒血凝素分子上的受体结合，会竞争抑制病毒与红细胞的结合，因而造成假阳性，因此HI试验必须用受体破坏酶处理血清。具体操作如下：

① 3体积的RDE，1体积的血清（0.3mL RDE：0.1mL血清）混合。

② 37℃水浴过夜。

③ 56℃ 30min失活。

④ 加入6体积的PBS或生理盐水混合，使血清稀释为1：10备用。或者按4：1处理后，倍比稀释为1：10备用。

（2）去除非特异性凝集素　处理过的血清可能与红细胞发生非特异性凝集。如血清中存在非特异性凝集，按下述方法处理：

① 用1体积的10%红细胞和20体积的RDE处理过的血清充分混匀。

② 搁置4℃ 1h，其间使沉降红细胞再悬浮、混匀。

③ 900×g 5min离心。

④ 取上清，反复上述操作直至血清与红细胞的吸附阴性为止。

（二）HI试验操作过程

1. 加PBS或生理盐水25μL于96孔板的第B～H行的每一孔。

2. 加1：10稀释的经受体破坏酶处理过的标准血清50μL于A行的每一孔。

3. 用多通道移液器从A行各孔取25μL血清，倍比稀释至H排各孔，弃去25μL。

4. 25μL被检病毒的4个血凝单位抗原加至各孔，混匀，室温静置15～30min。

5. 然后加50μL的红细胞（0.5%鸡红细胞）。

6. 室温静置30～60min（鸡红细胞30min；豚鼠红细胞60min）后观察结果。

结果判定：血凝被完全抑制的血清最大稀释度的倒数为血凝抑制试验的终点，该孔稀释度即为HI试验的效价。如试验用4种标准血清，待检病毒只能被甲3抗血清抑制，抗体效价为80，其他血清皆不抑制，那么，该鉴定病毒为甲3型流感病毒，HI效价为80。如果待检病毒被甲3抗血清抑制，效价40；甲1抗血清抑制，效价320，其高出甲3抗血清效价4倍以上，故该待检病毒判定为甲1型流感病毒。标准参照血清对分离物的抑制效价不低于20才可判断为阳性。鉴定未知病毒时对照应有红细胞、阴性血清对照、标准血清对照。

HI试验不适用于流感的早期诊断，但在不能分离病毒或病毒分离阴性时，检测感染动物的急性期和恢复期双份血清有助于近期感染的诊断，即如恢复期血清抗体效价（滴度）高于急性期血清抗体效价不低于4倍，确诊可成立（图8-2）。

二、血清中和试验或病毒中和试验

病毒中和试验技术是一个相当复杂的过程，参与中和反应的因素有病毒、抗血清和宿主细胞。这些因素的变化都会影响中和试验的结果。因此，需要对中和试验的整个过程进行严格的质量控制。每次测定过程中，必须设立阳性和阴性血清对照，阳性和阴性细胞对照，以及对病毒使用剂量进行滴定。

（一）中和反应试验材料

（1）病毒　一般为鸡胚尿囊病毒液，进行中和试验前，需要进行病毒滴度（$TCID_{50}$）的滴定。

（2）血清样品　包括待检血清、阳性及阴性对照血清。猪血清试验前需要RDE处理。–20℃储存，避免多次反复冻融。

（3）MDCK细胞和细胞培养试剂

①MDCK细胞（犬肾上皮细胞）。

②MDCK细胞培养液　DMEM+5%牛血清+抗生素（1U/mL青霉素+1μg/mL链霉素）。

③胰酶/ EDTA 。

（4）其他

①平底96孔微量培养板。

②病毒稀释液　DMEM+1%牛血清白蛋白+抗生素，即配即用。

③TPCK–胰酶（使用浓度为

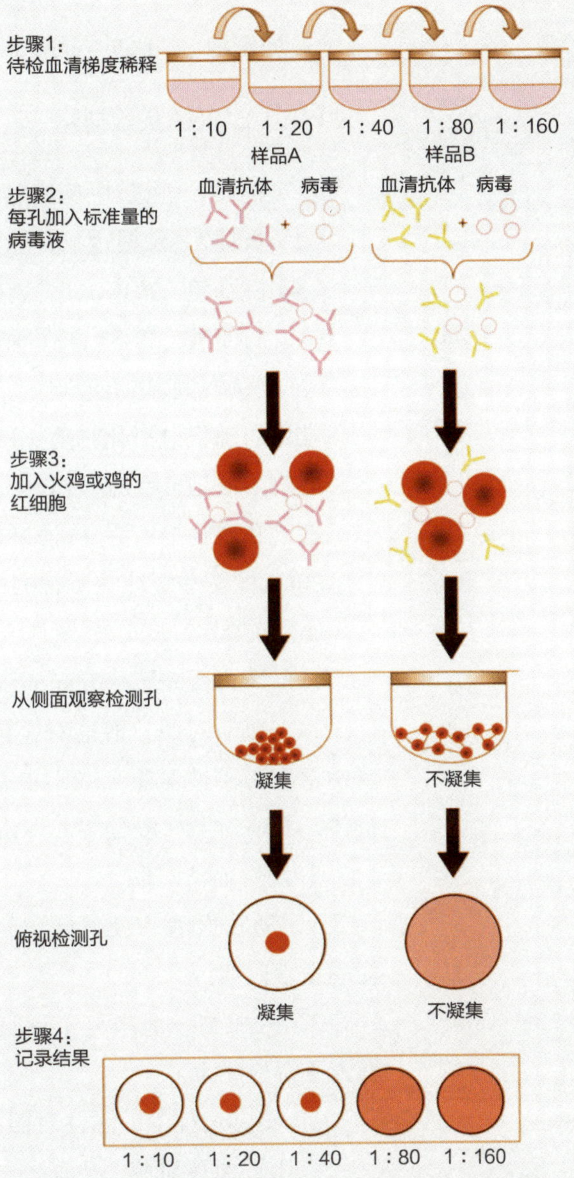

图8-2　HI试验步骤

左边样品A抗体阻止病毒凝集红细胞，而右边的样品B抗体不结合该病毒，则该病毒能够凝集红细胞，步骤4中显示出的抗体滴度是40

2μg/mL）。

④ 固定液　80%的丙酮，即配即用，4℃保存。

（二）ELISA实验材料

（1）抗体1　鼠抗甲型流感病毒核蛋白单克隆抗体。

（2）抗体2　辣根过氧化物酶标记的羊抗鼠IgG。

（3）洗涤液　PBS+0.05%TWEEN 20。

（4）封闭液　PBS+1%牛血清白蛋白+0.05%TWEEN 20。

（5）底物和底物溶液

常用的辣根过氧化物酶（HRP）所用底物为磷苯二胺（OPD）。

底物溶液为pH5.0磷酸盐–柠檬酸缓冲液（0.05mol/L）。

底物和底物溶液为10mgOPD。

20mL柠檬酸缓冲液（含0.015%双氧水）。

临用前配制。

（6）终止反应液　0.5mol/L硫酸。

（7）血清对照　血清对照包括人或动物血清阳性和阴性对照。即血清中含有（阳性对照）或不含有（阴性对照）对测定病毒特异性的中和抗体。血清对照一般分装成多份，–20℃保存，并避免反复冻融使用。

① 阴性血清对照

A．动物血清一般来自未免疫或未感染动物，即与待检血清同种动物的正常血清。

B．人血清一般来自于待检血清年龄相同的正常人群，该人群未曾暴露于待检病毒。

C．测定过程中，阴性对照血清与待检血清应处于相同稀释水平。

② 阳性血清对照

A．动物血清一般来自免疫后或感染后动物。

B．猪血清一般采用急性期和恢复期双份血清做对照。猪血清使用前须经RDE处理，以排除非特异性反应因素。

（8）病毒和细胞对照　每次试验必须设立阳性和阴性细胞对照，以及对加入病毒工作液进行滴定检查，以便获得准确可靠的试验结果。

① 阳性和阴性细胞对照　一般设立4个重复孔为阳性细胞对照，即将细胞与100个组织细胞半数感染剂量（$TCID_{50}$）的病毒进行混合培养。同时设立4个孔为阴性细胞对照，即将细胞与病毒稀释液进行混合培养。

阳性细胞对照：50μL病毒稀释液+50μL病毒+100μLMDCK细胞。

阴性细胞对照：100μL病毒稀释液+100μLMDCK细胞。

② 病毒工作液滴度检查　一般第1孔加入含有200$TCID_{50}$的100μL病毒液，然后进行2倍稀释，再与MDCK细胞进行混合培养。

病毒滴度检查：50mL2倍系列稀释病毒液（第1孔为100$TCID_{50}$）+50μL病毒稀释液+100μLMDCK细胞（1.5×10^4细胞/孔）。

（三）试验步骤

1. 病毒滴度测定$TCID_{50}$滴定

（1）流感病毒制备　利用鸡胚尿囊腔接种法制备流感病毒，收获尿囊液，血凝试验测定病毒的存在，分装后–70℃冻存。

（2）病毒的稀释

① 取1管冻存病毒尿囊液，1：100稀释（100μL病毒液+9.9mL稀释液）。

② 第1排孔加入146μL1：100稀释过的病毒液，然后做系列半对数稀释，使之成10^{-2}、$10^{-2.5}$、10^{-3}、$10^{-3.5}$、…、10^{-7}。每孔含100μL病毒液，每个稀释度重复4孔。

低致病性流感病毒一般在胰酶存在的条件下才能感染MDCK细胞，因此病毒稀释液中须加入2μg/mL的TPCK–胰酶。某些毒性很高的流感病毒在无胰酶存在的条件下即可感染MDCK细胞，因此在测定新病毒滴度时，最好配制含有和不含有胰酶的两种稀释液，以获得最佳结果。

（3）MDCK细胞的准备

① 使用前1d将MDCK细胞1：3传代，使之70%～90%成片，处于对数生长期的细胞对病毒具有最大的敏感性，细胞过度生长以及代数太高（大于30代）将使细胞对病毒的敏感性降低。

② 弃去细胞培养液，用5mL胰酶/ EDTA洗细胞一次，然后弃去。

③ 加4～5mL胰酶/ EDTA覆盖细胞（162cm^2的细胞培养瓶）37℃ 5%CO_2温箱中消化10～20min。

④ 待细胞开始脱落时，加5～10mLMDCK细胞培养液，吹打分散细胞，并将细胞转入离心管中，用PBS洗2次，以去除牛血清。

⑤ 将细胞悬浮于病毒稀释液中，用1mL吸管充分吹打分散细胞，在细胞计数板上计数细胞数量。

⑥ 用病毒稀释液将细胞稀释成1.5×10^5细胞/mL。

⑦ 加100μL细胞（1.5×10^4细胞/孔）于已稀释好病毒的微量细胞培养板中。

⑧ 在37℃ 5%CO_2温箱中培养18～22h。

（4）测定组织细胞半数感染剂量（$TCID_{50}$）

① 弃去微量培养板中的细胞液，250μLPBS洗细胞一次。

② 弃去PBS（不要让细胞干燥），加入100μL/孔固定液。

③ 覆盖微量培养板，于室温固定细胞10min。

④ 弃去固定液，让微量培养板室温干燥。

⑤ 用ELISA检测细胞感染。

⑥ 利用ELISA检测仪，于490nm波长，测定每孔吸光度（OD）值，计数细胞阴性对照孔的平均OD值。

⑦ 若含有不同稀释度病毒孔平均OD值是细胞阴性对照孔平均OD值的2倍以上，则判断为病毒生长阳性。

⑧ 根据Reed和Muench方法对病毒滴度进行计算，最终获得$TCID_{50}$/100μL。

⑨ 在进行中和试验前，稀释病毒液，使之50 μL中含有100TCID$_{50}$流感病毒。

2. 病毒微量中和试验

（1）待检血清的准备和稀释

① 检测对一种病毒的中和抗体需要10 μL血清，每份血清需要进行至少1次重复测定（每种病毒共需至少20 μL血清），每块板可检测11份样品。

② 猪血清使用前须经RDE处理。

③ 每孔中加入50 μL病毒稀释液。

④ 第1排中（A1～A11）再加入40 μL病毒稀释液，使之成为90 μL/孔。

⑤ 加入10 μL待检血清于第1排A1～A11。

⑥ 将待检血清作系列倍比稀释（A～H）使之成为1∶10、1∶20、1∶40、…、1∶1 280。

（2）病毒的准备

① 稀释病毒至100TCID$_{50}$/50 μL。根据病毒特性选择是否在病毒稀释液中加入TPCK–胰酶（大约5mL/板）。

② 除细胞阴性对照孔（4孔）外，每孔加入50 μL病毒工作液。

③ 加50 μL病毒稀释液于细胞阴性对照孔。

④ 选择1列孔做病毒工作液滴度核实。第1孔加入200TCID$_{50}$/100 μL病毒工作液，做系列倍比稀释，使之成100TCID$_{50}$、50、25、12、6、…、0.7。然后每孔加入50 μL病毒稀释液，使体积至100 μL/孔。

⑤ 摇匀病毒–血清混合物，放37℃温箱作用2h。

（3）MDCK细胞的准备

加100 μL细胞液（1.5×10^4细胞/孔）于含有病毒–血清混合物以及倍比稀释病毒工作液的微量板中，37℃温箱孵育18～22h。

当测定大量样品时，每叠培养板一般不超过4～5块，各叠板之间要保持一定距离，以确保混合物受热均匀，从而达到良好的中和效果。

（4）细胞的固定

① 弃去微量培养板中的细胞液。

② 250μLPBS洗细胞一次。

③ 弃去PBS（不要让细胞干燥），加入100μL/孔固定液。

④ 覆盖微量培养板，于室温固定细胞10min。

⑤ 弃去固定液，让微量培养板室温干燥。

3. 酶联免疫吸附试验（ELISA） 在流感病毒微量中和试验中，酶结合物（HRP标记的羊抗鼠IgG抗体）与存在于MDCK细胞膜上的病毒核蛋白抗原—核蛋白单克隆抗体复合物结合，HRP酶催化OPD，使无色底物形成橙黄色化合物，再由ELISA检测仪测定吸光度值，从而获得中和抗体滴度。

（1）试验操作

① 用250μLPBS洗涤微量培养板3次，以去除残余的丙酮。

② 用封闭液1：4 000（或最佳稀释度）稀释抗体1（抗流感病毒核蛋白–NP单克隆抗体）。

③ 每孔加入稀释后的100μL抗体1，室温作用1h。

④ 用250μL洗涤液洗板4次以除去抗体1。

⑤ 用封闭液1：2 000（或最佳稀释度）稀释抗体2（HRP标记的羊抗鼠IgG）。

⑥ 每孔加入稀释后的100μL抗体2，室温作用1h。

⑦ 用250μL洗涤液洗板6次以除去抗体2。

⑧ 每孔加OPD底物100μL（10mLOPD+20mL柠檬酸缓冲液+10μL30%双氧水，即用即配）。

⑨ 室温放10min左右显色，直至细胞阳性对照孔变橙黄色，而细胞阴性对照孔尚未变色时，每孔加1mol/L硫酸100μL终止反应。

⑩ 在ELISA测定仪上（490nm）读出每孔OD值。

（2）结果判定 下列公式用于判定中和反应结果：

（细胞阳性对照平均OD值–细胞阴性对照平均OD值）/ 2+细胞阴性对照平均OD值=X

X=细胞半数感染阈值，每孔OD值低于X值时，判定为中和反应阳性，中和反应阳性的血清最高稀释度即为血清中的和抗体滴度。

① 在特殊情况下可用目测法判定结果，即加底物后，肉眼下出现橙黄色反应的为阴性，无色为阳性。待检系列稀释血清中无色孔的最高稀释度即为血清的中和抗体滴度。

② 流感病毒中和试验的质量控制

A．阴性血清对照孔的OD值应该与阳性细胞对照孔的OD值无明显差别。

B．病毒工作液滴度检测孔，上数3～5孔呈阳性反应，显示正常病毒量。

孔序	1	2	3	4	5	6	7	8
$TCID_{50}$	100	50	25	12	6	3	1.5	0.7
OD 值	+	+	+	±	±	－	－	－

若超过5孔阳性，则为病毒过量，若少于3孔阳性，则为病毒量不足。

C．阴性细胞对照孔的OD值一般小于0.2，阳性细胞对照孔的OD值一般在1左右。

D．每次测定中，阳性血清对照的中和抗体滴度应该在2倍之内波动。

4．操作注意事项

（1）待检猪血清需RDE处理。

（2）待检血清需要重复测定时，应分装后冻存，以免反复冻融。

（3）每管病毒只使用一次，若重复使用，或血清阳性对照结果过高或过低，以及细胞阳性对照OD值过低，须对病毒进行重新滴定。

（4）MDCK细胞应处于对数生长期，严禁细胞过度生长或老化（代数过高）。因此，必须在10代前进行细胞冻存，保存于液氮中备用。

（5）牛血清有中和病毒感染力的作用。试验过程中切勿将细胞培养液与病毒稀释液混淆使用。

（6）病毒与抗血清混合，常规采用37℃作用1h，该试验采用37℃作用2h，但针对不同耐热性的病毒，孵育温度和时间应有所增减。

（7）在ELISA过程中，每步都要洗涤，以保证结果可靠。

（8）选择合适的抗体稀释浓度，一般预先将不同稀释度的抗体以及酶结合抗体进行ELISA测定，以获得最佳稀释度。

（9）正确控制显色时间，以降低背景染色。

（10）大量测定时，为稳定培养液的pH，可用HEPES增加溶液的缓冲能力，减少pH变化对细胞的不利影响。

（11）在缺少病毒特异性抗体的情况下，可用细胞病变观察或测量培养板中每孔血凝活性来替代ELISA方法，但细胞培养时间须从18～22h增至2～4d。

5. 病毒$TCID_{50}$滴度的计算　组织培养半数感染量是病毒感染一半组织细胞时的病毒稀释度，一般使用Reed－Muench方法计算。

（1）计算各病毒稀释度阳性孔数目①和阴性孔数目②。

（2）计算阳性和阴性孔的累积数：阳性孔累积数由下向上累计③，阴性孔累积数由上向下累计④。

（3）计算阳性孔的百分比：比率⑤=③/（③+④），⑥=⑤×100

（4）计算距离比例

距离比例=（大于50%的阳性百分比－50）/（大于50%的阳性百分比－小于50%的阳性百分比）=（75－50）/（75－0）=0.3

$TCID_{50}$的对数=大于50%的阳性百分比的最高稀释对数+距离比例×稀释系数的对数=5+0.3×0.5=5.15

$TCID_{50}$=10－5.15/100μL

100$TCID_{50}$/50μL＝10－2.8

100$TCID_{50}$/50μL=1：631稀释

（5）稀释系数的对数　1：10稀释为1，半对数稀释为0.5，倍比稀释为0.3，1：5稀释为0.7（图8－3）。

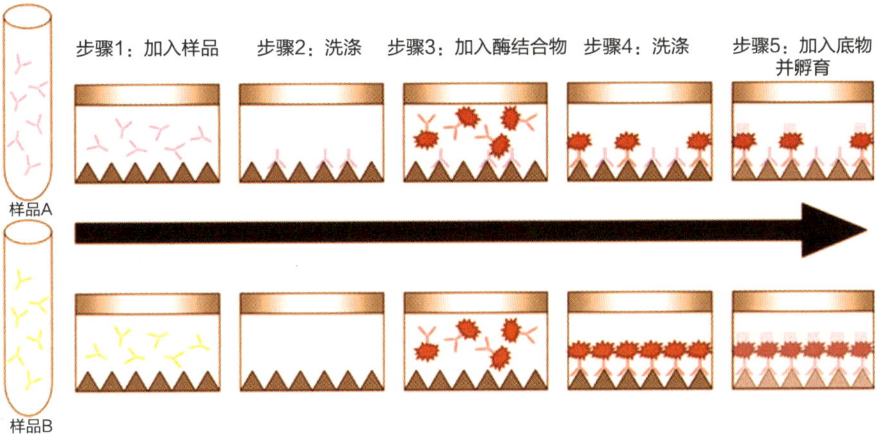

图 8-3 阻断 ELISA 试验

样品 A 的光密度值比样品 B 低，因为样品 A 的流感抗体与孔底部的抗原相结合，部分阻断酶的结合。样品 B 的抗体不与抗原结合，因此在第 2 步被洗掉

第七节 病毒分型和序列分析

根据表面抗原—血凝素抗原（HA）和神经氨酸酶抗原（NA）的结构及基因特性的不同，甲型流感病毒可分为若干亚型。迄今，已经发现甲型流感的HA有18个亚型，NA有10个亚型。由于HA和NA的抗原性容易发生变异，所以造成了流感的不断流行。因此，在流感病毒的检测过程中对于其型别的鉴定是十分重要的。HA和NA是流感病毒两种表面糖蛋白，通常使用HI和NA抑制（NI）试验鉴定培养病毒的亚型。HI试验原理前面已经讲述。NA是流感病毒表面的神经氨酸酶，具有酶活性。NA与底物（胎球蛋白）混合，37℃温育过夜，可使胎球蛋白释放出唾液酸，唾液酸经碘酸盐氧化，经硫代巴比妥酸作用形成生色团，该生色团用有机溶剂提取后便可用分光光度计测定。反应中出现的粉红色深浅与

释放的唾液酸的数量成正比，即与存在的流感病毒的数量成比例。在进行病毒NA亚型鉴定时，当已知的标准NA分型抗血清与病毒NA亚型一致时，抗血清就会将NA中和，从而减少或避免了胎球蛋白释放唾液酸，最后不出现化学反应，即看不到粉红色出现，则表明血清对NA抑制阳性。NI测定不受血清中非特异性抑制素的影响，但易受病毒颗粒红细胞凝集素抗体的影响，即空间干扰。为解决这一弊端，在流感病毒鉴定中，常使用单价血清（只针对NA的）或基因重组毒株所制备的免疫血清［如使基因重组株NA抗原为N2或N1，其HA抗原为马1（H7）亚型的］。这两种检测方法费时而且需要标准化的NA和HA抗血清，往往很难获得。因此，现在经常使用RT-PCR方法进行分型。目前，HA和NA特异性引物可以用于A型流感检测和亚型鉴定。此外，已经有大量的多重和巢式RT-PCR用于检测A型流感病毒的分型。近年来应用基因芯片技术对流感病毒进行检测和分型是研究的一大热点，基因芯片高通量、高灵敏度的特点特别适合于流感病毒基因和宿主多态性的特点。各种比较前沿的芯片技术也被应用到流感病毒的检测和分型的研究中来。

前面已经阐述了HI和RT-PCR的试验方法，在这里仅简单介绍NI试验。

一、材料

1．磷酸缓冲液（PBS，pH 5.9），置4℃保存。

2．胎蛋白　用蒸馏水将冰冻干燥的胎蛋白溶解，配成48～50mg/mL的溶液。

3．过碘酸盐试剂　4.28g过碘酸钠（$NaIO_4$）溶于38mL去离子水中，加入62mL浓磷酸，充分混合，存于玻璃塞的棕色瓶中。

4．砷试剂　10g亚砷酸钠（$NaAsO_2$）和7.1g无水硫酸钠溶于100mL去离子水中，加入0.3mL浓硫酸。

5．硫代巴比妥酸试剂　1.2g硫代巴比妥酸和14.2g无水硫酸钠加入

200mL去离子水，沸水中加热溶解，用前新配制，使用期限为1周。

6. 生理盐水　0.85gNaCl加入100mL去离子水溶解，置室温保存。

7. 酸化正丁醇试剂　100mL正丁醇中加入5mL浓盐酸，保存棕色瓶中室温保存。

8. 煮锅及玻璃制品。

二、方法

（一）神经氨酸酶活性测定

1. 病毒溶液用生理盐水作倍比稀释，一般新鲜尿囊液抗原作1：2～32稀释。稀释好的病毒，每个稀释度50μL/管，在底物对照管中加入50μL生理盐水。

2. 每个试管加入50μLPBS（pH 5.9）混匀，每管中加入100μL底物溶液（胎蛋白），充分混匀后37℃水浴16～18h。

3. 从水浴中取出试管，放置室温冷却，每管中加入100μL过碘酸盐试剂，充分混合，置室温20min。

4. 每管中加入1mL砷试剂。由于碘的释放出现棕色，摇荡试管使棕色消失呈现乳白色，必要时试验可以在此步骤暂停，测定物置4℃冰箱保存。其余测定步骤一律不能暂停。

5. 每管中加入2.5 mL硫代巴比妥酸试剂，充分混匀。该试剂须在煮沸溶解时趁热加入试管中。

6. 立即将试管放置到煮沸的水浴中煮沸15min，此时出现的红色即为神经氨酸酶活性的反应。

7. 将试管置冰水中冷却，然后加入4mL酸化的正丁醇，塞上干净的橡皮塞，剧烈震荡1～2min，使红色转移到有机层。

8. 1 500r/min离心5min，上层达到透亮不混浊。

9. 分光光度计波长调至549nm，用底物对照管调整零点，然后，从高稀释度到低稀释度，将管中的上层溶液吸至透光池中，依次测出并记录它们的吸光度A值（光密度OD值），A值越高表明酶活性越强。

10．一个酶活性单位的确定　一般将A值为0.45～0.85的病毒稀释度作为一个酶单位。将A值0.5的病毒稀释度为一个酶单位，用于酶活性抑制测定。一个酶单位的确定方法如下：取一张半对数坐标纸，其纵轴（对数）表示病毒的稀释度，横轴（算术）表示吸光度。将所得的A值标在相应的位置上，在A值0.5处附近找出4个点，其中2个点A值大于0.5，2个A值小于0.5。依据这4个点作一条直线，这条直线要使它的一侧点至其垂直线的平均值与另一侧点到其垂直线的平均值相等。找出A值0.5相对应的纵轴的值，这一值就是一个酶单位的稀释度。

（二）神经氨酸酶活性抑制测定

测定血清处理用0.85%的生理盐水作1∶5处理，56℃，30min灭活。

1．测定血清稀释，在第一管中加入0.1mL待测血清，然后每管分别加0.1mL PBS（pH 5.9），倍比稀释从1∶10 ～160，并用阴性血清作对照组。

2．将已经测定的病毒抗原用生理盐水配制成一个酶单位，加入测定血清中，0.1mL/管。混匀，37℃水浴孵育1h。

3．从水浴中取出试管，每管中加入0.1mL底物溶液，混匀，37℃水浴16～18h。

4．从水浴中取出试管，接着步骤同酶活性测定的3～9步。测定吸光度时从低血清稀释度向高稀释度测定。

5．计算血清对神经氨酸酶活性抑制效价。根据测定血清与阴性血清两组的测定结果，求出每组血清同一稀释度A值的商数，即为经血清作用以后所剩的酶活性百分数。酶活性计算公式如下：每一稀释度（如1∶10）血清＋病毒的A值同一稀释度（1∶10）阴性血清＋病毒的A值。

6．血清效价是能抑制50%的酶活性的最高血清稀释度的倒数。它的确定方法如下：取半对数坐标纸，纵轴（对数）表示血清稀释度，横轴（算术）表示剩下的神经氨酸酶活性的百分数。将5步得到的数值放在坐标纸上相应的位置。从活性50%处划一条与纵坐标平行的直线，在50%酶活性处找出3～4个点，使其中1～2点剩余酶活性不到50%，而其他1～2点剩余酶活性大于50%，在这3～4个点中划一条直线，同样使这条直线一侧的1～2点至直线垂直线的平均值与另一侧的垂直线的平均值相等。与50%剩余酶活性相对应的纵坐标的点所表示的，即使该血清神经氨酸酶抑制效价。

注：对流感病毒株鉴定时，我们对阳性血清常用200mmol/L，pH 5.9的PBS进行倍比稀释，一般从1：10开始，用量100μL每管，这样加上100μL抗原和100μL底物总量为300μL/管，与标准的200μL/管有出入，但对定性影响不大；阴性对照血清不用同型免疫血清替代；结果常用肉眼判断，不测A值；至于红细胞凝集素抗体空间干扰问题，一般情况下不加以重视，因为它的干扰程度约为10%，我们所用的免疫血清抑制效价多为1：640左右，这样当NI不低于40时判断为阳性，一般就不受空间干扰影响了。对关键重要的流感病毒株鉴定时需要用单价的抗血清进行鉴定。

参考文献

Abdelwhab EM, Luschow D, Harder TC, et al. 2011. The use of FTA(R)filter papers for diagnosis of avian influenza virus [J]. J Virol Methods, 174(1–2): 120–122.

Cattoli G, Drago A, Maniero S, et al. 2004. Comparison of three rapid detection systems for type A influenza virus on tracheal swabs of cxperimentally and naturally infected birds [J]. Avian Pathology, 33(4): 432–437.

Ciacci-Zanella JR, Vincent AL, Prickett JR, et al. 2010. Detection of anti-influenza A nucleoprotein antibodies in pigs using a commercial influenza epitope-blocking enzyme-linked immunosorbent assay developed for avian species [J]. J Vet Diagn Invest, 22(1): 3–9.

Detmer SE, Patnayak DP, Jiang Y, et al. 2011. Detection of Influenza A virus in porcine oral fluid samples [J]. J Vet Diagn Invest, 23(2): 241–247.

Fedorko DP, Nelson NA, McAuliffe JM, et al. 2006. Performance of rapid tests for detection of avian influenza a virus types H5N1 and H9N2 [J]. Journal of Clinical Microbiology, 44(4): 1596–1597.

Fereidouni SR, Starick E, Grund C, et al. 2009. Rapid molecular subtyping by reverse transcription polymerase chain reaction of the neuraminidase gene of avian influenza A viruses. Vet Microbiol, 135(3–4): 253–260.

Frank AL, Couch RB, Griffis CA, et al. 1979. Comparison of different tissue cultures for isolation and quantitation of influenza and parainfluenza viruses [J]. J Clin Microbiol, 10(1): 32–36.

Goodell CK, Prickett J, Kittawornrat A, et al. 2013. Probability of detecting influenza A virus subtypes H1N1 and H3N2 in individual pig nasal swabs and pen-based oral fluid specimens over time [J]. Vet Microbiol, 166(3–4): 450–460.

Guarner J, Shieh WJ, Dawson J, et al. 2000. Immunohistochemical and in situ hybridization studies of influenza A virus infection in human lungs [J]. Am J Clin Pathol, 114(2): 227–233.

Haines DM, Waters EH, Clark EG. 1993. Immunohistochemical detection of swine influenza A virus in formalin-fixed and paraffin-embedded tissues [J]. Can J Vet Res, 57(1): 33–36.

Hancock K, Veguilla V, Lu XH, et al. 2009. Cross-Reactive Antibody Responses to the 2009 Pandemic H1N1 Influenza Virus [J]. New England Journal of Medicine, 361(20): 1945–1952.

He J, Bose ME, Beck ET, et al. 2009. Rapid multiplex reverse transcription-PCR typing of influenza A and B virus, and subtyping of influenza A virus into H1, 2, 3, 5, 7, 9, N1(human), N1(animal), N2, and N7, including typing of novel swine origin influenza A(H1N1) virus, during the 2009 outbreak in Milwaukee, Wisconsin [J]. J Clin Microbiol, 47(9): 2772–2778.

Hurt AC, Alexander R, Hibbert J, et al. 2007. Performance of six influenza rapid tests in detecting human influenza in clinical specimens [J]. Journal of Clinical Virology, 39(2): 132–135.

Ito T, Suzuki Y, Mitnaul L, et al. 1997. Receptor specificity of influenza A viruses correlates with the agglutination of erythrocytes from different animal species [J]. Virology, 227(2): 493–499.

Johnson FB. 1990. Transport of viral specimens [J]. Clin Microbiol Rev, 3(2): 120–131.

Katz JM, Wang M, Webster RG. 1990. Direct sequencing of the HA gene of influenza(H3N2) virus in original clinical samples reveals sequence identity with mammalian cell-grown virus [J]. J Virol, 64(4): 1808–1811.

Kaufman E, Lamster IB. 2002. The diagnostic applications of saliva--a review [J]. Crit Rev Oral Biol Med, 13(2): 197–212.

Kraus RH, van Hooft P, Waldenstrom J, et al. 2011. Avian influenza surveillance with FTA cards: field methods, biosafety, and transportation issues solved [J]. J Vis Exp, (54).

Mackay IM, Arden KE, Nitsche A. 2002. Real-time PCR in virology. Nucleic Acids Res, 30(6):

1292–1305.

Moresco KA, Stallknecht DE, Swayne DE. 2012. Evaluation of different embryonating bird eggs and cell cultures for isolation efficiency of avian influenza A virus and avian paramyxovirus serotype 1 from real-time reverse transcription polymerase chain reaction-positive wild bird surveillance samples [J]. J Vet Diagn Invest, 24(3): 563–567.

Pedersen JC. 2008. Hemagglutination-inhibition test for avian influenza virus subtype identification and the detection and quantitation of serum antibodies to the avian influenza virus [J]. Methods Mol Biol, 436: 53–66.

Ramirez A, Wang C, Prickett JR, et al. 2012. Efficient surveillance of pig populations using oral fluids [J]. Prev Vet Med, 104(3–4): 292–300.

Ramos-Vara JA. 2011. Principles and methods of immunohistochemistry [J]. Methods Mol Biol, 691: 83–96.

Richt JA, Webby Richard J. 2013. Swine Influenza. Heidelberg [M]. New York: Springer.

Richt JA, Lekcharoensuk P, Lager KM, et al. 2006. Vaccination of pigs against swine influenza viruses by using an NS1-truncated modified live-virus vaccine [J]. Journal of Virology, 80(22): 11009–11018.

Romagosa A, Gramer M, Joo HS, et al. 2012. Sensitivity of oral fluids for detecting influenza A virus in populations of vaccinated and non-vaccinated pigs. Influenza Other Respir Viruses, 6(2): 110–118.

Ryabinin VA, Kostina EV, Maksakova GA, et al. 2011. Universal oligonucleotide microarray for sub-typing of Influenza A virus [J]. PLoS One, 6(4): e17529.

Sabattini E, Bisgaard K, Ascani S, et al. 1998. The EnVision (TM)+ system: a new immunohistochemical method for diagnostics and research. Critical comparison with the APAAP, ChemMate (TM), CSA, LABC, and SABC techniques. Journal of Clinical Pathology, 51(7): 506–511.

ShiL, Sun JS, Yang ZP, et al. 2014. Development of a DNA microarray-based multiplex assay of avian influenza virus subtypes H5, H7, H9, N1, and N2. Acta Virol, 58(1): 14–19.

Skibbe D, Zhou EM, Janke BH. 2004. Comparison of a commercial enzyme-linked immunosorbent assay with hemagglutination inhibition assay for serodiagnosis of swine influenza virus (H1N1) infection [J]. J Vet Diagn Invest, 16(1): 86–89.

Spackman E, Killian ML. 2014. Avian influenza virus isolation, propagation, and titration in embryonated chicken eggs [J]. Methods Mol Biol, 1161: 125–140.

Stevens J, Chen LM, Carney PJ, et al. 2010. Receptor specificity of influenza A H3N2 viruses isolated in mammalian cells and embryonated chicken eggs [J]. J Virol, 84(16): 8287–8299.

Van ReethK. , Labarque G, Pensaert M. 2006. Serological profiles after consecutive experimental infections of pigs with European H1N1, H3N2, and H1N2 swine influenza viruses [J]. Viral Immunol, 19(3): 373–382.

Vincent LL, Janke BH, Paul PS, et al. 1997. A monoclonal-antibody-based immunohistochemical method for the detection of swine influenza virus in formalin-fixed, paraffin-embedded tissues [J]. J Vet Diagn Inves, 9(2): 191–195.

Vosse BA, Seelentag W, Bachmann A, et al. 2007. Background staining of visualization systems in immunohistochemistry: comparison of the Avidin-Biotin Complex system and the EnVision+ system [J]. Appl Immunohistochem Mol Morphol, 15(1): 103–107.

Webby RJ, Rossow K, Erickson G, et al. 2004. Multiple lineages of antigenically and genetically diverse influenza A virus co-circulate in the United States swine population [J]. Virus Res, 103(1–2): 67–73.

Yeolekar LR, Dhere RM. 2012. Development and validation of an egg-based potency assay for a trivalent live attenuated influenza vaccine [J]. Biologicals, 40(2): 146–150.

Yoon KJ, Janke BH, Swalla RW, et al. 2004. Comparison of a commercial H1N1 enzyme-linked immunosorbent assay and hemagglutination inhibition test in detecting serum antibody against swine influenza viruses [J]. J Vet Diagn Invest, 16(3): 197–201.

Yoon KJ, Janke BH, Swalla RW, et al. 2004. Comparison of a commercial H1N1 enzyme-linked immunosorbent assay and hemagglutination inhibition test in detecting serum antibody against swine influenza viruses [J]. Journal of Veterinary Diagnostic Investigation, 16(3): 197–201.

Zhirnov OP, Vorobjeva IV, Saphonova OA, et al. 2007. Specific biochemical features of replication of clinical influenza viruses in human intestinal cell culture [J]. Biochemistry (Mosc), 72(4): 398–408.

第九章

猪流感疫苗研究

猪流感不仅给畜禽养殖造成了重大经济损失，而且对人类健康也带来了巨大的威胁，而疫苗是防控该疫病最有效的方法。目前，猪流感疫苗的研发已取得了很大的进展，其商品化和正在研发的猪流感疫苗主要有猪流感灭活疫苗、亚单位疫苗、活载体疫苗、核酸疫苗和通用疫苗。

第一节 灭活疫苗

一、猪流感病毒灭活疫苗的研究进展

（一）猪流感病毒灭活疫苗在国内的研究进展

猪流感病毒灭活疫苗主要指的是利用鸡胚生产的油乳剂灭活疫苗。在所有的预防流感疫苗中，灭活疫苗是全世界广泛接受及应用最广的疫苗。灭活疫苗主要通过诱导机体产生抗HA和NA蛋白等抗体，从而产生对感染的保护作用。华南农业大学、中国农业科学院哈尔滨兽医研究所大量的研究结果表明，用国内分离毒株培育后制备的H1亚型和H3亚型单价和双价猪流感油乳疫苗经一次免疫后3周HI抗体效价即可达到1：160以上，免疫后4周HI抗体水平超过1：400，至免疫后12周HI抗体滴度仍可保持在1：100以上（1：80为有效保护基线）。如果进行二免，则HI抗体水平更高，有效保护期可达到6个月以上，完全能够满足各种日龄猪的防疫需要。华南农大生物药品有限公司用近年来分离到的H1N1亚型猪流感病毒SGD01株制成猪流感灭活疫苗，结果也发现免疫接种后第3周，试验猪HI抗体平均效价在1：211～278，且对仔猪安全，未见任何不良反应。除了试验室研究外，徐军等还将H1亚型猪流感疫苗应用于规模化猪场，并评估了疫苗在临床应用时的抗体变化动态。研究结果表明，经一次免疫后3～8周，HI抗体效价高于1：160，免疫后4周HI抗体达到峰值，均高于1：400，之后抗体水平开始下降，但至免疫后12周，仍均保持在1：100以上。这些数据皆表明，猪群接种H1亚型猪流感油乳剂灭活疫苗能产生良好的免疫效果，且免疫保护时间较长。对于疫苗免疫期，高永锐等有不同的观点，该学者在对H3N2猪流感灭活苗的研究中表明，疫苗免疫猪后第2周便能产生一定滴度的HI抗体，二免后第二周HI抗体水平迅速上升，第八周抗体水平达到最高峰，然后很快下降，即二免后2个月内大部分HI抗体低于1：80。因而，他们认为猪流感疫苗可诱导较高的抗体水平，但免疫期较短。抗体水平维持时间太短，可能与疫苗中抗原含量有很大关系。提高疫苗中抗原含量，改进疫苗制备的工艺是否能让高水平的抗体保持更持久，都有待进一步的证实。苏丹萍等对H3N2亚型猪流感灭活苗免疫母猪后的抗体消长规律进行了动态监测。结果表明，300日龄的后备母猪第1次免疫时，机体已有一定的抗体水平，为1：14，免疫后28日抗体水平上升至1：477，二免后抗体水平逐渐升高，并在2个月时达到高峰，为1：1351，比对照组（1：79）高出17倍，然后抗体水平缓慢下降，免疫组的抗体水平大于1：256的时间可以维持5个月以上。母猪免疫接种对控制哺乳仔猪的流感作用明显，且通常能在整个哺乳期提供保护。因而，多数猪场将猪流感疫苗用于母猪，尤其是产仔前。然而，被动免疫时间的延长却可能干扰仔猪的有效接种。针对国内的H1和H3亚型猪流感病毒的流行情况，王新等学者还研制了这两种亚型的二价油乳剂灭活疫苗，并对疫苗的安全性及保存期等方面进行了相关研究。研究结果表明，试验猪免疫后28日测抗体，H1的HI抗体效价几何平均值为222～256，H3的HI抗体效价几何平均值为168～194；H1和H3的免疫攻毒保护率均为100%。该疫苗于4℃保存时，保存期为12个月。

随着反向遗传技术的不断成熟，利用该技术在体外获得猪流感病毒人工标记疫苗工作也取得了突破性进展。新疫苗不仅效价高，而且可以针对流感毒株的变异情况及时调整疫苗株的组成部分，节省了过去分离培育新毒株所消耗的大量时间，具有良好的应用前景。马继红等利用反向遗传技术获得了重组H3N2亚型猪流感病毒，将其制备成灭活疫苗，并免疫了小鼠以评价疫苗的免疫原性与效力。试验结果表明，该灭活苗能刺激小鼠产生高的HI抗体和中和抗体滴度，而且能有效限制病毒在肺脏内的复制，对H3N2同源病毒的攻击能够提供完全的保护。

佐剂是动物疫苗中的重要组成部分，是一种非特异性免疫增强剂，能够提高抗原对机体的免疫原性，增强疫苗免疫效果，被广泛应用于疫苗研究与生产中。IMS1315佐剂是一种矿物类的水溶性佐剂，局部产生的副反应较小，在动物体内易于扩散，吸收快，故产生抗体早。王隆柏等还比较了IMS1315佐剂和医用白油对H3N2亚型猪流感灭活疫苗的免疫效果。研究发现IMS1315佐剂灭活疫苗首免猪群后第7日抗体转阳，而医用白油佐剂灭活疫苗首免猪群第14日抗体转阳。这些表明，IMS1315佐剂比医用白油佐剂疫苗调动机体的产生免疫的时间早。这两种疫苗二免28日后达到抗体均达到峰值，随后缓慢下降，二免疫150日后，仍维持有较高水平（64以上），但IMS1315佐剂灭活疫苗抗体滴度稍高，对猪群具有更高的保护效果。

（二）猪流感病毒灭活疫苗在欧洲的研究进展

目前，商品化的猪流感病毒灭活疫苗已在欧洲绝大部分地区应用。大部分疫苗都是在20世纪80年代中期至90年代早期被批准的。疫苗毒株为H1或H3两个亚型，且至今未升级更换（表9-1）。H1N2亚型猪流感病毒含有类人源*H1N2*基因，从90年代中期开始便在欧洲广泛流行，但针对此病毒株的三价苗一直到2010年才被批准。尽管2009 pH1N1流感病毒在多个欧洲国家的猪场中暴发，欧洲专家以及当局者认为完全没有必要使用该毒株的疫苗。

在欧洲，猪流感病毒灭活疫苗的新兽药注册要求中包括效力试验。

表 9-1　2011 年欧洲使用的大部分商品化猪流感病毒灭活疫苗

公司	商品名	毒株	佐剂
Merial	Gripovac	A/New Jersey/8/76(H1N1) A/Port Chalmers/1/73(H3N2)	白油
Pflzer Olot	Suvaxyn Flu	Sw/Netherlands/25/80(H1N1)	白油
		A/Port Chalmers/1/73(H3N2)	白油
Hipra	Gripork	Sw/Olost/84(H1N1) A/Port Chamlmers/1/73(H3N2)	白油
Impfstoffwerk Dessau-Tornau	Respiporc Flu	Sw/Belgium/230/92(H1N1) Sw/Belgium/220/92(H3N2)	Aluminum hydroxide-oil
Impfstoffwerk Dessau-Tornau	Respiporc Flu	Sw/Haselunne/2617/03(H1N1) Sw/Bakum/1769/03(H3N2) Sw/Bakum/1832/00(H1N2)	Carbomer

注：引自 Jürgen A. Richt 与 Richard J. Webby，2013.

大部分发布的疫苗效力试验数据都来自于猪流感病毒阴性猪二次免疫灭活疫苗，并在二免后的2～6周时攻毒。由于欧洲药典的规定，欧洲猪流感疫苗主要通过滴鼻途径攻毒。攻毒后第一日或第三日，取猪的肺组织滴定病毒以评估保护效果。如表9-1所示，Merial公司的Gripovac是第一个商品化的猪流感病毒灭活疫苗。该疫苗毒株A/New Jersey/8/76（H1N1）属于经典H1N1亚型猪流感病毒，更接近于北美洲的猪流感病毒株，而不是欧洲的类人H1N1亚型猪流感病毒。A/Port Chalmers/1/73（H3N2）是欧洲H3N2亚型猪流感病毒的祖先。在早期的疫苗研究中，疫苗免疫的猪通过滴鼻途径感染高滴度（$7.5\log_{10}EID_{50}$）的分离于Belgium（1983—1984年或1998年以后）H1N1和H3N2亚型猪流感病毒。在此条件下，未疫苗免疫的猪的肺组织均会存在高滴度的病毒，效价至少为$7.0\sim8.0\log_{10}ID_{50}$。这些猪还会表现出暂时性呼吸困难，高热至41℃以上，精神抑郁或急性猪流感暴发时出现的厌食。该疫苗对猪具有良好的病毒保护作用。研究表明，这个疫苗对于1996 H3N2亚型猪流感病毒在荷兰地区空气传播也能提供重要保护。

（三）猪流感病毒灭活疫苗在北美洲的研究进展

在北美洲，最早的商品化H1N1亚型猪流感病毒疫苗出现于1994年，是用经典H1N1亚型猪流感病毒制备的单价灭活疫苗。1998年后，H3N2亚型猪流感在美国暴发，单价H3N2或双价H1/H3亚型猪流感病毒疫苗随后应用于临床。2009 pH1N1流感病毒的单价灭活苗是在2009年才被批评应用的。北美地区的商品化猪流感病毒灭活疫苗具体见表9-2。

表 9-2　2011 年北美地区使用的大部分商品化猪流感病毒灭活疫苗

公司	商品名	毒株	佐剂
Novartis	PneumoStar SIV	α-cluster H1N1 cluster Ⅰ H3N2	Immunstar
Intervet/Schering-Plough Animal Health	MaxiVac Excell 3.0	α-cluster H1N1 β-cluster H1N1 cluster Ⅰ H3N2	Emunade
Intervet/Schering-Plough Animal Health	MaxiVac Excell 5.0	β-cluster H1N1 γ-cluster H1N1 δ-cluster H1N1 cluster Ⅰ H3N2 cluster Ⅳ H3N2	Emunade
Pfizer Animal Health	FluSure Legacy FluSure XP	α-cluster H1N1 cluster Ⅰ H3N2	Amphigen
Pfizer Animal Health	Flusure Pandemic Flusure XP	δ-cluster H1N1 cluster Ⅰ H3N2 cluster Ⅳ H3N2	Amphigen
Pfizer Animal Health		Pandemic 2009 H1N1	Amphigen
Pfizer Animal Health		δ-cluster H1N1 δ2-cluster H1N1 cluster Ⅳ H3N2 δ1-cluster H1N1	Amphigen

注：引自 Jürgen A. Richt 与 Richard J. Webby，2013.

在美国申请猪流感疫苗的要求与欧洲大不相同。2007年，美国农业部在更新毒株方面发布了新的申请指南。此后，新毒株的免疫原性只需根据在猪只的血清学结果为依据，而不需要攻毒的结果，大大地提高了疫苗株更换的效率。

在美国的猪流感疫苗研究中，猪只在二免后第10～14日进行病毒感染，途径为滴鼻感染或气管接种感染。在病毒感染后第5日或更晚的时间宰杀试验猪，取鼻腔排毒数据、肺病理变化和临床症状来评定保护效力结果，而不是采用肺组织的病毒滴度来衡量。

二、免疫SIV灭活疫苗后引发的免疫反应

HA蛋白所产生的抗体是唯一具有中和病毒感染能力的抗体。HA中和抗体与流感病毒的特异性结合可以阻止病毒对细胞的吸附进而抑制随后的病毒侵入。灭活疫苗所产生的HA抗体被动地转移至呼吸道的黏膜处，可中和流感病毒。猪流感灭活疫苗本身只能在血清中诱导产生抗体。该抗体可以有效地被转送至肺，而非鼻黏膜处。研究结果表明，高水平的HI抗体能完全阻止流感病毒在组织器官上的复制，但低水平的HI抗体只能减少病毒在肺组织的复制，且病毒减少的程度取决于肺组织上的病毒滴度。血清中的HI抗体只能减少该病毒在上呼吸道的复制，而无法控制病毒的传播。猪流感灭活疫苗在首次免疫后第2～6周会快速地下降。此外，猪流感病毒灭活疫苗无法刺激产生黏膜免疫而产生相应的抗体，且总体上无法进行外源性抗原呈递，从而无法刺激机体产生病毒特异性的$CD8^+$T细胞反应。疫苗的二次免疫可较大程度地提高血清中的HI和中和抗体水平。首免后第2～3周，HI抗体水平至少可达到320～640。

除了HA蛋白能产生抗体外，其他的病毒蛋白也能产生一定水平的抗体。如NA蛋白可以诱导机体产生体液免疫反应，但所产生的抗体不具有病毒中和作用，仅能通过抑制病毒从感染细胞表面释放再感染其他细胞，从而减少病毒的增殖和扩散，进而减轻发病时的临床症状和降低死

亡率。此外，NP、M1、M2等内部结构蛋白是诱导机体细胞免疫反应的主要靶抗原，可以刺激机体产生病毒特异的$CD4^+$、$CD8^+$T淋巴细胞，并激活TH1淋巴因子的分泌。病毒的内部结构蛋白较为保守，所诱导的细胞免疫反应在同一种亚型间有一定的交叉保护能力。尽管如此，Tite等研究发现这种保护是不完全的，只能起到一定的抑制临床症状的能力，而不能阻止病毒的释放。

三、影响灭活疫苗免疫效果的因素

疫苗毒株的选择是否与当地流行毒株相匹配，是影响猪流感病毒灭活疫苗免疫效果最重要影响的因素之一。在过去的10～15年内，猪流感病毒新亚型及新基因型不停地涌现，其抗原性变化也较大。此外，各地流行的猪流感病毒株也存在较大地不同。这些原因，都进一步地增加了灭活疫苗毒株筛选与选择的难度。Amy等发现，当体内含有H1N2亚型猪流感病毒的猪，使用经典猪H1N1型流感病毒灭活疫苗免疫后，免疫保护是失败的。所以，不同的猪流感病毒之间不仅不能够提供交叉保护，反而会使病毒感染所引发的临床症状更为严重。目前，欧洲使用的疫苗大多含有较早分离New Jersey/76（H1N1）株和Port Chamers/73（H3N2）株。目前，美国使用的猪流感疫苗主要含有古典H1N1亚型和三重H3N2亚型猪流感病毒变异株。为了进一步提高疫苗的针对性，美国一些猪场还特别使用本场分离株的“自家疫苗”来加强免疫效果。

灭活苗对攻毒的保护作用与免疫后机体产生的抗体水平紧密相关。研究表明，使用H1亚型和H3亚型单价和双价猪流感油乳剂灭活疫苗时，当抗体达到1：80以上，均可产生有效的保护作用。王文华等研究进一步表明，当免疫H1亚型单价猪流感灭活苗，猪流感病毒HI抗体效价高于1：160时能完全抵御同亚型猪流感病毒攻击。

其他一些因素，如抗原量、佐剂、免疫时猪的健康状况（包括母源抗体或异型流感病毒抗体水平）、适当的疫苗接种途径及适当的接种时机等均会影响疫苗的免疫效力。

四、灭活疫苗的特点

目前商品化的猪流感灭活疫苗对预防猪流感虽然发挥了重要作用，但是灭活疫苗的接种会对疫苗免疫猪与自然感染猪的鉴别诊断造成障碍，影响疫情的监测。猪流感病毒的变异速度较快，灭活疫苗研制明显滞后，且对异源和异型病毒不能提供有效保护。猪流感灭活疫苗对免疫耐受性动物及幼年和老年动物的免疫效果不佳，而且容易受母源抗体的影响而导致免疫失败。猪流感病毒全病毒灭活疫苗还存在产生抗体较慢、诱导细胞免疫和黏膜免疫的能力弱的特点。如Heinen等学者发现，疫苗免疫猪能产生较高的中和抗体及NP特异的IgG抗体，但是鼻黏膜IgA滴度和淋巴细胞增殖反应较低，表明疫苗免疫后机体处于亚保护状态。因此，灭活疫苗很难有效控制抗原性多变的猪流感病毒在猪群中的感染与传播。

第二节　亚单位疫苗

利用微生物的某种表面结构成分（抗原）制成不含有核酸、能诱发机体产生抗体的疫苗，称为亚单位疫苗。鸡胚扩增的流感病毒，经化学方法灭活，提纯HA和NA蛋白后用于制备流感病毒亚单位疫苗。这种亚单位疫苗使用可超过50年，但仍无法回避利用鸡胚的缺点。目前，流感病毒的亚单位疫苗的研究主要集中于杆状表达系统、植物生物器表达系统和甲病毒复制子载体三个方面。

一、杆状表达系统

用杆状病毒做载体，可高效表达外源基因，到目前为止已有几百个包括动物、植物、病毒、细菌、真菌的基因在昆虫细胞或幼虫体内得到高效表达。这个表达体系的主要特点是可以获得大量抗原性、免疫原性较好的，与天然蛋白功能相似的可溶性重组蛋白。这一特点优于细菌、酵母和哺乳动物细胞表达体系。重组杆状病毒感染昆虫细胞后，可以对外源蛋白进行许多真核细胞的转录后加工作用，包括糖基化、磷酸化、酰基化、正确的信号肽切割、蛋白水解以及适当的折叠作用，而且还可将重组蛋白聚集定位于天然蛋白的同一细胞器上，还能进行适当的寡聚化装配。因此，它是表达有生物活性的蛋白质的理想载体。

用杆状表达系统表达HA蛋白的效果如何？ 2009年，Cos和Hollister用杆状表达系统在昆虫细胞（expresSF+）中表达了三聚重组HA蛋白（包括H1N1、H3N2和流感B）。表达的HA蛋白是含有跨膜区、HA1和HA2的完整蛋白，用病毒载体Baculovirus autographa californica nuclear polyhedrosis virus在昆虫细胞中进行表达的。通过电镜观察发现，表达的不同亚型的HA蛋白可形成三聚体。研究表明，对于某些寡聚蛋白而言，若只用杆状表达系统表达其中某一成分并不能获得非常好的抗原性和免疫原性，因为这些特性不仅体现在蛋白质一级结构中，而且还与蛋白质的空间构象、多个蛋白成分的相互作用有密切关系。因此，若能用杆状表达系统通过表达多个蛋白成分，并使之在特定环境中进行寡聚化装配，获得蛋白有效的空间构象，必然对提高免疫反应的敏感性。Cos和Hollister后来也证实，表达的三聚重组HA蛋白的免疫可产生良好的交叉保护效果，并引起辅助性T类型2细胞（Th2）反应。Th2细胞主要分泌IL－4，IL－5，IL－6和IL－10等，主要功能为刺激B细胞增殖并产生免疫球蛋白G（immunoglobulinG，IgG）1和免疫球蛋白E（immunoglobulinE，

IgE）抗体，与体液免疫有关。2013年，该疫苗被美国FDA批准上市。

目前，利用杆状表达系统平台，H1N1、H3N2、H5N1、H9N2、1918流感病毒和2009 pandemic流感病毒的病毒样颗粒（Virus-like particles，VLPs）皆能成功制备，且能发挥较好的免疫效果。早在1996年，Roy等采用杆状病毒多启动子表达载体成功的进行了蓝舌病毒（Bluetongue virus，BTV）外壳蛋白VP3、VP7、VP2、VP5的共表达，发现当VP3、VP7共表达时可形成BTV类核心颗粒，而同时表达4种成分时可形成不含病毒核酸的病毒样颗粒。研究表明，这类VLPs与天然病毒粒子有极为相似的空间结构，这种特定的构象必然具有较好的抗原性和免疫原性。据此，Bright等尝试用杆状表达系统表达了HA、NA和M1蛋白［A/Fujian/411/2002（H3N2）］，形成病毒样颗粒，并激发了比全病毒灭活疫苗或重组HA蛋白更好的免疫反应，主要引起Th1免疫反应。Th1细胞主要分泌白细胞介素（interleukin，IL）-2，干扰素（interferon，IFN）-γ，IFN-α，肿瘤坏死因子（tumor necrosis factor，TNF）-β等，主要介导细胞毒和局部炎症有关的免疫应答，辅助抗体生成，参与细胞免疫及迟发型超敏性炎症的发生，故称为炎症性T细胞，可被视为相当于迟发型超敏反应T细胞。因而，Th1细胞在机体抗胞内病原体感染中发挥着重要作用。Pushko等研究发现，H9N2亚型流感病毒的HA、NA和M1蛋白形成的VLP，在免疫BALb/c鼠后也能产生特异性的抗体，且能阻止病毒的复制。Chen等进一步提出，HA和NA蛋白便可组装成流感病毒的VLPs，而无需M蛋白。Krammer、Pushko和Pho等学者先后用杆状表达系统组装形成了H1N1 pandemic流感病毒的VLPs。有些研究还表明，尽管VLPs本身不制备复制能力，但其制备的流感病毒亚单位疫苗可引发黏膜免疫球蛋白G反应和细胞免疫反应。这些结果表明，VLPs所制备的流感病毒亚单位疫苗可引起机体产生的免疫反应和抗病毒作用比流感病毒灭活疫苗更好。

二、植物生物反应器表达系统

植物生物反应器是指通过基因工程途径，以常见的农作物作为“化学工厂”，通过大规模种植生产具有高经济附加值的医用蛋白，工、农业用酶，特殊碳水化合物，生物可降解塑料，脂类及其他一些次生代谢产物等生物制剂的方法。在植物生物反应器研究中，最受人们关注同时研究进展也最快的是生产各种疫苗用的抗原蛋白。1992年，美国人C. J. Arntzen和H. S. Mason率先提出了用转基因植物生产疫苗的新思路。此后，国内外多个实验室相继在烟草、马铃薯、番茄、苜蓿和莴苣中表达了乙肝表面抗原、大肠杆菌热敏毒素B亚基、霍乱毒素B亚基、诺瓦克病毒壳蛋白和狂犬病毒G蛋白等抗原，并利用在植物中表达的抗原进行了动物和人体的免疫试验，获得了大量有价值的研究数据，为今后利用转基因植物生产疫苗奠定了良好基础。

在利用植物生物反应器表达外源蛋白来制备疫苗方面，有一个引起全球关注的重大研究成果。Large scale biology公司和斯坦福大学已经合作开发了一种肿瘤特异性疫苗，可用于阻止细胞的恶性生长，它们利用植物病毒作为瞬时表达系统。研究者们利用修饰后的烟草花叶病毒作为瞬时表达载体，可表达源自38C13鼠B细胞淋巴瘤的型特异的单链抗体。在重组病毒侵染烟草（*N. benthamiana*）后，单链抗体蛋白在细胞质外体内可以积累到很高的水平。这种抗体片段可与一种亚型特异的抗抗体反应，这表明植物产生的38C13单链抗体经过了正确的折叠，用经亲和层析纯化的38C13单链抗体免疫后的小鼠可以产生大于10 μg/mL的型特异性的抗抗体。这些小鼠可以抵御致死剂量的38C13肿瘤的攻毒试验，其保护效果类似于用38C13IgM匙蓝蛋白偶联疫苗免疫后的结果。这种产生肿瘤特异性蛋白疫苗的病毒快速表达体系为治疗非霍奇金氏淋巴瘤提供了一种可靠的方法。治疗的目的是在患者体内产生特殊的抗体，它能特异性识别恶性生长的B细胞表面特异性位点，使靶细胞最终受到破坏，而正常的细胞不会受到任何影响。

在此表达载体平台方面，流感病毒疫苗的研究非常少。D’Aoust等首次用Nicotiana bentbamiana农杆菌表达载体表达H5N1亚型流感病毒的HA蛋白。研究结果表明，所表达的H5HA蛋白能组装形成VLPs。免疫BALb/c鼠0.1 μg H5–VLPs，鼠机体便能产生较强的免疫反应。2010年，D’Aoust等用Nicotiana bentbamiana农杆菌表达平台表达了H1HA蛋白（H1N1 pandemic流感病毒），制备成VLPs疫苗。这个过程仅在获得*H1HA*基因序列1个月内完成。动物试验表明，该VLPs制备的疫苗同时引起机体产生体液免疫和细胞免疫。Landry等成功表达了H5HA（源自A/Indonesia/5/05）蛋白，制备了VLPs疫苗，并在水貂模型上诱导产生交叉保护性抗体。同时，H5 VLP疫苗还在18～60岁的人群中进行了一期临床试验。

只要设计巧妙，就可以用植物病毒载体作为生物反应器，大幅度提高外源基因的表达量。用病毒载体既可表达相对分子质量较大的全长外源蛋白，也可表达与病毒蛋白相融合的多肽。因为大部分病毒载体仍具有感染活性，无需经过植物基因转化过程即可在常规植株体内表达外源基因。此外，植物生物反应器制备流感病毒VLPs疫苗所需时间非常短，很适合用于防控新型流感病毒的大暴发。所以，用病毒作为植物生物反应器生产流感病毒亚单位疫苗具有广阔的市场前景。

三、甲病毒复制子载体

RNA复制子疫苗可克服传统疫苗和普通DNA疫苗存在的缺点，具有如下的特点：首先，免疫效果显著。在RNA复制/转录酶的作用下，RNA复制子在细胞质中大量地复制，高效地表达外源基因，可以诱导较高的体液免疫和细胞免疫应答。其次，其安全性好。甲病毒复制子不进入细胞核，仅在胞质中进行短暂的复制转录和目的蛋白的表达，之后便在dsRNA激活的抗病毒信号作用下，细胞发生凋亡而被清除体外。因此和传统DNA疫苗相比，其不会被整合进宿主基因组而致癌、致畸，且不会长期在机体内存在。第三，应用范围广。甲病毒复制子可以高效地应用到多种病毒的疫苗研究中，如流感病毒、HIV、人乳头瘤病毒（HPV）、呼吸道合胞病毒、马传染性动脉炎病毒、丙型肝炎病毒、葡萄球菌、炭疽芽孢杆菌、布鲁菌、衣原体、结核分支杆菌和某些原虫等。尽管如此，RNA复制子疫苗也存在转染效率低、稳定性差和易降解等缺点。

近年来，RNA复制子载体系统已成为RNA复制子疫苗研究的重要技术平台。所谓的RNA复制子载体是以（+）RNA病毒为基础的一种真核表达载体，其用外源抗原基因取代病毒的结构蛋白基因，保留非结构蛋白基因，用非结构蛋白控制载体高水平自我复制和外源基因的高水平表达。目前RNA复制子载体最常用的是披膜病毒科的甲病毒，如委内瑞拉马脑炎病毒、辛德比斯病毒、西门利克森林病毒等。

甲病毒复制子进入机体细胞后，非结构蛋白基因翻译产生复制和转录相关的酶，在这些酶的作用下，被转染的细胞内会产生大量的dsRNA中间体，这些中间体能引发很多免疫刺激信号的释放，从而激活宿主的抗病毒信号通路，增强机体的免疫反应的强度。RNA复制子疫苗会造成宿主细胞的凋亡，有人认为凋亡会影响RNA复制子疫苗的免疫效果。

在国内，利用甲病毒复制子载体研究流感病毒疫苗较少。2013年，仇铮等用该载体系统研究了马流感病毒疫苗。他们选取欧洲型马流感病毒A/equine/Qinghai/1/1994（H3N8）和美洲型马流感病毒A/equine/Xinjiang/3/2007（H3N8）作为疫苗株，拟用甲病毒复制子载体为基础研制马流感疫苗。为了进一步验证该重组甲病毒复制子载体疫苗的保护效果，将两种DNA疫苗分组免疫小鼠，疫苗免疫后进行攻毒保护试验。试验结果表明，两个重组质粒在低剂量组时就可以诱生与常规型DNA载体疫苗高剂量组的免疫效果，诱导小鼠产生针对病毒的抗体，抗体水平在加强免疫后明显升高；复制型DNA疫苗免疫组均能引起$CD4^+T$细胞以及$CD4^+T/CD8^+T$的显著上升；同时，在小鼠体内也可引起IFN-γ、IL-2和

IL-4水平的提高，尤以前两者的升高更明显；攻毒后，重组质粒免疫组能够保护小鼠抵抗流感病毒的攻击，而对照组小鼠均感染马流感病毒。本研究所构建的重组质粒于小鼠的免疫效力、体内免疫反应以及不同免疫剂量对免疫效果影响的评估，证实所构建的表达H3N8亚型马流感病毒的甲病毒复制子DNA疫苗能够保护小鼠抵抗流感病毒的感染，为进一步在马体中进行马流感病毒免疫机理的探索奠定了基础，该重组疫苗具有良好的应用前景。

在国外，甲病毒复制子载体研制流感病毒疫苗的资料不多。2010年，Erdman等利用甲病毒复制子载体研制了H3N2亚型流感病毒疫苗，可诱导免疫猪机体产生保护性抗体。2012年，Vander等用甲病毒载体表达了猪流感病毒*HA*基因，并免疫了猪来评估疫苗效果。结果显示，疫苗免疫的猪能被激发体液免疫和细胞免疫。

四、佐剂影响亚单位疫苗的免疫效果

研究表明，亚单位疫苗经常需要与合适的佐剂配合才能产生良好的免疫效果。Bacon等发现，仅用病毒（Panama株）表面蛋白HA和NA鼻腔免疫小鼠，只能产生微弱的免疫反应；而用水凝胶作为佐剂将大大促进机体的体液免疫水平，对呼吸道IgA反应的影响不大；用壳聚糖作为免疫佐剂则可以刺激产生强烈的局部和全身抗病毒免疫反应，即非常高的IgG和IgA的水平。Singh等将大肠杆菌热不稳定肠毒素进行解毒后，制成LTK63和LTR72佐剂，再混合流感病毒HA蛋白，经包含有酯化透明质酸微球体的生物黏合剂载体鼻腔接种鼠、兔和仔猪。结果在疫苗中混合生物黏合剂的比单纯的HA鼻腔内、肌内接种能更为有效地刺激了血清IgG反应并可产生更高的HI抗体水平。此外，生物黏合剂也能有效促进鼻腔分泌液中的IgA反应。特别值得一提的是对猪的流感免疫，生物黏合剂微球体疫苗鼻腔内接种获得的免疫效果比同等剂量肌内注射的免疫效果更为优越。

第三节 活载体疫苗

病毒载体疫苗是将致病病原的保护性抗原基因插入到活的具有感染性但无致病性的病毒基因组中制成的疫苗。病毒抗原在受感染细胞内表达和合成。由于它们是通过MHC Ⅰ分子（内噬途径）和MHC Ⅱ分子（外噬途径）两种抗原递呈，该类疫苗免疫动物向宿主免疫系统提交免疫原性蛋白的方式与自然感染时的真实情况很接近，可诱导产生的免疫比较广泛，包括体液免疫和细胞免疫，甚至黏膜免疫，所以可以避免重组亚单位疫苗的很多缺点。如果载体中同时插入多个外源基因，就可以达到一针防多病的目的。简言之，病毒活载体疫苗兼有常规活疫苗和灭活疫苗的优点。它具有活疫苗的免疫效力高、成本低及灭活疫苗的安全性好等优点。是当今与未来疫苗研制与开发的主要方向之一。国外已研制出以腺病毒为载体的乙肝疫苗、以疱疹病毒为载体的新城疫疫苗等。

目前，主要的病毒活载体有牛痘病毒、禽痘病毒、金丝雀痘病毒、人2型和5型腺病毒、火鸡疱疹病毒、伪狂犬病病毒、水痘–带状疱疹病毒、微RNA病毒、黄病毒和脊髓灰质炎病毒等。

一、痘病毒载体

痘病毒是研究最早、最成功的载体病毒之一，它具有宿主范围广、增殖滴度高、稳定性好、基因容量大及非必需区基因多的特点。因此，有利于进行基因工作操作，易于构建和分离重组病毒。它还可以插入多个外源基因，并对插入的外源基因有较高的表达水平。目前已有很多重组蛋白在该载体病毒中表达成功，攻毒保护效率良好。如HIV–1主要囊膜蛋白（gp120）重组痘病毒，已进入临床试验。应用鸡痘病毒载体，国内外先后成功表达流感病毒、新城疫病毒、传染性法氏囊病病毒、马立克病病毒、禽网状内皮组织增生症病毒、狂犬病病毒、传染性支气管炎病毒、麻疹病毒、猿猴免疫缺陷病毒等的保护性抗原基因。以禽痘病毒作为载体表达鸡新城疫病毒和H5亚型禽流感病毒的重组活载体疫苗已在美国获得了生产许可证，H5亚型禽流感病毒的重组活载体疫苗在国内已取得生产许可。2003年，一种改良的活金丝雀痘病毒载体马流感疫苗（ProteqFlu®，梅里亚，UK）在欧洲被授权用于马流感的防治。

尽管如此，经报道的关于猪流感病毒的痘病毒载体疫苗的研究，国内外只有南京农业大学陆承平实验室在做。2012年，他们用重组猪痘病毒（Recombinant swine pox virus，rSPV）作为载体，表达H1N1亚型猪流感病毒的HA1蛋白，并免疫宿主（猪）。试验结果表明，首免rSPV-HA1能激发猪机体产生高水平的抗猪流感病毒的中和抗体。攻毒后，疫苗免疫的猪只均未能检测到猪流感病毒的排毒。此表明，猪痘病毒载体表达猪流感病毒HA1蛋白的疫苗能很好地起到抵抗猪流感病毒的作用。随后，他们又尝试做双价苗，把源自H1N1和H3N2亚型猪流感病毒的*HA1*基因同时放入于rSPV载体，命名为rSPV/H3-2A-H1。感染豚鼠后，该病毒载体疫苗rSPV/H3-2A-H1能刺激机体产生抗病毒特异性抗体，且完全保护豚鼠免受H1N1或H3N2亚型猪流感病毒的攻击。进一步的鼠和猪的动物试验结果显示，该疫苗促使产生高水平的中和抗体且调动机体的细胞免疫。

痘病毒载体的应用也存在着一些问题。一个好的载体系统首先要求强启动子的采用以突破目前外源基因表达水平偏低的难关；同时，外源基因插入的非必需基因也应优中选优。目前，对痘病毒的分子生物学背景了解还不够多，特别是其启动子结构和调控机制还不清楚，重组病毒的筛选方法还不够成熟，报告基因在动物体内的表达产物可能影响目的抗原的免疫原性，载体免疫和目的抗原的免疫存在竞争。此外，母源抗体水平严重影响此类疫苗的免疫效果。当然其他重组疫苗也面临同样的问题。用痘病毒载体值得人们考虑的是机体有可能已经存在针对痘病毒的特异性免疫，因而对用相同重组毒再次免疫会产生影响。解决这些问题，对痘病毒载体疫苗的产业化及其未来发展相当重要。

二、腺病毒载体

腺病毒载体是目前研究较多也是相对比较成熟的载体之一。最初发展腺病毒载体是为了用于真核基因表达和疫苗研究，主要使用人Ad2和Ad5构建。腺病毒载体的主要特点是：① 宿主范围较广，不仅能感染能进行分裂的细胞，也能感染不再分裂的细胞，如神经细胞。反转录病毒只感染具分裂复制能力的细胞。② 腺病毒载体不整合进宿主细胞基因组，而是以附加体形式游离在宿主细胞基因组外，这样就避免了病毒载体插入宿主细胞基因组可能引起基因突变等后果，因而使用时更安全。但是，这同时也造成一些麻烦，由于腺病毒载体未整合进宿主细胞基因组，因而在细胞分裂过程中，不能均等地分配给子细胞，会使得有些细胞丢失腺病毒载体。

重组腺病毒载体能容纳105%的外源基因，构建的主要思路是删除其早期基因（主要是E1A和E3A）的部分或全部，使外源基因能够通过同源重组的方式进入病毒基因的框架。外源基因主要进入E1区，因为E1区是病毒复制所必需的，缺失E1区的腺病毒可以在反式提供E1区编码产物的细胞系中，如293细胞系中复制。而E3区的缺失主要是为了扩大病毒的包装容量。E3区的编码产物gp19K能够螯合MHC Ⅰ类分子，使其滞留在内质网中，从而减弱了针对腺病毒的细胞免疫。因此，在E3区中插入外源基因或是E3缺失，使gp19K不能表达，可能影响腺病毒载体所携带外源基因的持续表达和腺病毒载体的多次使用。就腺病毒载体的目的而言，将它用作疫苗，那么机体的免疫情况就十分复杂。如何降低腺病毒载体本身的免疫作用是腺病毒载体发展中的一个关键问题。

有研究显示，相比于其他的病毒性载体疫苗，重组腺病毒载体疫苗可赋予针对病原体更为快速和有效的保护效果，适用于疫苗研发。与其他载体（如细菌或其他病毒）相比，腺病毒毒性低，感染腺病毒只引起轻微的感冒症状；经过基因改装后的腺病毒无安全性问题；腺病毒载体表达高；腺病毒同时诱导B细胞与T细胞免疫反应；腺病毒载体疫苗无需添加佐剂，可通过肌肉或黏膜免疫，易于生产制备。因此，经过几十年发展，腺病毒载体成为目前最有应用前景的疫苗载体之一，被广泛应用于各种预防性或治疗性疫苗的研发。目前，众多的病毒的疫苗研究涉入其中，其中已有多种基于重组腺病毒载体的疫苗取得了可喜的成果，进行了临床实验研究，所针对的病原体包括流感病毒、疟疾、HIV、结核杆菌等。

目前，人流感病毒的腺病毒疫苗的研究进步较大。Vaxin公司于2004年首次将基于腺病毒载体的流感疫苗应用于临床试验。该公司采用复制缺陷型AdHu5载体表达流感*PR8 HA*基因作为候选疫苗，共有4组24位健康志愿者参与该试验。结果显示该候选疫苗安全并具有免疫原性，其中经鼻腔免疫的75%志愿者产生高滴度的中和抗体，免疫效果比经上皮免疫为好。PaxVax公司研发了AdHu4表达H5N1 *HA*基因的禽流感疫苗，并于2010年完成了Ⅰ期临床试验，证实其安全性与免疫原性，并发现通过AdHu4载体初免/H5N1灭活疫苗加强，高剂量免疫组中100%个体产生中和抗体，几何平均滴度为135单位。此外，Peters等利用AdHu5共表达流感病毒（A/Indo/05/2005）HA和TLR配体作为流感口服疫苗，Ⅰ期临床试验显示该候选疫苗可诱导特异性细胞免疫反应，无严重不良反应。

由于腺病毒载体的广泛前景，众多的学者也加入了猪流感的腺病毒载体疫苗的研究。表达猪流感病毒HA的重组伪狂犬病病毒（rPRV2HA）接种小鼠，在免疫后3周产生了猪流感病毒HI抗体，免疫后28d，用10^5TCID_{50}的异源SIV鼻内攻毒，从免疫鼠中未分离到攻毒株，仅在肺部观察到了轻微的病理损伤。表明表达猪流感病毒HA的重组伪狂犬病病毒能保护小鼠免受猪流感病毒异源毒株的攻击，可以作为预防SIV和PRV的候选疫苗。Tang等用含有H3N2猪流感病毒HA的重组腺病毒免疫小鼠，在免疫后2周产生了针对猪流感病毒的高水平HI抗体，初免后3周再加强免疫，抗体水平大大提高。虽然这些抗体不能中和异源病毒，但仍能保护免疫小鼠抗异源病毒的攻击。Wesley等对3周龄小猪分别免疫表达HA和表达HA与NP的重组腺病毒混合物，免疫猪群在4周内均产生了高水平的特异性HI抗体。免疫HA与NP重组病毒混合物的猪群获得了完全保护，攻毒后无鼻腔散毒和肺部损伤。因此，猪群同时接种这两种复制缺陷型腺病毒疫苗对预防猪流感是有效的。与商品化疫苗相比的另一个优点是没有母源抗体干扰哺乳小猪的早期免疫，并且这种复制缺陷型重组腺病毒不会传播给哨兵猪。

三、疱疹病毒载体

随着疱疹病毒弱毒苗的问世及质量不断提高，以此为基础的活载体也逐渐成为研究目标。疱疹病毒的基因组较大，约150kb，可容纳多个外源基因的插入。大多数疱疹病毒（伪狂犬病毒除外）的宿主范围很窄，其重组病毒的使用不会产生流行病学方面的不良后果。许多疱疹病毒经黏膜途径感染，构建的载体活疫苗可经黏膜途径提呈抗原，诱导特异性黏膜免疫。

目前，疱疹病毒作为活载体表达外源基因作为疫苗的研究主要有：单纯疱疹病毒、伪狂犬病毒、火鸡疱疹病毒、牛疱疹病毒Ⅰ型、马疱疹病毒Ⅰ型和传染性喉气管炎病毒等。其中，火鸡疱疹病毒活载体（Herpesvirus of turkey，HVT）是禽病毒基因工程研究中比较活跃的领域。此外，HVT对鸡无致病性且不从羽毛囊散毒作为疫苗毒，本身可以冻干保存运输。HVT在鸡胚成纤维细胞上生长迅速，并且产生大量有囊膜的病毒。除此之外，可在鸡体内建立长期的病毒血症，HVT可引起坚强的细胞介导免疫，免疫出现早，免疫持续时间长。

重组HVT的构建方法主要利用体外同源重组方法，原理是将外源目的基因插入载体病毒基因组的某些部位，使之高效表达但不影响该疫苗株的生存与繁殖，接种这种重组病毒疫苗后，它可在体内繁殖并表达插入的外源基因产物，从而刺激相应疾病的免疫保护力。具体来说，第一步构建重组质粒，此质粒应含有启动子，下游接待表达的外源基因，有时为方便筛选，还要插入有启动子的标记基因如LacZ，EGFP等。它们的两侧为HVT特异的DNA序列，第二步是将重组质粒导入HVT感染的细胞中，HVT DNA与转移质粒中的同源序列在细胞内发生同源重组，从而将外源基因组装到*HVT*基因组的特定部位，构建出重组病毒，在构建重组质粒时，外源基因两侧的同源序列应大于500bp，同源序列越长越有利于重组。但总的来说，这种方法一般重组概率较低（1/10000～1/10），使重组病毒的筛选十分困难。

新城疫病毒的*F*和*HN*基因重组马立克病毒疫苗、马立克病HVT/MDVgB重组疫苗、传染性法氏囊病病毒*VP2*基因重组HVT活载体疫苗取得很好研究进展。利用口蹄疫病毒、猪瘟病毒重组伪狂犬病病毒活载体疫苗、表达FMDV *VP*1基因及PRV的gⅢ基因的重组牛1型疱疹病毒活载体疫苗研究也取得明显进展。梅里亚公司的威力克（VAXXITEK HVT+IBD）已被FDA批准上市，并在临床应用上取得了很好的免疫效果，大大激励了此方面的疫苗研究工作。

目前，流感病毒利用疱疹病毒载体研究疫苗的工作较少，且皆集中于H5或H7亚型禽流感病毒。2011年，Li等学者将H7N1亚型禽流感病毒的HA插入于HVT的BAC（bacterial artificial chromosome，BAC）载体上，重组载体命名为rHVT–H7HA。将该疫苗免疫1日龄小鸡，试验鸡只均能被诱导产生H7特异性抗体，且不产生NP特异性抗体。此结果表明，该疫苗能使鸡只产生有效的免疫效果，且不影响野毒与疫苗毒感染的检测。进一步攻毒保护试验结果也显示，这些免疫的鸡只均未检测到排毒，表明该疫苗对鸡只具有良好地抗病毒保护作用。2012年，Soejoedono等将高致病性禽流感病毒*HA*基因用HVT表达。临床结果表明，单独使用该疫苗或与流感病毒灭活苗联用，可使攻毒保护率达到80%以上。同年，Rauw等将2.2.1分支高致病性H5N1亚型禽流感病毒的*HA*基因插入于HVT载体中（rHVT–H5）。试验结果表明，该载体疫苗的免疫效果不受母源抗体水平的影响。

四、小RNA病毒载体

近年来以小RNA病毒为活载体的研究令人鼓舞，现已证明脊髓灰质炎病毒疫苗株在实际应用中安全，可口服。病毒容易增殖，感染滴度高。该载体表达的外源蛋白以嵌合形式存在于载体病毒颗粒表面，故免疫效果较理想，如HIVgP41重组脊髓灰质炎病毒可诱导兔产生中和抗体。

小RNA病毒载体疫苗的定义为构建含有外源序列的重组RNA病毒疫苗，涉及对RNA病毒基因组进行遗传改造，模拟病毒基因组在宿主细胞中进行转录和复制，最后产生完整的病毒颗粒。构建重组疫苗载体病毒通常包括以下步骤：将表达重组RNA病毒基因组的质粒与编码病毒蛋白的质粒共转染培养细胞，这些质粒都处于T7启动子的控制之下，利用T7聚合酶转录出重组病毒基因组RNA和编码病毒蛋白的mRNA，进行重组病毒基因组的复制与病毒蛋白的翻译，最后病毒核酸与蛋白包装形成重组病毒颗粒。目前应用最广泛的小RNA病毒载体为甲病毒载体和水疱性口炎病毒载体。

最早尝试研制流感病毒的小RNA病毒载体疫苗工作的是Evelyne Kretzschmar试验组，研究者将甲型流感病毒的血凝素蛋白基因*HA*和神经酰胺酶基因*NA*分别插入到水疱性口炎病毒基因组中，构建了两个反向遗传重组载体，并经反向遗传重组获得这两种重组病毒。*HA*基因插入在G和L蛋白基因之间，*NA*基因插入在M和L蛋白基因之间。由于水疱性口炎病毒的基因组的转录是梯度转录，即越靠近基因组3′端的基因，转录拷贝数越高，因此HA蛋白的数量应该少于G蛋白的数量，NA蛋白的数量应该多于G蛋白的数量。结果表明，重组病毒对小鼠的毒性比原始的病毒明显降低，重组病毒引起的小鼠体重降低情况和神经症状都不明显。随后，该试验组成员又继续对流感病毒的水疱性口炎重组病毒进行了一些改进。第一种重组载体是用HA的胞外区和跨膜区将水疱性口炎病毒G蛋白的胞外区和跨膜区替换掉，但是保留了水疱性口炎病毒G蛋白的细胞内尾，这种病毒能够在体内进行繁殖。第二种重组载体将水疱性口炎病毒的G蛋白基因完全去掉，然后将*HA*基因插入到这个位置。由于缺少了G蛋白的细胞内尾序列，因此需要在稳定表达G蛋白的细胞系内获得重组病毒，并且这种病毒不能进行繁殖。用这两种重组病毒免疫后的小鼠，都能够使实验动物免受流感病毒的感染，更重要的是这两种病毒的毒力因子被敲除，病毒的毒力大为减弱。2014年，Zimmer和Cheresiz等学者分别将H5亚型禽流感病毒的表面基因放于水疱性口炎病毒载体进行表达。研究结果证明，该伪病毒具有较高的感染滴度且有良好的病毒稳定性，为下一步的该方面的疫苗研究工作奠定了基础。

第四节　核酸疫苗

核酸疫苗，也称基因疫苗，是指将含有编码的蛋白基因序列的质粒载体，经肌内注射或微弹轰击等方法导入宿主体内，通过宿主细胞表达抗源蛋白，诱导宿主细胞产生对该抗源蛋白的免疫应答，以达到预防和治疗疾病的目的。

一、核酸疫苗的特点

与传统的灭活疫苗、亚单位疫苗和基因工程疫苗相比，核酸疫苗具有如下优点：① 免疫保护力增强；② 制备简单，省时省力；③ 同种异株交叉保护；④ 产生持久免疫应答；⑤ 贮存、运输方便。

当带有高效表达调控序列的保护性抗原基因导入动物体细胞后，只有少量被细胞摄取而进入细胞核，在载体上的启动子调控下，转录出抗原基因mRNA，后者进入胞质而翻译出相应的抗原蛋白。抗原呈几种方式而呈递到免疫系统：① 抗原在细胞内经加工后与MHC Ⅰ 分子结合呈递到细胞表面，刺激细胞毒性T淋巴细胞（CTL）。② 蛋白质从细胞中释放出来与B细胞受体结合，刺激B细胞。③ 部分释放出的蛋白质被抗原呈递细胞所吸收、降解，然后与MHC Ⅱ 分子结合后刺激辅助性T细胞，最终引发了免疫系统的响应。随着导入途径和部位的不同可引发全身或局部的免疫反应。在全身性的免疫应答反应中，既可激活体液免疫，也可诱发细胞免疫。

潜在危险主要如下：① 质粒DNA可能诱导自身免疫反应，但是人和动物的许多试验表明质粒DNA诱发自身免疫性疾病的可能性较小。② 核酸疫苗长期过高水平地表达外源抗原，可能导致机体对该抗原的免疫耐受。③ 肌内注射质粒后，仅有很少部分被肌细胞所摄取，反复用PCR技术检查血中质粒，结果为阴性，揭示肌内注射后逸入血流的疫苗质粒数量是微不足道的，质粒去向如何尚待进一步阐明。④ 外源DNA注入体内后，可能整合到宿主基因组上，使宿主细胞抑癌基因失活或癌基因活化，使宿主细胞转化成癌细胞，这也许是核酸疫苗的诸多安全性问题中最值得深入研究的地方。

二、流感病毒的核酸疫苗研制须考虑的因素

质粒载体和启动子的是核酸疫苗的主体，表达载体表达抗原蛋白的能力越强，诱发宿主产生的免疫应答能力越强。不同类型的启动子/增强子、内含子序列、翻译起始序列、转录终止序列、mRNA的稳定性等调控元件可直接影响基因表达效率，其中启动子是影响核酸疫苗表达的最重要因素。RSV启动子/增强子的表达水平比SV高1000倍，CMV启动子/增强子的表达水平又比RSV高2倍。一般认为CMV是最理想的启动子。强启动子可以产生较好的免疫应答，但弱启动子可能诱导长期的持续性免疫应答。总之，要求用作核酸疫苗的载体必须具备以下特点：在哺乳动物细胞内能高水平地表达目的基因，本身不复制，不会整合到宿主染

色体中。

在流感病毒核酸疫苗免疫时应特别注意接种部位与方式。随着技术的发展，目前最为有效的核酸疫苗免疫途径是使用基因枪将DNA包被的颗粒注入表皮。这种方法只需比普通注射法低2～3个数量级的DNA，即0.4 μgDNA免疫2次即可产生95%的保护作用。基因枪技术可将核酸导入黏膜下，即可能被黏膜下丰富的黏膜相关淋巴组织中的淋巴细胞或黏膜上皮细胞摄取并表达，产生的抗原蛋白也很容易被局部丰富的抗原提呈细胞（APC）识别、摄取、加工并提呈给Th细胞，进一步激活局部淋巴滤泡中的B细胞分化为浆细胞和Bm细胞，后者产生免疫记忆，前者可合成IgA，且两个IgA单体由 J 链连接在一起，通过黏膜时，由黏膜上皮细胞产生的分泌片与双体IgA连接，组成稳定的分泌型IgA随黏膜分泌液一起排出细胞，分布于黏膜表面，在黏膜局部防御感染中起十分重要的作用。

在流感病毒的核酸疫苗研究中，还须考虑接种剂量与接种次数。核酸疫苗的特点是在体内的表达量低，但是持续时间长。核酸疫苗在动物或临床试验中的免疫程序一般都是3次，大动物或人体的接种量一般为500～1 000 μg。Ulmer等报告，给小鼠分别注射1～100 μg甲型流感病毒HA或NP DNA疫苗，结果抗HA和抗NP水平与接种剂量呈正相关。

最后，在流感病毒的核酸疫苗研究中，还应考虑疫苗与免疫佐剂同时或预先应用，是否能增强机体针对抗原的免疫应答能力，或改变免疫应答类型。

三、猪流感病毒核酸疫苗的研究现状

核酸疫苗的研究是近十几年发展起来的一项新的生物技术，但它已成为疫苗研究领域中的热点之一。美国FAD已批准乙肝疫苗等10余种DNA疫苗进入临床试验，这预示核酸疫苗在21世纪将成为人类和动物与各种疾病抗争的有利武器，也显示出核酸疫苗的巨大潜力和应用前景。

猪流感病毒的核酸疫苗研制情况如何呢？Macklin等构建了表达

H1N1亚型猪流感病毒HA的核酸疫苗。该苗免疫猪后，用同型病毒攻毒，取得了良好的保护效果。表达HA的质粒经基因枪皮内免疫，诱导了低水平的体液免疫反应，虽不能抑制病毒的初始感染，但随后的病毒增殖得到了抑制，从而在感染早期使病毒得以清除，起到了一定的保护作用。与商品化的流感灭活疫苗相比，表达HA的核酸疫苗诱导了与该核酸疫苗相当的抗体水平，并同样抑制了攻击病毒的繁殖，在感染早期使病毒得以清除。同时，表达NP的核酸疫苗虽然诱导了高水平的体液免疫应答，但是没有检测到对病毒攻击的保护作用；另外，试验结果还显示，用病毒攻击核酸疫苗免疫的小鼠，攻毒后诱导了高水平的抗体。这表明核酸疫苗免疫诱导了强烈的免疫记忆，这提示核酸作为基础免疫疫苗与其他疫苗配合使用可能会更有效。基于上述理论，Larsen等用表达流感病毒HA的核酸疫苗免疫猪，4周后用灭活疫苗加强免疫，结果显示这种免疫策略诱导了更高水平的抗体，并且给免疫猪提供了比两次核酸疫苗免疫更完全的保护。2013年，Bragstad等制备了表达pandemic 2009 H1N1流感病毒的HA和NA的核酸疫苗，并免疫猪。试验结果表明，免疫疫苗的猪只能完全抵抗pandemic 2009 H1N1流感病毒的攻击。

除了表达整个流感病毒蛋白的核酸疫苗外，也有学者设计研究了表达T或B细胞表位的核酸疫苗。2012年，Wei等用两个B细胞表位（HA91–108，M2e）和两个T细胞表位（NP366–374，NP380–393）共插入或单独插入于pcDNA3.1载体。这些T、B细胞表位在不同亚型的猪流感病毒中较为保守。将不同组合的质粒免疫小鼠，结果显示，这些核酸疫苗均能诱导机体产生体液免疫和细胞免疫。随后，该学者又用pcDNA3.1载体表达B细胞表位（HA2.30–130）、T细胞表位（NP55–69）以及CTL表位（NP147–158）。首先，在体外试验中用293FT细胞证明这些表位的表达。接着，此核酸疫苗通过肌内注射途径免疫了10只小鼠，结果表明，该核酸疫苗能诱导全部的小鼠产生T细胞表位特异的免疫反应，且还引发其中的2只小鼠产生了B细胞表位特异性免疫反应。与死亡的对照组比较，疫苗免疫的小鼠均能抵抗致死性的病毒攻击。

但由于核酸疫苗蛋白表达量低，激发的免疫应答较弱，从而限制了它的应用。因此，提高核酸疫苗的免疫效果已成为基因免疫研究的热点。一系列的研究表明，多拷贝的C3d分子与靶抗原偶联极大地提高了特异抗原的免疫应答水平。李国新等在C3d分子增强猪流感病毒核酸疫苗方面进行了研究。他构建了四种表达不同形式HA的质粒核酸，分别为：表达分泌型HA的质粒pCAGGs–sHA，表达全长HA的质粒pCAGGs–tlnHA和融合表达三拷贝C3d（鼠源和猪源）与HA的质粒pCAGGs–sHA/mC3d3和pCAGGs–sHA/sC3d3。四种质粒与空载体pCAGGs分别免疫BALb/c小鼠后，分别用ELISA检测抗HA抗体水平，并用硫氰酸盐洗脱法检测抗体亲和力水平。结果显示，免疫后第8周，pCAGGs–sHA组与pCA–tmHA组的抗体水平没有明显差别，而pCAGGs–sHA/mc3d3和pCAGGs–sHAlsC3d3免疫组的抗体水平显著高于这两组，并具有更强的抗体亲和力。淋巴细胞增殖试验及细胞因子检测试验结果显示，免疫后第8周，pCAGGs–tmHA诱导了更强的淋巴细胞增殖反应和更高水平的IFN–γ，而pCAGGs–sHA/mC3d3和pCAGGs–sHA/sC3d3诱导了更高水平的IL–4。结果说明，HA表达形式的变化影响了免疫反应的类型，C3d与HA融合后通过诱导IL–4的产生而使免疫反应倾向于ThZ型。在随后的同型或异型病毒攻击试验中，通过对攻击病毒的分离，攻击病毒在免疫小鼠体内的分布情况以及攻毒后的免疫小鼠的病理变化的检测，证实这四种质粒，都在不同程度上加速了核酸疫苗对同型攻击病毒的清除，对免疫小鼠产生了一定的保护作用。而pCAGGs–sHA/mC3d3和pCA–sHA/sC3d3免疫的小鼠对异型毒的攻击也产生了一定的保护作用。结果表明，三拷贝分子佐剂C3d与分泌型HA融合后显著提高了核酸疫苗诱导的抗体水平，加速了抗体亲和力成熟，并可以部分抵抗异型病毒的攻击。另外，结果也表明，猪源补体C3d可以用小鼠做模型来评价其分子佐剂的效力。总之，融合表达三拷贝C3d与HA的质粒核酸可能作为猪流感的候选疫苗，为预防多种亚型的猪流感疫苗的研究探索了新的思路。

第五节 通用疫苗

流感病毒是一类相当多变的病毒，在每年的流感季节总会暴发出现新种类病毒。每次流感大流行都给人类、动物的健康及社会经济发展带来灾难性打击。疫苗是应对流感最好的保护工具，目前使用的多种类型的流感疫苗的机理主要是诱导机体产生针对流感病毒HA和NA的保护性抗体，但是甲型流感病毒表面抗原能连续不断地发生抗原漂移及抗原转换，这就需要相关机构密切监测病毒流行情况，预测可能会流行的病毒株并根据于此制备出疫苗候选株用于每年季节性流感疫苗的生产，疫苗生产储备工作也因此变得烦琐、耗时、耗力。由于流感病毒的高度变异性，可能发生的无法预料的病毒株引起流行与大流行，特别是新甲型H1N1流感病毒在全球蔓延，严重威胁到了人类和猪的健康。

既然这样为何还要浪费时间和精力在特定的疫苗中，而不先研发通用疫苗？研发通用疫苗比制造特定毒株的疫苗要困难很多。好的疫苗要能够刺激机体的免疫反应，使得在流感季节时免疫系统能够识别病毒。但不幸的是，能够触发免疫系统的流感病毒蛋白是很容易突变的，这就为研究工作带来了很大的挑战。

科学家和疫苗生产厂家正在全力以赴，努力研制出能抑制所有类型流感的，所谓的“通用流感疫苗”。他们的目标是提供一种能抑制所有季节性和流行性流感病毒的疫苗，像接种麻疹疫苗和小儿麻痹症疫苗那样，即使不能保证终生免疫，也要保证在几年内保护人们不受病毒感染。这个通用原则将改变研制流感疫苗的方式。这种一劳永逸的疫苗也将终止每年年初科学家们都要做的“猜谜游戏”。每年，他们都要通过猜测来确定随后而来的冬季所需的季节性疫苗应该包括哪些菌株。如果猜错了，疫苗的作用也就小了。

目前，研究者发现了多种有效的通用型流感疫苗靶抗原，这些抗原主要位于M2、HA以及NP蛋白的保守区域，在动物模型中显示了较好的型间或亚型间交叉保护效果，预示着通用型流感疫苗的广阔应用前景。但是也应该注意到，通用型疫苗的发展面临许多问题和困难。由于动物模型间保护效果存在差异，上述通用疫苗的作用机理、临床试验的安全性及有效性仍待进一步研究。研究出易于生产和广泛使用的疫苗仍然是目前通用型流感疫苗研究面临的重要问题。通用型疫苗的靶抗原在自然感染中一般仅能诱发较弱的免疫保护反应，在提高这类抗原免疫保护效果的同时，也会明显增强这类抗原的非保护性免疫反应，应该警惕由此可能带来的免疫病理反应。

一、基于*HA*基因的通用疫苗

流感病毒*HA*基因在流感病毒感染细胞的过程中起着十分重要的作用，其产物HA蛋白是流感病毒最主要的保护性抗原。它不仅可以刺激机体产生中和抗体，并能引起细胞毒性T淋巴细胞反应，从而起到免疫保护作用，还能在流感病毒同一亚型的不同毒株间产生一定的交叉保护效力。因此，虽然HA存在抗原变异率高这一缺点，但是在流感疫苗的研制中，*HA*基因仍成为首选基因。

HA蛋白的结构分球状头部和茎部。当病毒感染细胞时，病毒表面的HA结合与细胞膜相结合，从而脱掉信号肽成为HA前体（HA0），在宿主蛋白酶的作用下裂解为两个HA1和一个HA2亚单位。HA1亚单位构成球状头部，含受体结合位点（RBS）和抗原决定簇，具有很高的变异性；HA2与部分HA1片段构成茎部，其锚定在病毒囊膜脂质双层中，是高度保守的区域。这些保守区域中的部分是作为表面环暴露在HA0上，特别是HA2 N端的11个氨基酸，称之为融合多肽，在所有甲型流感病毒的亚型中其都具有高度的保守性，在乙型流感病毒中也仅有2个氨基酸的差异。

因此，基于HA1/HA2保守区域的通用疫苗也是一个研究热点。针对上述表位的单抗C179在体外可中和H1、H2、H5及H6亚型病毒；接种小鼠能抵御H2N2病毒对肺脏的感染，并能对H1N1病毒的攻击产生有效保护。此外，针对此区域的单抗CR6261能够抵抗致死性H5N1或H1N1流感病毒攻击，其原理是该单抗可以阻断膜融合相关的构象重排。因此，Ekiert等针对HA2上的融合多肽区域制备的单抗CR6261能够抵抗致死性H5N1和H1N1流感病毒攻击。Bianchi等利用B型流感病毒HA0的高度保守序列，包括切割位点来制备合成多肽疫苗，该疫苗能够产生很好的抗体滴度。在攻毒试验中，该疫苗能够很好的降低病毒在小鼠肺脏中的复制并且具有广泛的交叉保护效力。Yoshida等发现位于HA1的B抗原决定簇上有能够对A型流感病毒的H1、H2、H3、H5、H9和H13亚型产生良好交叉保护效力的抗原表位，制备针对此表位的单抗MAb S139/1，经检测MAb S139/1不仅具有中和活性和血凝抑制活性，而且免疫小鼠试验表明该疫苗具有较好的异源保护效力。此外，Prabhu制备了针对HA保守区域（GLFGAIAGF）的单抗1C9，这个保守区域是融合多肽的一部分，用其免疫小鼠可提供100%的保护抵御来自两株亲缘关系较远的高致病性H5N1毒株（A/Vietnam/1203/2004和A/Indonesia/TLL013/06）的攻击。

除了HA的保守序列及表位外，还有学者从免疫的策略及方法上进行了疫苗的改善，以提高“通用”的能力。由于大多数保护性抗体直接针对HA分子多变的头部，而针对HA分子保守柄部的保护性抗体数量较少，但此类抗体却能对多数流感病毒株产生阻断感染的作用。因此，美国纽约西奈山医学院的Steel等构建了一种只含有流感HA的柄部，即缺乏球状头部的免疫原，将其免疫小鼠。结果显示该疫苗产生的抗体水平明显高于含有全部HA的疫苗，而且对致死性的病毒的攻击提供一定的保护。此外，美国国立卫生研究院NIAID疫苗研究中心的Wei等先用含H1HA编码序列的质粒DNA对小鼠进行初次免疫，再用可表达含相同HA编码序列的重组腺病毒进行加强免疫，结果表明：免疫后小鼠的血清能中和H1N1、H2N2和H5N1流感病毒，免疫组的小鼠还能抵御H1N1病毒的攻击，用类似的方案免疫雪貂也获得了相同的保护效果。

2013年，流感病毒通用疫苗的研究有了重大突破，研究成功了自我组装的通用流感疫苗。这一突破性的研究成果于当年5月22日发表在《Nature》杂志上。血凝素HA是流感病毒衣壳上的主要抗原性蛋白，而铁蛋白ferritin是能够自然形成球状簇的离子转运蛋白。Masaru Kanekiyo将这两种蛋白融合起来，生成能够自动装配的HA–ferritin复合体。该复合体从铁蛋白核心伸出由HA组成的八个突起，模拟流感病毒衣壳上的天然HA突起。研究人员将上述纳米颗粒分别注射到小鼠和雪貂体内，发现纳米颗粒诱导的抗体水平比传统疫苗高得多，在小鼠试验中高34倍，雪貂试验中高10倍。Nabel认为，与真正的病毒相比，纳米颗粒上的HA分子没那么密集，也不会被其他衣壳蛋白遮蔽，能让免疫系统获取更全面的信息。此外，这些研究人员用1999年H1N1菌株的HA来制造纳米颗粒，他们随后发现这些纳米颗粒也能帮助雪貂抵抗许多其他H1N1菌株，包括2007年流行的H1N1菌株。这意味着，新型疫苗具有预防未来流感菌株的潜力。从理论上说，一旦鉴定了可能流行的新病毒株，就可以快速生产出相应的纳米颗粒疫苗。

二、基于*M*基因的通用疫苗

大多数对于流感通用疫苗的研究都集中在流感的保守区域，这些保守区域在许多毒株上都是相同的或者差异较小。相对于HA和NA而言，流感病毒M2蛋白的胞外区编码序列M2e高度保守，在目前发现的人流感病毒中几乎没有发生变化。不同亚型流感病毒的M2e序列有很高的相似性，Liu等对716株A型流感病毒的M2e序列进行分析发现，只有少数位点发生了氨基酸突变。此外，M2蛋白的抗血清能有效抑制流感病毒的复制，更为重要的是M2e蛋白诱导的保护性免疫具有很高的广谱性，因此M2e成为能够诱导交叉保护效力的通用流感疫苗的理想靶抗原。目前，关于M2e通用疫苗的研究主要采用了以下几种方法。

1. 基于M2e蛋白的DNA疫苗 Lalor等将甲型流感病毒的M2蛋白及*NP*或*HA*全基因分别与载体质粒相连接，构建了真核表达质粒VR10551/M2，加以佐剂Vaxfectin分别免疫BALb/c小鼠和雪貂，并用致死量的流感病毒A/Vietnam/1203/04（H5N1）攻击小鼠和雪貂。结果显示经重组质粒VR10551/M2免疫的小鼠和雪貂的存活率明显高于对照组，并且基本没有发病特征。Tompkins等报道小鼠免疫包含M2e全长的DNA疫苗后，能够抵御致死性流感病毒的攻击。此外，他们对小鼠首免基于M2e的DNA疫苗，二免时使用M2e重组腺病毒疫苗，这显著增强了小鼠的T细胞免疫水平，产生的抗体针对人源和禽源流感病毒M2蛋白的交叉反应能力也明显上升，免疫后小鼠能够抵御H5N1病毒的致死性攻击。

2. 基于M2e蛋白的合成肽疫苗 Mozdzanowska等将M2e在甘露糖骨架上通过共价键与HA上，2个抗原肽相连，该抗原肽能与辅助性T细胞（TH）的决定簇肽链特异结合，从而构建多能抗原肽（Multiple antigen peptide，MAP），免疫小鼠试验结果发现血清中能检测到高水平的抗M2e特异性抗体。攻毒试验发现该疫苗能够保护小鼠抵抗流感病毒的攻击，而且可有效抑制病毒的复制。Fan等将M2e合成肽分别与KLH和脑膜炎淋球菌OMPC偶连，在鼠、雪貂和猴子中进行免疫保护试验，结果显示M2e合成肽在这3种动物中都有很好的免疫原性，免疫小鼠后可对致死性H1和H3亚型流感病毒攻击产生免疫保护，并能降低病毒在小鼠和雪貂下呼吸道的复制；含M2抗体的猴血清接种小鼠后也对致死性病毒攻击有保护作用。研究者发现单克隆抗体（M2e8–7）可识别M2e的保守区域SLLTEVET，在MDCK细胞中对Hl和H3亚型流感病毒的复制均有抑制作用，第5位的苏氨酸和第6位的谷氨酸在M2e抗原决定簇中起着重要作用。Zou等根据M2e抗原决定簇制备的单克隆抗体（8C6）能够抵御各型流感病毒的感染，通过定点突变的方法他们发现抗原表位中的苏氨酸和精氨酸在8C6中的作用最为关键。

3. 基于M2e的基因工程亚单位疫苗 Slepushkin等将流感病毒A/Ann/Arbor/6/60（H2N2）的M2蛋白通过杆状病毒载体在sf9细胞中表达，

将获得的Bac－M2蛋白免疫小鼠后，检测死亡率、免疫保护效应以及体重等指标。结果表明：该疫苗可以保护小鼠免受同型或异型甲型流感病毒致死性的A/Hong Kong/1/68（H3N2）的攻击，但对B型流感病毒B/Ann Arbor/1/55的感染不能起到交叉保护作用。Neirynck等将M2e连入乙肝病毒核心抗原（HBc）的N端，在大肠杆菌中表达，用纯化的病毒蛋白经腹膜内或鼻腔途径免疫小鼠，对致死性流感病毒攻毒可产生90%～100%的保护，该疫苗研究现已进入Ⅰ期临床试验阶段，给流感病毒通用疫苗的研制带来了曙光。

4. 利用反向遗传技术构建的M2蛋白的基因缺失活疫苗　Watanabe等将流感病毒A/Udom/72（H3N2）的*M*基因进行突变，将M2蛋白跨膜区29～31位的氨基酸去除，与病毒株A/WSN/33（H1N1）的其他基因共同构建了M2del29－31流感病毒。试验表明：与野生型病毒株相比，M2del29－31在细胞中生长情况没有明显改变，但在小鼠体内的生长性能却减慢。免疫及攻毒试验表明M2del29－31能够刺激小鼠产生显著的抗体反应，用致死剂量的野生型毒株A/WSN/33（H1N1）攻击后，免疫组的小鼠可产生明显的保护作用。

三、基于*NP*基因的通用疫苗

除了基于M2e和HA蛋白的通用型流感疫苗外，研究者对基于流感病毒其他蛋白的通用型疫苗也进行了广泛研究。流感病毒NP蛋白非常保守，具有型特异性，NP蛋白在同型病毒间的氨基酸同源性高于90%。因此，NP蛋白是流感病毒分型的主要依据之一，也是动物模型中研究最早的具有交叉保护效果的抗原。研究发现，NP蛋白通过诱发机体产生杀伤性T淋巴细胞产生免疫应答，且在A型流感病毒的不同亚型之间具有很高的交叉反应活性。研究人员将A/PR8/34（H1N1）株流感病毒的*NP*基因重组到痘病毒中进行表达，免疫小鼠后可以产生特异性的抗体，对人源的A/Aichi2/68（H3N2）毒株和禽源的A/Mallard/Pennsylvania/10218/84

（H5N2）毒株攻毒均可产生免疫保护。Nest等将流感病毒A/PR/8/34（H1N1）的NP蛋白利用昆虫杆状病毒系统进行表达，并且将NP蛋白和CpG寡核苷酸佐剂（Immunostimulatory sequence，ISS）以混合或偶联等不同方式免疫小鼠。试验结果表明，NP–ISS偶联的疫苗免疫效果是最好的，对不同亚型流感病毒A/Hong Kong/68（H3N2）交叉保护率达到80%。Saha等将NP与1型单纯疱疹病毒的间层蛋白VP22融合制备VP22/NP质粒DNA疫苗，免疫小鼠发现VP22/NP质粒DNA疫苗能提供较好交叉保护效力。还有研究者将NP蛋白与流感病毒其他保守蛋白进行偶联，制备通用疫苗。Rao等制备了M2+NP+HA的疫苗，与其制备的M2+NP疫苗相比，该疫苗不仅能够产生较高的抗体滴度，而且对病毒的攻击能够起到很好的保护作用。

参考文献

Bragstad K, Vinner L, Hansen MS, et al. 2013. A polyvalent influenza A DNA vaccine induces heterologous immunity and protects pigs against pandemic A(H1N1)pdm09 virus infection [J]. Vaccine, 31(18): 2281–2288.

Chen BJ, Leser GP, Morita E, et al. 2007. Influenza virus hemagglutinin and neuraminidase, but not the matrix protein, are required for assembly and budding of plasmid-derived virus-like particles [J]. J Virol, 81: 7111–7123.

Cheresiz SV, Kononova AA, Razumova YV, et al. 2014. A vesicular stomatitis pseudovirus expressing the surface glycoproteins of influenza A virus [J]. Arch Virol, 159: 2651–2658.

Cox MM, Hollister JR. FluBlok. 2009. a next generation influenza vaccine manufactured in insect cells [J]. Biologicals, 37(3): 182–89.

Cui H, Gao H, Cui X, et al. 2013. Avirulent Marek's disease virus type 1 strain 814 vectored vaccine expressing avian influenza (AI) virus H5 haemagglutinin induced better protection than turkey herpesvirus vectored AI vaccine [J]. PLoS One, 8(1): e53340.

De Jong JC, Paccaud MF, et al. 1988. Isolation of swine-like influenza A(H1N1) viruses from man in Switzerland and The Netherlands [J]. Ann Inst Pasteur Virol, 139(4): 429–437.

Dormitzer PR, Galli G, Castellino F, et al. 2011. Influenza vaccine immunology [J]. Immunol Rev, 239(1): 167–177.

Erdman MM, Kamrud KI, Harris DL, et al. 2010. Alphavirus replicon particle vaccines developed for use in humans induce high levels of antibodies to influenza virus hemagglutinin in swine: proof of concept [J]. Vaccine, 28(3): 594–596.

Evans D, Cauchemez S, Hayden FG. 2009. "Prepandemic" immunization for novel influenza viruses, "swine flu" vaccine, Guillain-Barré syndrome, and the detection of rare severe adverse events [J]. J Infect Dis, 200(3): 321–328.

Fontana JM, Christos PJ, Michelini Z, et al. 2014. Mucosal immunization with integrase-defective lentiviral vectors protects against influenza virus challenge in mice [J]. PLoS One, 9(5): e97270.

Goodman AG, Heinen PP, Guerra S, et al. 2011. A human multi-epitope recombinant vaccinia virus as a universal T cell vaccine candidate against influenza virus [J]. PLoS One, 6(10): e25938.

Harris AK, Meyerson JR, Matsuoka Y, et al. 2008. Influenza Other Respir Viruses, 2(3): 99–105.

Jürgen A Richt, Richard J Webby. 2013. Current topics in microbiology and immunology : swine influenza [M] . Springer Berlin Heidelberg.

Kanekiyo M, Wei CJ, Yassine HM, et al. 2013. Self-assembling influenza nanoparticle vaccines elicit broadly neutralizing H1N1 antibodies [J]. Nature, 499(7456): 102–106.

Khanna M, Sharma S, Kumar B, et al. 2014. Immunity Based on the Conserved Hemagglutinin Stalk Domain and Its Prospects for Universal Influenza Vaccine Development [J]. Biomed Res Int: 546274.

Krammer F, Schinko T, Palmberger D, et al. 2010. Trichoplusia ni cells (High Five) are highly efficient for the production of influenza A virus-like particles: a comparison of two insect cell lines as production platforms for influenza vaccines [J]. Mol Biotechnol, 45(3): 226–34.

Kuntz-Simon G, Madec F. 2009. Genetic and antigenic evolution of swine influenza viruses in Europe and evaluation of their zoonotic potential [J]. Zoonoses Public Health, 56(6–7): 310–325.

Kyriakis CS, Gramer MR, Barbé F, et al. 2010. Efficacy of commercial swine influenza vaccines against challenge with a recent European H1N1 field isolate [J]. Vet Microbiol, 144(1–2): 67–74.

Larsen DL, Olsen CW. 2002. Effects of DNA dose, route of vaccination, and coadministration of porcine interleukin-6 DNA on results of DNA vaccination against influenza virus infection in pigs [J]. Am J Vet Res, 63(5): 653–659.

Ledgerwood JE, Zephir K, Hu Z, et al. 2013. Prime-boost interval matters: a randomized phase 1 study to identify the minimum interval necessary to observe the H5 DNA influenza vaccine priming effect [J]. J Infect Dis, 208(3): 418–422.

Li Y, Reddy K, Reid SM, et al. 2011. Recombinant herpesvirus of turkeys as a vector-based vaccine against highly pathogenic H7N1 avian influenza and Marek's disease [J]. Vaccine, 29(46): 8257–8266.

Lin HX, Ma Z, Fan HJ, et al. 2012. Construction and immunogenicity of recombinant swinepox virus expressing capsid protein of PCV2 [J]. Vaccine, 30(44): 6307–6313.

Lingwood D, McTamney PM, Yassine HM, et al. 2012. Structural and genetic basis for development of broadly neutralizing influenza antibodies [J]. Nature, 489(7417): 566–570.

Lu Y, Welsh JP, Swartz JR. 2014. Production and stabilization of the trimeric influenza hemagglutinin stem domain for potentially broadly protective influenza vaccines [J]. Proc Natl Acad Sci USA, 111(1): 125–130.

Ma W, Vincent AL, Gramer MR, et al. 2007. Identification of H2N3 influenza A viruses from swine in the United States [J]. Proc Natl Acad Sci USA, 104(52): 20949–20954.

Macklin MD, McCabe D, McGregor MW, et al. 1998. Immunization of pigs with a particle-mediated DNA vaccine to influenza A virus protects against challenge with homologous virus [J]. J Virol, 72(2): 1491–1496.

Newman AP, Reisdorf E, Beinemann J, et al. 2008. Human case of swine influenza A (H1N1) triple reassortant virus infection, Wisconsin [J]. Emerg Infect Dis, 14(9): 1470–1472.

Olsen CW, Karasin AI, Carman S, et al. 2006. Triple reassortant H3N2 influenza A viruses, Canada, 2005 [J]. Emerg Infect Dis, 12(7): 1132–1135.

Prabhu N, Prabakaran M, Ho HT, et al. 2009. Monoclonal antibodies against the fusion peptide of hemagglutinin protect mice from lethal influenza A virus H5N1 infection [J]. J Virol, 83(6): 2553–2562.

Pushko P, Kort T, Nathan M, et al. 2010. Recombinant H1N1 virus-like particle vaccine elicits protective immunity in ferrets against the 2009 pandemic H1N1 influenza virus [J]. Vaccine, 28(30): 4771–4776.

Pushko P, Tumpey TM, Van Hoeven N, et al. 2007. Evaluation of influenza virus-like particles and Novasome adjuvant as candidate vaccine for avian influenza [J]. Vaccine, 25(21): 4283–4290.

Quan FS, Huang C, Compans RW, et al. 2007. Virus-like particle vaccine induces protective immunity against homologous and heterologous strains of influenza virus [J]. J Virol, 81(7): 3514–3524.

Rauw F, Palya V, Gardin Y, et al. 2012. Efficacy of rHVT-AI vector vaccine in broilers with passive immunity against challenge with two antigenically divergent Egyptian clade 2. 2. 1 HPAI H5N1 strains [J]. Avian Dis, 56(4 Suppl): 913–922.

Schneemann A, Speir JA, Tan GS, et al. 2012. A virus-like particle that elicits cross-reactive antibodies to the conserved stem of influenza virus hemagglutinin [J]. J Viro, 86(21): 11686–

11697.

Shinde V, Bridges CB, Uyeki TM, et al. 2009. Triple-reassortant swine influenza A (H1) in humans in the United States, 2005–2009 [J]. N Engl J Med, 360(25): 2616–2625.

Soboll G, Horohov DW, Aldridge BM, et al. 2003. Regional antibody and cellular immune responses to equine influenza virus infection, and particle mediated DNA vaccination [J]. Vet Immunol Immunopathol, 94(1–2): 47–62.

Soejoedono RD, Murtini S, Palya V, et al. 2012. Efficacy of a recombinant HVT-H5 vaccine against challenge with two genetically divergent Indonesian HPAI H5N1 strains [J]. Avian Dis, 56(Suppl): 923–927.

Stratton KRInstitute of medicine (U. S.) immunization safety review committee. 2004. Immunization safety review: Influenza vaccines and neurological complications [M]. Washington: National Academies Press.

Van Reeth K, Brown IH, Dürrwald R, et al. 2008. Seroprevalence of H1N1, H3N2 and H1N2 influenza viruses in pigs in seven European countries in 2002–2003 [J]. Influenza Other Respir Viruse, 2(3): 99–105.

Van Reeth K, Van Gucht S, Pensaert M. 2003. Investigations of the efficacy of European H1N1-and H3N2-based swine influenza vaccines against the novel H1N2 subtype [J]. Vet Rec, 153(1): 9–13.

Vander Veen RL, Loynachan AT, Mogler MA, et al. 2012. Safety, immunogenicity, and efficacy of an alphavirus replicon-based swine influenza virus hemagglutinin vaccine [J]. Vaccine, 30(11): 1944–1950.

Wei CJ, Boyington JC, McTamney PM, et al. 2010. Induction of broadly neutralizing H1N1 influenza antibodies by vaccination [J]. Science, 329(5995): 1060–1064.

Wei H, Lenz SD, Thompson DH, et al. 2014. NA-epitope vaccine provided efficient protection to mice against lethal dose of influenza A virus H1N1 [J]. Viral Immunol, 27(1): 14–19.

Wesley RD, Tang M, Lager KM. 2004. Protection of weaned pigs by vaccination with human adenovirus 5 recombinant viruses expressing the hemagglutinin and the nucleoprotein of H3N2 swine influenza virus [J]. Vaccine, 22(25–26): 3427–3434.

Xu J, Huang D, Xu J, et al. 2013. Immune responses and protective efficacy of a recombinant swinepox virus co-expressing HA1 genes of H3N2 and H1N1 swine influenza virus in mice and pigs [J]. Vet Microbiol, 162(1): 259–264.

Xu J, Yang D, Huang D, et al. 2003. Protection of guinea pigs by vaccination with a recombinant swinepox virus co-expressing HA1 genes of swine H1N1 and H3N2 influenza viruses [J]. Arch Virol, 158(3): 629–637.

Yoshida R, Igarashi M, Ozaki H, et al. 2009. Cross-protective potential of a novel monoclonal antibody directed against antigenic site B of the hemagglutinin of influenza A viruses [J]. PLoS Pathog, 5(3): e1000350.

Zhang Z, Chen W, Ma C, et al. 2014. Construction of recombinant Marek's disease virus (MDV) lacking the meq oncogene and co-expressing AIV-H9N2 HA and NA genes under control of exogenous promoters [J]. J Biotechnol, 181: 45–54.

Zimmer G, Locher S, Berger Rentsch M, et al. 2014. Pseudotyping of vesicular stomatitis virus with the envelope glycoproteins of highly pathogenic avian influenza viruses [J]. J Gen Virol, 95: 1634–1639.

Zimmer SM, Burke DS. 2009. Historical perspective–Emergence of influenza A(H1N1)viruses [J]. N Engl J Med, 361(3): 279–285.

第十章

猪流感防控

第一节 猪流感防控策略

一、制定猪流感防控策略的重要性

（一）猪流感的危害

1. 生产上的危害　猪流感（Swine influenza，SI）是由正黏病毒科猪流感病毒（Swine influenza virus，SIV）引起的一种急性高度接触传染性的群发性猪呼吸道疾病，临床以起病急、病程短、传染性大、高热并伴有明显呼吸道症状为主要特征。病猪常常表现出精神沉郁，食欲降低或废绝，常挤卧一起，肌肉关节痛、不愿活动、尖叫，呼吸急促、困难，咳嗽，眼分泌物增多，眼结膜潮红，从鼻孔流出清水或浓稠鼻涕，部分猪口腔有白色分泌物（白沫）流出。单纯SI的病理变化主要表现为病毒性肺炎及其他呼吸器官的炎性变化，有其他病原继发或混合感染时，病理变化会严重而复杂，多因并发肺炎、支气管肺炎、胸膜炎、猪肺疫、链球菌等而死亡。SIV不但可引起猪呼吸系统疾病，而且可造成妊娠母猪发生繁殖性疾病。在大群水平上可观察到以下现象：母猪群突然发病，迅速传播；出现咳嗽、肺炎，并迅速传播；7～10d后临床症状退却；母猪断奶后到发情的天数延长；21d返情的母猪增多；21d以外返情的母猪增多；假妊娠的母猪增多；流产率升高，尤其是晚期流产；死产率和分娩过程缓慢的情况增多；产木乃伊胎数量偶尔也会增多。Wesley对再次感染SIV的血清阳性妊娠母猪的产子情况进行研究，发现再次感染SIV会影响新生仔猪的存活量，导致每头试验母猪产下的死胎达到2～3头。猪流感是规模化养猪场普遍存在且难以根除的猪群发性疾病，不仅可以直接引起患猪死亡，而且使患猪生产性能下降、恢复缓慢、上市晚，直接影响猪群健康状态和猪的质量，对养猪业危害极大。在英国，猪流感在养猪业中有很大的经济影响，猪感染SIV后，每头猪损失7英镑，由此每年给养猪业造成的损失达到6.5亿英镑。据统计，在我国每年因动物疫病死亡造成的直接经济损失为260亿～300亿元人民币，而由于生产性能下降，饲料、人工浪费及药物消耗等造成的间接经济损失高达800亿元人民币，而SIV是猪呼吸道病综合征的原发性致病原，由于SIV对呼吸道上皮具有高度的亲嗜性，能导致呼吸道上皮管壁受损，导致诸如巴氏杆菌、猪2型链球菌、猪呼吸道冠状病毒（PCRV）、猪繁殖与呼吸综合征病毒（PRSSV）等多种其他的猪呼吸道病原继发感染。这将会使疫情变得更为复杂，病情加重、死亡率增高，由此引起的经济损失更是无法估量。

2．对人类公共卫生学的危害　猪被认为是人、禽流感的“混合器”。猪在禽–猪–人的种间传播链中扮演着流感病毒中间宿主及多重宿主的角色。猪作为流感病毒的贮存宿主，先前在人群中流行的流感毒株一直贮存在猪体内，等人群中该流感病毒消失后，该流感毒株又可以由猪传染给人。研究证实，引起1957年亚洲猪流感和1968年中国香港流感的H2N2和H3N2毒株都经过猪体内的基因重组。猪流感与人流感密切相关，引起历史上流感3次大暴发的病原H1N1、H1N2、H3N2亚型流感病毒，均由当时存在于禽类的流感病毒和人的流感病毒在猪体内重组或突变而来。H1、H3、H5、H9等多种亚型SIV具有非常重要的公共卫生意义，因此非常有必要对猪流感加强监测。

（二）防控猪流感的意义

越来越多的资料表明，猪作为流感病毒的“混合器”，在流感病毒跨种属屏障传播给新宿主的过程中，发挥着重要作用。只有把病毒消灭在动物这个环节上，人类才能感到安全。禽、人流感病毒在猪这种中介载体中结合，并发生基因变异，产生一种可以在人群中传播的新型流感病毒的风险极大，已经成为公共卫生的巨大潜在威胁。因此，预防猪流感不仅对畜牧业的健康发展具有重要意义，而且对全球的公共卫生安全具有战略意义。

二、猪流感防控策略

（一）监测

1. 加强猪流感监测的必要性

（1）对猪流感实行监测是防控工作的基础　目前，国内外人、猪、禽流感发生日益频繁，危害日益严重。对目前存在和流行的毒株进行有效的监测和分析，可以有效地预防控制流感的发生，及时把握流感病毒发生发展的趋势，减少可能造成的损失。

（2）对猪流感实行监测可以促进养殖业健康发展　猪能感染多种禽流感病毒。从猪群中能分离到H4、H6、H9等主要存在于禽类中的流感毒株。禽流感毒株的基因片段也可通过与SIV毒株进行重组继而在猪群中留存。当SIV反传给禽类，特别是传给了野禽，将会加大SIV的传播范围，同时也增加了*AIV*基因的多样性，促进了流感病毒在禽体内的进化。由此可见，SIV不仅会对养猪业有影响，同时也会给养禽业带来危害。因此，加强猪流感的监测可为禽流感流行毒株的分析及预测提供基础，从而可以一定程度上促进我国养殖业的健康、稳定、持续发展。

（3）对猪流感实行监测可以及时为人群中存在的流感毒株监测提供重要的预警信息　通过对SIV进行长期有效的监测，可以为人群公共卫生提供有关信息。对猪群的监测可以反映出流感病毒在猪群中的流行情况，进而间接反映流感病毒在人群中流行的现状。

2. 猪流感监测策略设计

（1）监测目的　掌握和了解SIV在我国的流行和暴发状况以及流行

规律。建立有效的猪流感疫情监测体系，采集的数据同时可为分析人、禽流感流行情况提供可靠依据。针对有可能感染人类的毒株，通过有效监测可以及时发现、诊断和报告疫情，从而严格控制疫情在猪群的传播和扩散，确保公共卫生安全。通过对猪群中的SIV流行情况可以评价该疫病在畜牧生产上的经济意义和公共卫生意义，识别感染猪群，对疫苗和药物的使用提供理论依据及数据支持，指导防控策略和措施的制定。

（2）监测方法　对于猪群中SIV的监测主要可分为日常监测和应急监测。

① 日常监测　临床监测，通过猪场养殖工人、驻场兽医和屠宰场检疫人员对其接触的猪群进行持续的临床观察。当发现疑似临床病例时，及时按预定程序报告并对疑似病例采集样品和进行病原学检测。市场及屠宰场监测，对于屠宰场或畜牧市场中无明显临床症状的健康猪群，应该定期、定点采集血清和拭子，从而了解该区域不同亚型流感病毒的流行情况。如果在检测过程中发现疑似阳性样品，应该及时上报情况，并将样品送往指定实验室进一步确认。养殖场监测，对生猪养殖场，特别是养殖密度较大的区域进行持续的、定点的血清及拭子的采集工作。对收集到的样品进行血清学和病原学的检测，从而了解不同猪场在不同时间流感毒株的流行情况。由此可以了解流感病毒在空间和时间上分布的规律，为预测疫情变化趋势提供基础数据。病毒变异监测，国家指定实验室应做好流感病原分离鉴定工作，建立病毒库。在严格按照国家生物安全要求的前提下，通过对病毒的各个基因片段进行测定分析，把握主要流行毒株的变异趋向。了解各个地区间毒株的基因差异，从而进一步明确这些毒株对各个地区猪群甚至人群所存在的风险。

② 应急监测　当发现猪流感临床病例，或监测到猪群中存在大规模猪流感病毒感染的情况时，应该按照相应规定启动相应级别的应急响应措施，并开展对应的疫情监测工作。

抽样监测：在发现感染猪群的区域及周边地区，及时开展有针对性的流行病学调查。以疫源地为中心向周边逐步对猪群进行疫情排查。在周边猪群中采集足量的鼻拭子样品，并送往指定实验室进行病原学检测，从而确定疫情波及的范围。

溯源追踪：对发现临床病例的猪群进行溯源追踪。主要是对7d内所有引入的猪、相关生物制品、生产工具及运输工具进行排查，从而了解疫情来源。必要时，还可对猪只输出地猪群进行采样检测。对从疫源地输出的猪、相关生物制品、生产工具、运输工具和人员及其亲密接触人群进行必要的调查跟踪，从而了解疫情扩散的风险。

（二）综合性防控

由于猪流感是规模化猪场中难以净化的常见传染性疾病，发病后可采取的措施非常有限，因此只有通过综合性预防控制措施，加强生产人员生物安全意识和改善猪场管理工作才可以有效地防止该病的发生。

（1）日常饲养管理　通过注重日常的饲养管理，改善猪群营养条件，从而提高猪只自身的抵抗力是有效预防本病传入的基础。对进出猪场的猪只进行严格管理，改善饲养环境则是本病防控的关键。

（2）强化生物安全措施　通过合理的猪场选址和布局，在空间距离上构筑病毒传入的天然屏障。将猪场建筑在远离其他养殖场和交通要道的隔离区内，可以有效减低本猪场在周边猪群发生疫病时被波及的风险。限制人员进出猪场，实行封闭式管理。病毒随着人员的进出，可以通过机械性传播和生物性传播两种方式进入猪群。因此，必须加强猪场工作人员的生物安全意识教育，增强防范意识。建立健全的猪场工作制度，严格控制进出猪场人流。外来人员进入猪场，必须穿戴工作服、鞋、帽等，经过消毒区才可进入生产区。另外，对进出猪场的器具和车辆等亦需要进行严格的出入管理和消毒。对生产过程中出现的病死猪、各种脏器以及生产废弃物需要有专门的回收及处理程序。猪场需要建设有完备的粪便处理和排污系统。这样就可以有效地防止病原通过废弃物排放污染到空气和周边水体中，从而减少病原扩散的风险。

（3）建立完善的卫生消毒措施　卫生消毒主要针对的是滞留在外界

环境中的病原微生物。当猪群中发生猪流感感染的疫情时，除了需要对传染源采取措施外，还要通过消毒对环境中的病原体进行杀灭。决不能忽视平时进行的预防性消毒，必须使猪场消毒工作做到经常化、制度化、科学化、规范化，这样才能使消毒工作达到预期的效果。

（三）免疫

疫苗免疫是目前预防猪流感发生与流行的最有效方法。研发针对猪流感的疫苗是目前流感研究领域中比较热门的领域，而现在在市面上流行和正在研发的疫苗有猪流感冷适应弱毒疫苗、全病毒灭活疫苗、亚单位疫苗、基因重组活载体疫苗以及核酸疫苗等。

（四）诊断

当猪场发生猪流感时，应进行综合分析实验室检查与现场诊断相结合，传统技术与现代技术相结合，找出主要病原和诱发因素，必要时再做一些相关化验和跟踪观察，制订正确的综合防治措施。针对猪流感的诊断主要包括临床诊断、病理学诊断和实验室诊断。

（1）临床诊断　对猪群中是否出现猪流感感染的临床诊断可以通过对猪群流行病学情况，如近期引种、转群情况，环境天气等应激因素以及周边养殖场疫情；对发病过程，如是否猪群中所有猪只同时发生，发病是否一过性等进行评价；计算发病率、死亡率和观察病猪临床症状等几个方面来开展。

（2）病理学诊断　猪流感病理学诊断主要通过剖检和组织病理切片来进行。剖检可见：主要病变部位主要集中在呼吸道器官，鼻、喉、咽、气管和支气管黏膜充血肿胀，气管内有大量黏液状混血泡沫；肺病变区与周围正常区域界限分明，切面如鲜牛肉状，病变部位通常限于尖叶、心叶和中间叶，呈不规则的对称；肺膨胀不全，稍凹陷，周围组织有气肿，呈苍白色，肺门和纵隔淋巴结肿大，切面多汁，肺尖叶，心叶及副叶呈深紫红色，有血样浸润病灶；脾轻度肿大；心包蓄积含纤维素的液体。部分患猪胃肠黏膜发生卡他性炎症，十二指肠充血明显。观察组织病理切片可见：气管、支气管和肺细支气管、肺泡上皮细胞广泛坏死，部分支气管、细支气管充斥渗出物并夹杂脱落细胞与中性细胞。肺泡间隔增宽，内部充满渗出液和炎性细胞，肺泡腔变小甚至消失，表现出间质性肺炎病变。

（3）实验室诊断　对于猪流感感染仅依据临床诊断和病理诊断是很难对该病做出确诊的。确诊还须借助实验室诊断技术、采取呼吸道及肺部标本或血清样品，采用鸡胚或细胞进行病毒分离。病毒的核酸鉴定可选用反转录聚合酶链式反应（RT–PCR），以及实时荧光定量反转录聚合酶链式反应（qRT–PCR）。血清学方法可选用血凝抑制试验（HI）、微量中和试验、免疫荧光抗体技术（IFA）或酶联免疫吸附试验（ELISA）等。如检测到流感病毒型特异的核蛋白（NP）或基质蛋白（M）及亚型特异的血凝素蛋白，或用RT–PCR法检测到特异的病毒核酸者，均可诊断为流感。患病猪恢复期（发病后2～3周采集血清）血清中抗流感病毒抗体滴度比发病期（发病7d内采集血清）升高4倍或以上者可诊断为流感。

（五）治疗

目前对于猪流感的感染暂无有效的治疗对策，通常通过对症治疗以及防继发治疗等方式来缓解病情，降低死亡率，从而减少该病造成的损失。

（1）对症治疗　猪流感感染其中一个主要症状为体温升高。体温过高会使猪只机体机能紊乱，食欲下降，严重影响生产性能。如果出现发热，应首先选择解热镇痛药进行退热。常用药物如，安乃近、阿司匹林等。注意，由于病猪全身性功能下降，必须慎用中枢兴奋强心药，如安钠咖等，否则将有可能导致病程延长，严重者会导致体力衰竭死亡。对病情较重者及母猪则应该结合补液、补糖和补充维生素等措施增强机体抵抗力。中草药疗法也是治疗本病的一种重要方法。

（2）防继发治疗　在治疗的过程中应该注意防控细菌病继发的风险，一旦继发细菌病将会导致病情加重，死亡率增加。在使用药物的过程中应同时注意药物使用的合理性，应根据本场实际情况选用合适的药物进行治疗，避免盲目用药。在药物使用的过程中应注意药物使用的剂量和疗程。因为只有使用合适的剂量才能使药物在机体内产生预期的效果，而疗程的长短则会对疾病是否复发或转为慢性有一定影响。另外，给药途径与药物配伍，也是药物使用过程中必须注意和认真考虑的重要因素。

第二节　猪流感的综合防控措施

一、加强饲养管理

（一）饲喂全价饲料

在日常的饲养管理过程中，改善猪群的营养，提高猪自身对疫病的抵抗力，是猪流感防控的第一道关卡。

营养与抗病力之间有密切的关系，针对猪群不同饲养阶段的营养需要，饲喂优质且营养均衡的全价饲料，保证猪只各个生长阶段的蛋白质、能量、维生素、矿物质和粗纤维等营养物质的充足供应，有助于提高猪个体的免疫力和抗病力。如今在集约化养殖的条件下，经过严格且科学的计算后配制的日粮，在保证蛋白质和能量的充足供给的前提下，保证机体免疫功能所必需的微量元素铁、锌、铜、锰、镁、硒，维生素A、B族维生素、维生素C、维生素E以及必需氨基酸等，使猪群维持营养均衡的良好状态，是猪只个体具有良好的免疫力的基础，也是防治猪流感流行的根本。营养不良或营养过剩、维生素和矿物质的相对失衡等因素都会降低猪群的免疫力，甚至直接或间接引起机体免疫组织和免疫器官的损伤，如若处理不当，还会引起其他病毒或细菌的继发感染。严禁饲喂发霉的饲料，因为发霉的饲料中的霉菌毒素会破坏猪体的免疫系统，导致猪体的抵抗力降低，并且应在种猪和小猪饲料中添加安全、吸附能力强、保肝强肾、增强免疫力的霉菌毒素处理剂。

（二）改善饲养条件

猪流感是一种在猪群中传播迅速的呼吸系统疾病，而呼吸系统是一个与外界相通的管道系统，猪在健康的状态下，由于呼吸系统自身具有非特异性防御功能，使猪的气管、支气管以及下呼吸道能够保持无菌的状态。但是在闷热潮湿、气温剧变、阴冷、通风不良、密集饲养等不良条件下，由于应激等因素会导致机体非特异性防御功能减弱甚至完全丧失，外界微生物就容易侵入机体，引起发病和混合感染，使疾病的控制难度加大，所以在饲养过程中应当改善猪舍内的饲养条件。

在日常的饲养过程中需要保证猪舍内的干净与干燥，保证猪舍内的温度、湿度和空气流通，每天要给予足够的光照时间，并且每天要彻底清除猪舍内的粪尿、污水与污染物，并进行无害化处理。尤其在气温多变的季节以及过热或过冷的恶劣天气，要特别注意加强对猪群的管理，冬季要做好保暖，夏季做好防暑降温工作。另外，猪场在生产正常的情况下，坚持每周带猪消毒1次，疫病流行季节可增至每周2次，发生疫情后要坚持每天消毒。猪舍内外要定期消毒，彻底清除猪舍周围的杂草，填平低洼地，每月至少清扫消毒1次。

（三）合理的饲养密度

饲养密度一般以每头猪所占猪栏或所占猪舍面积来表示，饲养密度的大小直接影响猪舍温度、湿度、通风、有害气体的含量，也影响猪的采食、饮水、排泄、活动、休息等行为。过于拥挤对猪群造成的不良影响会使猪的免疫应答能力降低，甚至会引起免疫器官的损伤。在集约化饲养的条件下，合理的饲养密度是防控疫病流行与扩散的关键因素，保育舍每头仔猪应有0.35 ~ 0.60m^2的生活空间，育肥猪应有0.70m^2以上的生活空间，理想的密度为每圈10 ~ 20头，能够有效地控制呼吸道疾病的发病率。

（四）全进全出

根据猪只各个不同的生长阶段与功能实施分群隔离饲养，实行封闭式管理，落实“全进全出”的饲养方式，可有效阻断猪只之间的横向传播。不同日龄的猪混养或隔离不充分的猪场，病原微生物会不断地从老龄猪传递给幼龄猪，造成病原微生物在整个猪场的长期存在，一旦猪群抵抗力下降或免疫不充分，将引起发病。猪群移出后所空置的房间或栏舍，可以用高压冲洗机彻底冲洗，进行全面消毒，这样既不影响猪群的正常饲养，又可以将病毒、细菌和寄生虫的残留量减至最低限度，从而减少疫病感染和传播的机会。由于同龄猪群采取全进全出的饲养制度，使同一区域的猪只大小、日龄相仿，便于科学的饲养管理，包括环境气候的控制、饲料管理、添加药物和免疫等，也可以根据仔猪的体况和母猪的泌乳性能进行寄养，利于协调仔猪的生长发育。

二、建立严格的生物安全制度

猪场要实行封闭式的管理，建立健全生物安全体系，在生产过程中，应当彻底落实各项防疫卫生措施。

（一）降低跨种间传播的风险

由于流感病毒是能够跨种间传播的病毒，除了猪以外，犬、猫、鼠甚至禽类都有传播给猪群的风险，所以猪场内只准养猪，禁止饲养牛、羊、犬、猫及家禽类等，特别是不准在猪场附近饲养水禽，防止猪与具有潜在威胁的动物接触。另外，猪舍内要定期灭鼠，杀虫，驱赶鸟类等，防止其带入病原，引发疫病的传播。

（二）控制外源病毒进入猪场

由于SIV既可以感染猪又可以感染人，随着被污染的人员的进出传入也是猪群感染SIV的最主要途径之一，而且是最容易被忽视的环节，当人员接触了患猪或被病原污染的设施之后再进入猪场，就可能引发猪场疫病的暴发。要加强猪场员工的生物安全意识教育，增强防范意识，如本场员工禁止吃非本场的猪肉，不同猪舍的饲养人员不能串舍，饲养工具不能互借等防止病毒水平传播和交叉感染的重要措施等。技术人员在检查猪群情况时，必须穿工作服、戴帽、换鞋，以防带毒散毒，检查的顺序也应从健康猪到病猪、从小猪到大猪逐步进行。

除此之外，患病畜禽的流动以及进出猪场的车辆也是SIV传入猪场的常见方式。坚持自繁自养也是控制外源传染因子侵入猪场的有效措施。细菌、病毒、真菌、支原体及寄生虫往往会随购入动物进入猪场，特别是无临床症状的带毒种猪的购入，会给猪场造成巨大的损失，因此尽量不从其他养猪场引进种猪或商品猪，坚持自繁自养，是猪场控制疫病入侵的重要措施。若必须从某个猪场引进种猪时，要详细调查该养猪场的饲养背景和疫病史，要求供猪者出示源猪场免疫情况、驱虫记录以及当地的疫病流行情况，采取分批引进的方式，做好引进猪只的隔离和检疫工作，引进种猪后要隔离饲养2～3个月，期间进行严格的检疫和消毒，观察确实无疫情发生后方可合群饲养，并且尽量避免不同来源的猪群混群。相比于常规引进种猪，如果采用人工授精、胚胎移植等方法，则可以显著降低疫病风险。

（三）病死猪及废弃物的无害化处理

每套猪舍应备有质地坚韧、不漏水的塑料袋和带有拖轮、顶盖的收尸桶，病死猪只的尸体及分娩时产出的胎盘、死胎，及时装入袋中，扎紧袋口，放入收尸桶中，由卫生人员以专用容器集中运至固定场所，进行无害化处理。

猪场应有完备的粪污处理设施，包括猪栏漏缝地板、冲洗设备、排污沟、集污池等。粪污应做到干稀分流，最好有沼气池，进行发酵处理，分离后的污水入污水处理池净化处理后排放出去，粪渣运到农区经堆肥发酵后使用。

三、建立健全的卫生消毒措施

猪场进行卫生消毒的目的是消灭滞留在外界环境中的病原微生物。在养猪过程中进行最多的是平时的预防性消毒，指猪舍全进全出时的消毒，大门进出口处消毒等，一时的疏忽，使病毒进入猪场，所导致的后果将是难以预料的。因此，猪场平时的消毒工作要做到规范化、制度化、科学化，才能保证消毒的效果。而当猪群中发生猪流感时，在及时消除传染源后（对病猪进行淘汰、隔离或其他无害化处理），对被污染的环境进行消毒可以杀灭环境中的病原。常用的消毒剂包括过氧化物类、含氯类、碱类、酚类消毒剂等，不同种类的消毒剂可交替或轮换使用。预防性消毒包括：

1. 猪舍的消毒（主要针对全进全出的猪舍） 猪舍内的猪全部清出后，彻底清扫猪舍内的粪便、污物。取出舍内可移动的部件，洗净、晾干并置于阳光下曝晒。舍内的地面、走道、墙壁等处用水清洗，栅栏、笼具进行洗刷和消毒，可进行喷雾消毒，要求喷洒均匀，不留死角。消毒后须闲置净化2d以上才能进猪。可选用过氧化类、碱类或酚类消毒剂。

2. 车辆消毒 猪场大门处通常设消毒池，主要供出入猪场的人员和车辆消毒，消毒池内的消毒水必须在3～5d内彻底更换一次。特别是出入猪场运猪车辆，车厢内外都要进行全面的喷洒消毒，可选用含氯类、酚类、过氧化物类等消毒剂。

3. 洗手消毒 猪场进出口处以及猪舍和生活区之间除提供消毒池

外，还须进行洗手消毒，此项消毒很方便，配备一个脸盆即可，消毒剂可用0.5%新过氧化氢液、0.5%新洁尔灭或百毒杀等。

4. 应急消毒　当发生可疑病例或疫情时，对可能被病原微生物污染的局部猪舍或区域，需要采取应急消毒，包括以下几方面：

（1）带猪消毒　当一个猪圈内突然发现个别病猪和死猪后，若疑为传染病，在消除传染源后，对可能被污染的局部范围，连同舍内的猪只都必须进行喷雾消毒。消毒剂要求对人畜安全无害，可选用过氧化物类、季铵盐类或含碘类等消毒剂。

（2）空气消毒　在寒冷季节，猪舍门窗紧闭，舍内空气易受到污染，这种情况下通常采用喷雾的方式进行消毒。可选用的消毒剂包括过氧化类、季铵盐类或含氯消毒剂。

（3）饮用水消毒　水源疑被病原微生物污染的情况下，需要进行消毒，要求消毒剂对猪体无毒无害，对饮用无影响。可选用下列消毒剂：过氧化物类、含碘类或含氯消毒剂。

四、定期监测

我国猪群中存在的SIV主要有H1N1、H1N2和H3N2三种亚型，但也分离到H6N6、H9N2等亚型流感病毒，并且检测到这些亚型抗体的存在，这预示着这些亚型的病毒已经造成了猪群的感染，尽管目前尚未发生进一步的传播与流行，全面的跟踪和监测无疑是防止疫情扩大和传播的必要措施。每年针对猪场内的猪流感的流行状况进行监测调查，是猪场实施防控措施的基础，监测的内容包括病原的检测和猪血清内多种亚型的抗体的检测。

1. 健康猪群的监测　针对健康猪群的监测，应采集足够数量的样品，原则上为每群20～30只猪的血清和鼻拭子。送样时须附采样单，内容包括猪的品种及用途、日龄、健康状况、猪场存栏数量、免疫疫苗的种类及时间等基本资料。

2. 发病猪群的监测　针对发病猪群的监测，即从死猪和处于发病期的病猪上采集样品。鉴于SIV是人流感的潜在传染源，采样人员必须具备关于动物传染病预防的相关知识，了解猪流感的基本特点。另外在采样过程中要注意个人防护，采取必要的防范措施，如采样人员要加强个人防护，更换防护服、戴手套和口罩、穿着防护胶靴等措施。

3. 样品的采集　采样过程中，采样人员要根据不同的采样目的，了解健康动物与发病动物采样的差异，严格遵守养殖场等采样场点的生物安全制度和消毒隔离制度。采样的顺序一般由健康猪舍到疑似或发病的猪舍，降低采样人员散毒的威胁。对健康动物采样要注意不要将外来病原传入采样点，对疑似发病动物和病死动物，除保证样品质量外，还要注意个人防护和防止病毒的外泄与扩散，对发病或者病死动物采样时要在隔离区或确保安全的区域进行，采样过程中要注意无菌操作，做好采样器械的消毒，避免样品的交叉污染。采样完成后要进行场地消毒，要迅速将动物尸体、废弃物等进行烧毁或无害化处理。送样时须附发病动物品种、发病日龄、病症始发时间、发病和死亡数量、疫苗使用情况、治疗经过、临床症状、剖检变化、存栏数量等流行病学基本情况，送检样品可密封冷藏保存。送检前将样品外包装消毒后，连同附带材料一并送到相关实验室进行检测。

试验人员将送检的样品预处理后，可通过细胞培养、鸡胚培养、血凝试验（HA）等方法对病料等送检样品进行病原的分离与鉴定，还可以通过血凝抑制试验（HI）、微量中和试验（MN）或酶联免疫吸附试验（ELISA）检测血清中的抗体，这是目前针对猪流感的病原学以及血清学的检测中常用的方法。

五、猪流感的预防

1. 药物预防　通过合理的药物预防，可达到清除隐性感染猪只体内的病原、中和降解毒素、降低免疫抑制、提高猪群的非特异性免疫力、防止或减少疫病发生与流行的目的。

选择保健预防药物的要求：保健预防药物应选用具有提高猪只免疫力，能抗病毒、抗细菌、抗应激、没有毒副作用、不产生耐药性、不出现药物残留的药物。目前在猪流感防控中使用中药制剂都具有清热解毒、扶正固本的作用，如板蓝根、金银花、柴胡、大青叶、野菊花、连翘、鱼腥草、蒲公英、黄芩、黄连、黄柏、黄芪、艾叶等，通过服用预防流感的中药及复方药可以清除内热，宣散表寒，达到“阴平阳秘”，气血和谐，这样外邪就不容易侵犯，达到预防流感的作用；在预防流感中效果较好的细胞因子制剂，包括干扰素、转移因子、MHC－Ⅱ类分子、免疫核糖核酸、白细胞介素、排疫肽、抗菌肽、溶菌酶、细菌素、英特富、疫佐泰、加立健及猪疫康等。临床实践表明，中药制剂与细胞因子制剂联合使用，可充分发挥药物配伍的协同作用和促进作用，能明显提高临床防治效果。

2. 疫苗预防　目前已经商品化和正在研发的疫苗包括全病毒灭活疫苗、冷适应弱毒疫苗、亚单位疫苗、基因重组活载体疫苗和核酸疫苗等。

（1）全病毒灭活疫苗　目前技术最成熟并用于生产的是主要是猪流感全病毒灭活疫苗，以H1和H3亚型单价或多价为主，其形式多为油佐剂疫苗，灭活剂一般选用甲醛或BE1，灭活疫苗通过诱导机体产生抗血凝素HA和神经氨酸酶NA等抗体而对机体产生保护作用，灭活疫苗已在欧美多个国家实现商品化供应。中国农业科学院哈尔滨兽医研究所在进行我国猪流感血清学调查和毒株监测的基础上，对不同地区H1N1和H3N2亚型猪流感病毒分离株的生物学特性和抗原性进行研究分析，选育出免疫原性好、与流行于我国不同地区H1N1和H3N2亚型抗原均有良好抗原反应性的流行株作为制苗用毒株，研制了猪流感H1N1亚型、H3N2单价和H1－H3亚型双价氢氧化铝灭活疫苗，免疫期可达8个月以上。

（2）冷适应弱毒疫苗　冷适应弱毒疫苗即野毒株感染鸡胚在较低温度下（25～30℃）培养，连续传代后可迅速使病毒的致病性减弱，从而获得冷适应流感弱毒疫苗，但由于担心其安全性，各个国家至今仍没有批准冷适应流感弱毒疫苗的临床应用。

（3）亚单位疫苗　亚单位疫苗即提取SIV的HA和NA蛋白，加入佐剂后制备而成。这种疫苗有很多的优点，比如能够刺激机体产生足够的免疫保护力，亚单位疫苗不存在毒力返强、散毒和环境污染等问题；但同时也有很多的缺点，比如与灭活疫苗相比，其免疫原性低，使用剂量大，生产成本高等缺点。

（4）基因重组活载体疫苗　基因重组活载体疫苗就是将病毒的保护性抗原基因重组到载体病毒中，接种载体后，随着载体病毒的复制增殖，外源抗原基因将不断表达，进而诱导机体产生特异性免疫应答反应，目前常用来制备载体疫苗的活载体病毒有：痘病毒、疱疹病毒和反转录病毒等。活载体疫苗可以利用体内表达系统合成免疫原，所表达的蛋白更加真实，同时因为病毒自身有复制能力，所以只需要极少量的接种就可以产生足够的外源蛋白，并且重组活载体疫苗可以同时启动体液免疫和细胞免疫反应，不会出现毒力返强，而且产生的保护性反应同时针对载体病毒和外源蛋白的来源病毒，所以可以达到一针预防多种疾病的目的。

（5）核酸疫苗　核酸疫苗是利用重组DNA技术将SIV的*HA*基因克隆到真核表达载体上，并将其直接导入体内，使HA蛋白经过内源性表达递呈给免疫系统，诱导机体产生特异性的体液免疫和细胞免疫应答。与灭活疫苗相比，核酸疫苗用量少，便于贮藏和运输，使用也较为方便，但是核酸疫苗的研制和开发时间尚短，体内表达效率不高，免疫保护力没有猪流感全病毒灭活疫苗强，这可能与核酸疫苗在机体内的存在时间以及外源蛋白的表达量有关。

接种疫苗能够显著降低猪流感的发病率、减轻临床症状的严重程度，但不能完全保护动物不发病。对于猪流感的防控，决不能仅仅依靠疫苗免疫这一种手段，加强日常饲养管理、做好生物安全防护和综合性防控也是必要的措施。

六、病猪的治疗

目前对流感尚无理想的特效治疗药物，主要采用抗病毒治疗、对症治疗以及防止继发感染等措施，以缓解症状，降低病死率。对病猪的治疗，一定要及时，做到早诊断、早用药、早治疗。采取抗病毒疗法、细胞因子疗法、抗细菌疗法与对症治疗相结合的综合方法进行治疗，方可收到更好的治疗效果。

从临床特征和流行病学特征方面看，流感可归属于中医学中“时行感冒”、“疫疠”、“外感热病”等范畴，所以流感的治疗以清热解毒、止咳化痰为主要目的，现有的方剂有清开灵注射液、柴胡注射液、银黄注射液、板蓝根注射液、金银花注射液和双黄连注射液等，辅以加倍健、排疫肽、加优康或水援等细胞因子抑制剂联合实施治疗，同时肌内注射广谱抗生素类注射液，以防继发感染。病情严重者应实施10%葡萄糖生理盐水注射液加维生素C混合静脉注射，每日1次，连用2～3次。

目前，美国FDA批准的用于抗流感病毒药物有四种，按作用机理可分为两大类，分别为：① M2离子通道阻断剂，包括金刚烷胺（Amantadine）和金刚乙胺（Rimantadine），该类药物通过阻断病毒表面的M2离子通道而对甲型流感病毒进入细胞后的脱衣壳产生抑制作用，并阻止病毒复制的启动，对于甲型流感的防治起到重要作用；② 神经氨酸酶NA抑制剂，包括奥斯他伟（Oseltamivir，商品名为达菲、特特敏等）和扎那米韦（Zanamivir，商品名为乐感清），通过抑制病毒NA的唾液酸酶活性，能够有效抑制病毒从宿主细胞表面的释放，从而达到控制病毒复制的目的。由于成本以及生产的局限性，这些药物现今还主要在人的治疗过程中使用。

在合理使用药物方面注意以下问题：确认病情，避免盲目用药，猪群发病时，及时进行现场和实验室诊断，制订合理的用药方案，避免盲目用药，选用药物时应结合其抗菌谱、抗菌机制、适应证、价值与收益等综合考虑。

选用适当的剂量和疗程：药物要用适当的剂量才能在机体内产生有效浓度，发挥药物的治疗作用。剂量过小，不但起不到作用，反复使用还易使细菌产生耐药性；剂量过大，不仅造成浪费，还会容易造成猪体内菌群失调，发生内源和外源性感染。疗程应足够，疗程过短，易使疾病复发或转为慢性，一般一个疗程连续用药3 ~ 5d。

确定恰当的给药途径，症状轻微可采用拌料或饮水给药，症状严重时采用肌内注射或静脉注射，控制症状待病情好转后转为拌料或饮水给药，以及注意药物的合理配伍，合理配伍使用药物的协同抗菌作用，延迟或减少耐药菌的出现，扩大抗菌范围。

七、防止继发感染

在治疗流感的同时使用抗菌药物，对于控制和治疗流感并发症起着重要的作用，因为一旦发生混合或者继发感染，就会导致病情加重，很容易引起死亡率增加。猪场在正常生产中，种猪群要按照科学合理的免疫程序接种好猪瘟、伪狂犬、猪蓝耳病、乙型脑炎和口蹄疫等疫苗，小猪除了接种上述疫苗外，还应当接种副猪嗜血杆菌多价灭活菌苗，喘气病活菌苗和链球菌双价灭活苗，腹泻三联苗等，使猪体具有较强的特异性免疫力，可有效地减少猪流感的发生与混合和继发感染的出现。

参考文献

陈义祥，蒙雪琼. 2008. 猪流感病毒在世界范围内的流行情况及公共卫生意义 [J]. 微生物学通报, 4: 582–588.

Allwinn R, Doerr HW. 2002. The “influenza vaccine” -benefit, risk, costs [J]. Med Microbiol Immun, 191: 183–185.

Belshe RB, Gruber WC. 2001. Safety, efficacy and effectiveness of cold-adapted, live, attenuated, trivalent, intranasal influenza vaccine in adults and children. Philosophical transactions of the Royal Society of London Series B [J]. Biological sciences, 356: 1947–1951.

Belshe RB, Nichol KL, Black SB, et al. 2004. Safety, efficacy, and effectiveness of live, attenuated, cold-adapted influenza vaccine in an indicated population aged 5–49 years [J]. Clinical infectious diseases, 39: 920–927.

Brown IH, Chakraverty P, Harris PA, et al. 1995. Disease outbreaks in pigs in Great Britain due to an influenza A virus of H1N2 subtype [J]. The Veterinary record, 136: 328–329.

Campitelli L, Donatelli I, Foni E, et al. 1997. Continued evolution of H1N1 and H3N2 influenza viruses in pigs in Italy [J]. Virology, 232: 310–318.

Chen GL, Min JY, Lamirande EW, et al. 2011. Comparison of a Live Attenuated 2009 H1N1 Vaccine with Seasonal Influenza Vaccines against 2009 Pandemic H1N1 Virus Infection in Mice and Ferrets [J]. Journal of infectious diseases, 203: 930–936.

Chen MW, Cheng TJR, Huang YX, et al. 2008. A consensus-hemagglutinin-based DNA vaccine that protects mice against divergent H5N1 influenza viruses [J]. Proceedings of the national academy of sciences of the united states of America, 105: 13538–13543.

Chen Q, Madson D, Miller CL, et al. 2012. Vaccine development for protecting swine against influenza virus [J]. Animal health research reviews/Conference of Research Workers in Animal Diseases, 13: 181–195.

Chen Z, Matsuo K, Asanuma H, et al. 1999. Enhanced protection against a lethal influenza virus challenge by immunization with both hemagglutinin-and neuraminidase-expressing DNAs [J]. Vaccine, 17: 653–659.

Chen Z, Yoshikawa T, Kadowaki S, et al. 1999. Protection and antibody responses in different strains of mouse immunized with plasmid DNAs encoding influenza virus haemagglutinin, neuraminidase and nucleoprotein [J]. The Journal of general virology, 80(Pt10): 2559–2564.

Cong YL, Pu J, Liu QF, et al. 2007. Antigenic and genetic characterization of H9N2 swine influenza viruses in China [J]. The Journal of general virology, 88: 2035–2041.

Culhane MR, Detmer SE. 2014. Sample types, collection, and transport for influenza A viruses of swine [J]. Methods in molecular biology, 1161: 259–263.

Fynan EF, Robinson HL, Webster RG. 1993. Use of DNA encoding influenza hemagglutinin as an avian influenza vaccine [J]. DNA and cell biology, 12: 785–789.

Garcia-Garcia L, Valdespino-Gomez JL, Lazcano-Ponce E, et al. 2009. Partial protection of seasonal trivalent inactivated vaccine against novel pandemic influenza A/H1N1 2009: case-control study in Mexico City [J]. BMJ, 339: b3928

Hancock K, Veguilla V, Lu X, et al. 2009. Cross-reactive antibody responses to the 2009 pandemic H1N1 influenza virus [J]. The New England journal of medicine, 361: 1945–1952.

Hunt LA, Brown DW, Robinson HL, et al. 1988. Retrovirus-expressed hemagglutinin protects against lethal influenza virus infections [J]. Journal of virology, 62: 3014–3019.

Izurieta HS, Haber P, Wise RP, et al. 2005. Adverse events reported following live, cold-adapted, intranasal influenza vaccine [J]. Jama, 294: 2720–2725.

Jung K, Chae C. 2004. Phylogenetic analysis of an H1N2 influenza A virus isolated from a pig in Korea. Brief Report [J]. Archives of virology, 149: 1415–1422.

Kaplitt MG, Xiao X, Samulski RJ, et al. 1996. Long-term gene transfer in porcine myocardium after coronary infusion of an adeno-associated virus vector [J]. Annals of thoracic surgery, 62: 1669–1676.

Kay RM, Done SH, Paton DJ. 1994. Effect of sequential porcine reproductive and respiratory syndrome and swine influenza on the growth and performance of finishing pigs [J]. The Veterinary record, 135: 199–204.

Kim JH, Jacob J. 2009. DNA vaccines against influenza viruses [J]. Current topics in microbiology and immunology, 333: 197–210.

Kitikoon P, Vincent AL. 2014. Microneutralization assay for swine influenza virus in swine serum [J]. Methods in molecular biology, 1161: 325–335.

Kubena KS, McMurray DN. 1996. Nutrition and the immune system: a review of nutrient-nutrient interactions [J]. Journal of the American Dietetic Association, 96: 1156–1164.

McMahon AW, Iskander J, Haber P, et al. 2005. Adverse events after inactivated influenza vaccination among children less than 2 years of age: Analysis of reports from the Vaccine Adverse Event Reporting System, 1990–2003 [J]. Pediatrics, 115: 453–460.

McNicholl IR, McNicholl JJ. 2001. Neuraminidase inhibitors: zanamivir and oseltamivir [J]. The Annals of pharmacotherapy, 35: 57–70.

Medlock J, Galvani AP. 2009. Optimizing influenza vaccine distribution. Science, 325: 1705–1708.

Nichol KL, Mendelman PM, Mallon KP, et al. 1999. Effectiveness of live, attenuated intranasal influenza virus vaccine in healthy, working adults: a randomized controlled trial [J]. Jama, 282: 137–144.

Okuda K, Ihata A, Watabe S, et al. 2001. Protective immunity against influenza A virus induced by immunization with DNA plasmid containing influenza M gene [J]. Vaccine, 19: 3681–3691.

Operschall E, Pavlovic J, Nawrath M, et al. 2000. Mechanism of protection against influenza A virus by DNA vaccine encoding the hemagglutinin gene [J]. Intervirology, 43: 322–330.

Pedersen JC. 2008. Hemagglutination-inhibition test for avian influenza virus subtype identification and the detection and quantitation of serum antibodies to the avian influenza virus [J]. Methods in molecular biology, 436: 53–66.

Pertmer TM, Oran AE, Moser JM, et al. 2000. DNA vaccines for influenza virus: differential effects of maternal antibody on immune responses to hemagglutinin and nucleoprotein [J]. Journal of virology, 74: 7787–7793.

Powers DC, McElhaney JE, Florendo OA, et al. 1997. Humoral and cellular immune responses following vaccination with purified recombinant hemagglutinin from influenza A (H3N2) virus [J]. J Infect Dis, 175: 342–351.

Qi X, Lu CP. 2006. Genetic characterization of novel reassortant H1N2 influenza A viruses isolated from pigs in southeastern China [J]. Archives of virology, 151: 2289–99.

Schnell JR, Chou JJ. 2008. Structure and mechanism of the M2 proton channel of influenza A virus [J]. Nature, 451: 591–595.

Sharma RP. 1993. Immunotoxicity of mycotoxins [J]. Journal of dairy science, 76: 892–897.

Su S, Qi WB, Chen JD, et al. 2012. Complete genome sequence of an avian-like H4N8 swine influenza virus discovered in southern China [J]. Journal of virology, 86: 9542.

Tang M, Harp JA, Wesley RD. 2002. Recombinant adenovirus encoding the HA gene from swine H3N2 influenza virus partially protects mice from challenge with heterologous virus: A/HK/1/68 (H3N2) [J]. Archives of virology, 147: 2125–2141.

Tian ZJ, Zhou GH, Zheng BL, et al. 2006. A recombinant pseudorabies virus encoding the HA gene from H3N2 subtype swine influenza virus protects mice from virulent challenge [J]. Vet Immunol Immunop, 111: 211–218.

Voeten JT, Kiseleva IV, Glansbeek HL, et al. 2010. Master donor viruses A/Leningrad/134/17/57 (H2N2) and B/USSR/60/69 and derived reassortants used in live attenuated influenza vaccine (LAIV) do not display neurovirulent properties in a mouse model [J]. Archives of virology, 155: 1391–1399.

Webster RG, Fynan EF, Santoro JC, et al. 1994. Protection of ferrets against influenza challenge with a DNA vaccine to the haemagglutinin [J]. Vaccine, 12: 1495–1498.

Wesley RD, Tang M, Lager KM. 2004. Protection of weaned pigs by vaccination with human adenovirus 5 recombinant viruses expressing the hemagglutinin and the nucleoprotein of H3N2 swine influenza virus [J]. Vaccine, 22: 3427–3434.

Wesley RD, Tang M, Lager KM. 2004. Protection of weaned pigs by vaccination with human adenovirus 5 recombinant viruses expressing the hemagglutinin and the nucleoprotein of H3N2 swine influenza virus [J]. Vaccine, 22: 3427–3434.

Wesley RD, Tang M, Lager KM. 2004. Protection of weaned pigs by vaccination with human adenovirus 5 recombinant viruses expressing the hemagglutinin and the nucleoprotein of H3N2 swine influenza virus [J]. Vaccine, 22: 3427–3434.

Wolter BF, Ellis M, Curtis SE, et al. 2000. Group size and floor-space allowance can affect weanling-pig performance [J]. Journal of Animal Science, 78: 2062–2067.

Xu CT, Fan WX, Wei R, et al. 2004. Isolation and identification of swine influenza recombinant A/Swine/Shandong/1/2003(H9N2) virus [J]. Microbes Infect, 6: 919–925.

Yager EJ, Dean HJ, Fuller DH. 2009. Prospects for developing an effective particle-mediated DNA vaccine against influenza. Expert Rev Vaccines, 8: 1205–1220.

Zhang FH, Chen JJ, Fang F, et al. 2005. Maternal immunization with both hemagglutinin-and neuraminidase-expressing DNAs provides an enhanced protection against a lethal influenza virus challenge in infant and adult mice [J]. DNA and cell biology, 24: 758–765.

Zhang GH, Kong WL, Qi WB, et al. 2011. Identification of an H6N6 swine influenza virus in southern China [J]. Infect Genet Evol, 11: 1174–1177.

Zhang J, Gauger PC. 2014. Isolation of swine influenza virus in cell cultures and embryonated chicken eggs [J]. Methods in molecular biology, 1161: 265–276.

Zhou P, Zhu WJ, Gu HL, et al. 2014. Avian Influenza H9N2 Seroprevalence Among Swine Farm Residents in China [J]. Journal of medical virology, 86: 597–600.